普通高等教育“十二五”规划教材
大学高等数学类规划教材
丛书主编　王立冬

微　积　分

（下　册）

主　编　王立冬　齐淑华
副主编　张　友　余　军

科 学 出 版 社
北　京

内 容 简 介

本书由数学教师结合多年的教学实践经验编写而成.本书编写过程中遵循教育教学的规律,对数学思想的讲解力求简单易懂,注重培养学生的思维方式和独立思考问题的能力以及运用所学数学方法解决实际问题的能力.每节后都配有相应的习题,习题的选配尽量典型多样,难度上层次分明.书中还对重要数学概念配备英文词汇,并对微积分的发展做出突出贡献的部分数学家作了简要介绍,使学生能够了解微积分的起源,吸引学生的学习兴趣.

全书分上、下两册出版,本书为下册.下册的主要内容包括:空间解析几何与向量代数、多元函数微分学及其应用、重积分、无穷级数及微分方程等内容.全书把微积分和相关经济学知识有机结合,内容的深度广度与经济类、管理类各个专业的微积分教学要求相符合.

本书可供普通高等院校经济类、管理类、理工少学时各个专业以及相关专业学生使用,也可以供学生自学使用.

图书在版编目(CIP)数据

微积分(下册)/王立冬,齐淑华主编.—北京:科学出版社,2015.1
(普通高等教育"十二五"规划教材·大学高等数学类规划教材)
ISBN 978-7-03-043224-7

Ⅰ.①微… Ⅱ.①王… ②齐… Ⅲ.①微积分-高等学校-教材
Ⅳ.①O172

中国版本图书馆 CIP 数据核字(2015)第 020995 号

责任编辑:张中兴 / 责任校对:彭 涛
责任印制:白 洋 / 封面设计:迷底书装

科学出版社出版
北京东黄城根北街 16 号
邮政编码:100717
http://www.sciencep.com
三河市骏杰印刷有限公司 印刷
科学出版社发行 各地新华书店经销
*
2015 年 1 月第 一 版 开本:720×1000 1/16
2016 年 8 月第三次印刷 印张:12 1/4
字数:246 000
定价:32.00 元
(如有印装质量问题,我社负责调换)

目　录

第 6 章

空间解析几何与向量代数

Analytic Geometry in Space and Vector Algebra

17 世纪上半叶,法国数学家笛卡儿和费马创立了解析几何,其基本思想是用代数的方法研究几何问题,在中学的平面解析几何中已有所体现. 为了学习多元微积分学,本章先介绍空间直角坐标系,并给出向量的概念和运算;然后,以向量为工具研究空间中的直线、平面、曲线、曲面等的图形和性质.

6.1 空间直角坐标系及两点间的距离公式

6.1.1 空间直角坐标系

在平面解析几何中,建立了平面直角坐标系,使得平面上的点与二元有序数组(x,y)之间有了一一对应关系. 类似地,可以建立空间直角坐标系,使得空间中的点与三元有序数组(x,y,z)之间形成一一对应关系,这样,就可以用代数的方法研究几何问题.

过空间一定点O,作三条相互垂直的数轴,依次称为x轴(横轴)、y轴(纵轴)、z轴(竖轴),并统称为坐标轴. 各轴正向之间的顺序通常按如下的右手法则确定:以右手握住z轴,当右手 4 个手指从x轴正向以$\frac{\pi}{2}$的角度转向y轴正向时,大拇指的指向就是z轴的正向(图 6-1). 与之相反的还有左手法则,一般习惯上都采用右手法则,这样就建立了空间直角坐标系. 按右手法则建立的坐标系称为右手系,O称为坐标原点,三条坐标轴中的每两条坐标轴所确定的平面称为坐标平面,依次为xOy坐标面、yOz坐标面、zOx坐标面. 三个坐标面把空间分成八个部分,每个部分称为一个卦限,共八个卦限. 其中$x>0,y>0,z>0$部分为第Ⅰ卦限,第Ⅰ,Ⅱ,Ⅲ,Ⅳ卦限在xOy平面的上方并按逆时针方向来确定;$x>0,y>0,z<0$部分为第Ⅴ卦限,第Ⅴ,Ⅵ,Ⅶ,Ⅷ卦限在xOy平面的下方并仍按逆时针方向确定(图 6-2).

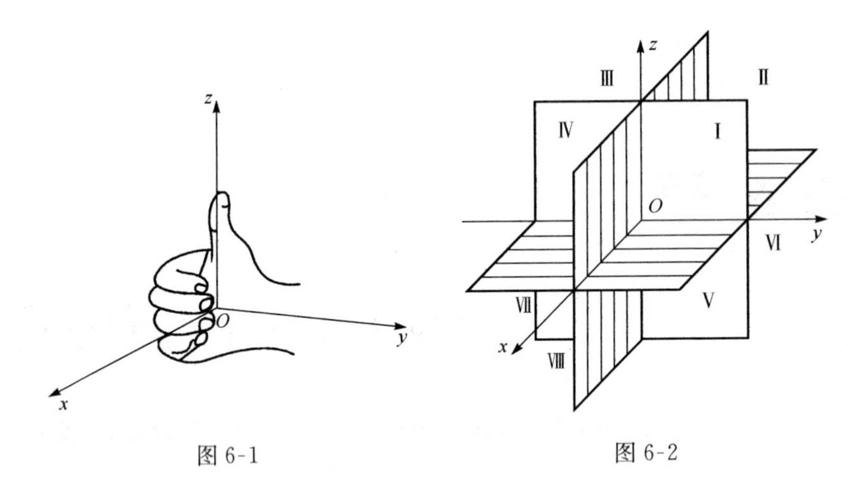

图 6-1　　　　图 6-2

设 M 为空间中的任意的一点，过点 M 分别作垂直于三条坐标轴的平面，与三条坐标轴分别相交于 P,Q,R 三点，这三个点在 x 轴、y 轴、z 轴上的坐标分别为 x，y，z，即任意的点 M 都可以找到唯一的一个三元有序数组 (x,y,z) 与之对应. 反之，对任意的一个三元有序数组 (x,y,z)，就可以分别在 x 轴、y 轴、z 轴上找到坐标为 x，y，z 的三个点 P,Q,R，过三个点分别作垂直于 x 轴、y 轴、z 轴的平面，这三个平面就确定了唯一的交点 M，即任意的一个三元有序数组 (x,y,z) 都可以在空间中找到唯一的一点 M 与之对应. 至此，空间的点 M 与三元有序数组 (x,y,z) 之间就建立了一一对应关系(图 6-3)，有序数组 (x,y,z) 称为点 M 的坐标，记为 $M(x,y,z)$，并依次称 x,y,z 为点 M 的横坐标、纵坐标和竖坐标.

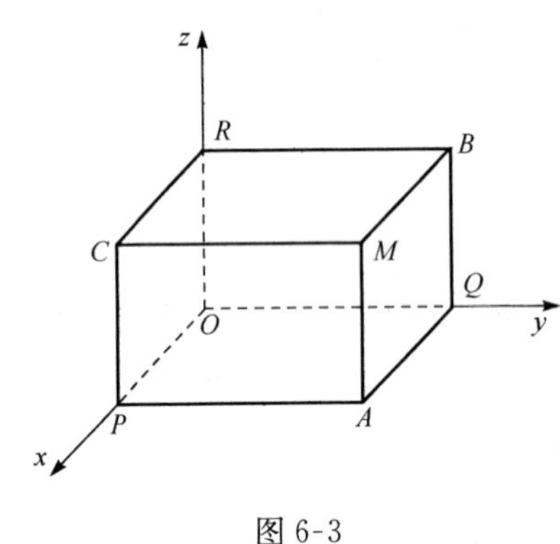

图 6-3

坐标原点 O 的坐标为 $(0,0,0)$，x 轴上的点的纵坐标和竖坐标均为 0，因而可表示为 $(x,0,0)$；类似地，y 轴上的点的坐标为 $(0,y,0)$；z 轴上的点的坐标为 $(0,0,z)$. xOy 面上的点的坐标可表示为 $(x,y,0)$；yOz 面上的点的坐标可表示为 $(0,y,z)$；zOx 面上的点的坐标可表示为 $(x,0,z)$.

设点 $M(x,y,z)$ 为空间直角坐标系中的一点，则点 M 关于坐标面 xOy 的对称点为 $M_1(x,y,-z)$，关于 z 轴的对称点为 $M_2(-x,-y,z)$，关于原点的对称点为 $M_3(-x,-y,-z)$.

6.1.2　两点间的距离公式

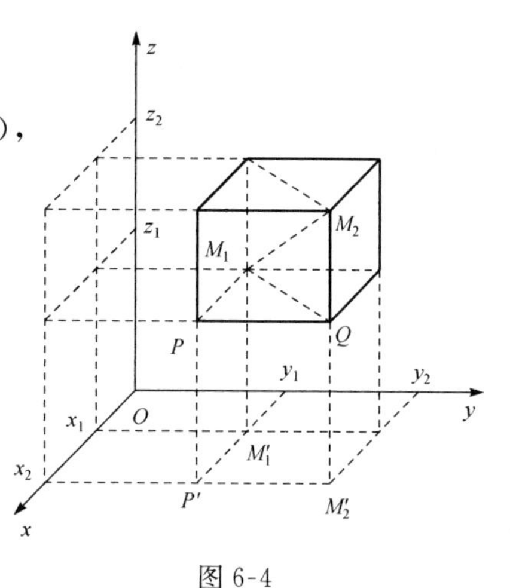

图 6-4

设空间直角坐标系中有两点 $M_1(x_1,y_1,z_1)$，$M_2(x_2,y_2,z_2)$，下面求它们之间的距离 $|M_1M_2|$. 过这两个点各作三个分别垂直于坐标轴的平面，这六个平面围成一个以 M_1M_2 为对角线的长方体(图 6-4). 因为

$$
\begin{aligned}
|M_1M_2|^2 &= |M_1Q|^2+|QM_2|^2\\
&=|M_1P|^2+|PQ|^2+|QM_2|^2\\
&=|M'_1P'|^2+|P'M'_2|^2+|QM_2|^2\\
&=(x_2-x_1)^2+(y_2-y_1)^2+(z_2-z_1)^2,
\end{aligned}
$$

所以

$$|M_1M_2|=\sqrt{(x_2-x_1)^2+(y_2-y_1)^2+(z_2-z_1)^2}.$$

特别地，点 $M(x,y,z)$ 与原点 $O(0,0,0)$ 的距离为

$$|OM|=\sqrt{x^2+y^2+z^2}.$$

例 1　证明：以 $A(4,3,1)$，$B(7,1,2)$，$C(5,2,3)$ 三点为顶点的三角形是等腰三角形.

证明　根据两点间距离公式有

$$|AB|=\sqrt{(4-7)^2+(3-1)^2+(1-2)^2}=\sqrt{14},$$

$$|AC|=\sqrt{(4-5)^2+(3-2)^2+(1-3)^2}=\sqrt{6},$$

$$|BC|=\sqrt{(7-5)^2+(1-2)^2+(2-3)^2}=\sqrt{6},$$

显然有 $|AC|=|BC|$，故 $\triangle ABC$ 是等腰三角形.

习题 6.1

1. 在空间直角坐标系中，指出下列各点的卦限.

(1) $(1,-5,3)$；　(2) $(2,4,-1)$；　(3) $(1,-5,-6)$；　(4) $(-1,-2,1)$.

2. 根据下列条件求点 B 的未知坐标.

(1) $A(4,-7,1)$，$B(6,2,z)$，$|AB|=11$；

(2) $A(2,3,4)$，$B(x,-2,4)$，$|AB|=5$.

3. 求点 $M(4,-3,5)$ 与原点及各坐标轴之间的距离.

4. 在 z 轴上，求与点 $A(-4,1,7)$ 和点 $B(3,5,-2)$ 等距离的点.

5. 求点 $M(a,b,c)$ 在各坐标平面上以及各坐标轴上的垂足的坐标.

6. 求点 $M(a,b,c)$ 分别关于各坐标轴以及各坐标平面的对称点的坐标.

7. 在 yOz 坐标面上，求与三个点 $A(3,1,2)$，$B(4,-2,-2)$，$C(0,5,1)$ 等距离的点的坐标.

6.2 向量及其运算

6.2.1 向量的概念

用一个数值来对事物的某一属性进行度量或描述是常用的方法. 例如,对时间、温度、距离、质量、长度、体积等,可以用一个数值来度量它们的程度或大小,这类量只有大小没有方向,称为数量(标量);但对另一类事物,如力、位移、速度、电场强度等,仅用一个数量来描述很难说得清楚,只有把它们的大小和方向综合起来描述才能真正显示其含义.

定义 1 既有大小又有方向的量称为**向量**.

空间中的向量经常用具有一定长度且标有方向的有向线段来表示. 在选定长度单位后,有向线段的长度表示向量的大小,方向表示向量的方向. 如图 6-5 所示,以 A 为起点,B 为终点的向量记为$\overrightarrow{AB}$,为简便起见,常用小写的粗体字母来表示,如用 $\boldsymbol{a}$(或 $\vec{a}$)表示$\overrightarrow{AB}$.

向量的大小称为向量的**模**(norm),记为$|\overrightarrow{AB}|$或$|\boldsymbol{a}|$,模为 1 的向量称为**单位向量**(unit vector). 模等于 0 的向量称为**零向量**(zero vector),记为 $\mathbf{0}$. 零向量没有规定方向,可以看成任意方向的.

两个向量 $\boldsymbol{a},\boldsymbol{b}$,如果它们的方向相同且模相等,则称这两个向量相等,记为 $\boldsymbol{a}=\boldsymbol{b}$. 由此定义可知,不论 $\boldsymbol{a},\boldsymbol{b}$ 起点是否一致,只要大小相等,方向相同,即为相等的向量,也就是说一个向量和它经过平行移动(方向不变,起点和终点位置改变)所得的向量都是相等的.

由于向量有方向,两非零向量 $\boldsymbol{a}$ 与 $\boldsymbol{b}$ 经过平行移动起点重合后会形成两个角(图 6-6),分别设为 θ 和 γ,不妨设 $\theta\leqslant\gamma$,显然有 $\theta+\gamma=2\pi$,不难得到 $2\theta\leqslant2\pi$,即 $\theta\leqslant\pi$. 将两向量 $\boldsymbol{a}$ 与 $\boldsymbol{b}$ 之间所夹的较小的角 θ 定义为两向量的夹角,记为$(\widehat{a,b})$,容易得到夹角 θ 的范围为$[0,\pi]$. 当 $\boldsymbol{a}$ 与 $\boldsymbol{b}$ 同向时,$\theta=0$;当 $\boldsymbol{a}$ 与 $\boldsymbol{b}$ 反向时,$\theta=\pi$.

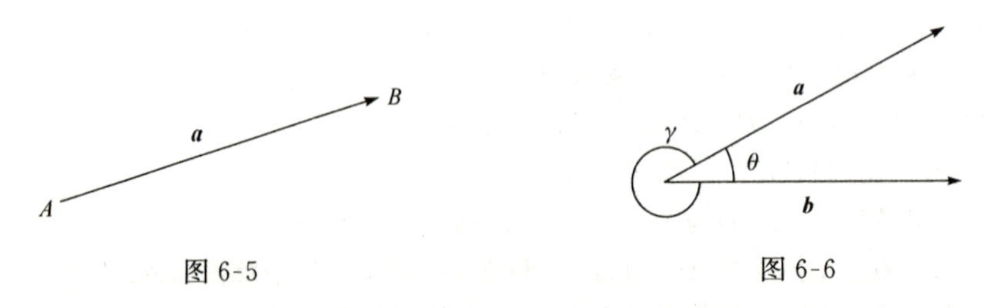

图 6-5　　　　图 6-6

如果两个非零向量 $\boldsymbol{a}$ 与 $\boldsymbol{b}$ 的方向相同或相反,就称这两个向量平行,记为 $\boldsymbol{a}/\!/\boldsymbol{b}$. 因零向量的方向是任意的,所以可以认为零向量平行于任何向量. 若将两个平行向量的起点放在同一点,它们的终点和公共起点将在同一条直线上,所以两个向量平行也称为两向量共线.

6.2.2　向量的线性运算

1. 向量的加减法

定义 2　设有向量 $\boldsymbol{a}$ 与 $\boldsymbol{b}$，任取一点 A，作 $\overrightarrow{AB}=\boldsymbol{a}$，再以 B 为起点，作 $\overrightarrow{BC}=\boldsymbol{b}$，连接 AC（图 6-7），则向量 $\overrightarrow{AC}=\boldsymbol{c}$ 称为向量 $\boldsymbol{a}$ 与 $\boldsymbol{b}$ 的和，记为 $\boldsymbol{a}+\boldsymbol{b}=\boldsymbol{c}$. 这种作出两个向量之和的方法称为向量加法的三角形法则.

由向量加法的定义，$\boldsymbol{a}+\boldsymbol{0}=\boldsymbol{a}$ 是显然成立的. 若向量 $\boldsymbol{a}$ 与 $\boldsymbol{b}$ 平行，根据向量加法的三角形法则，有 $\boldsymbol{a}+\boldsymbol{b}$：当 $\boldsymbol{a}$ 与 $\boldsymbol{b}$ 方向相同时，$\boldsymbol{a}+\boldsymbol{b}$ 的方向与 $\boldsymbol{a}$ 和 $\boldsymbol{b}$ 的方向相同，$\boldsymbol{a}+\boldsymbol{b}$ 的长度等于两向量的长度之和；当 $\boldsymbol{a}$ 与 $\boldsymbol{b}$ 方向相反时，$\boldsymbol{a}+\boldsymbol{b}$ 的方向与 $\boldsymbol{a}$ 和 $\boldsymbol{b}$ 中长度较长的向量的方向相同，$\boldsymbol{a}+\boldsymbol{b}$ 的长度等于两向量长度之差.

若两个非零向量 $\boldsymbol{a}$ 与 $\boldsymbol{b}$ 不平行时，可通过另种方式作出 $\boldsymbol{a}$ 与 $\boldsymbol{b}$ 的和. 将 $\boldsymbol{a}$ 和 $\boldsymbol{b}$ 的起点移至同一点，以 $\boldsymbol{a}$ 和 $\boldsymbol{b}$ 为邻边的平行四边形的对角线所表示的向量称为 $\boldsymbol{a}$ 与 $\boldsymbol{b}$ 的和（图 6-8），记为 $\boldsymbol{a}+\boldsymbol{b}$. 这种作出两个向量之和的方法称为向量相加的**平行四边形法则**.

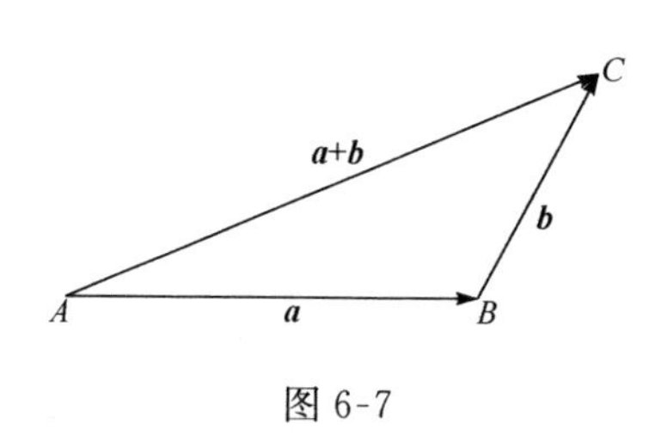

图 6-7

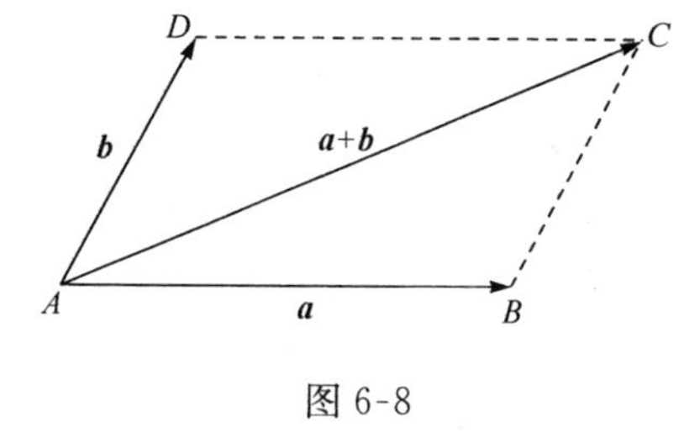

图 6-8

向量的加法满足交换律和结合律：

(1) $\boldsymbol{a}+\boldsymbol{b}=\boldsymbol{b}+\boldsymbol{a}$；

(2) $(\boldsymbol{a}+\boldsymbol{b})+\boldsymbol{c}=\boldsymbol{a}+(\boldsymbol{b}+\boldsymbol{c})$.

对于(1)，从图 6-8 中可以看出

$$\boldsymbol{a}+\boldsymbol{b}=\overrightarrow{AB}+\overrightarrow{BC}=\overrightarrow{AD}+\overrightarrow{DC}=\boldsymbol{b}+\boldsymbol{a};$$

对于(2)，图 6-9 所示，先作出 $\boldsymbol{a}+\boldsymbol{b}$，再将其与 c 相加，得和 $(\boldsymbol{a}+\boldsymbol{b})+\boldsymbol{c}$；另将 $\boldsymbol{a}$ 与 $\boldsymbol{b}+\boldsymbol{c}$ 相加，则得同一结果，可见(2)成立.

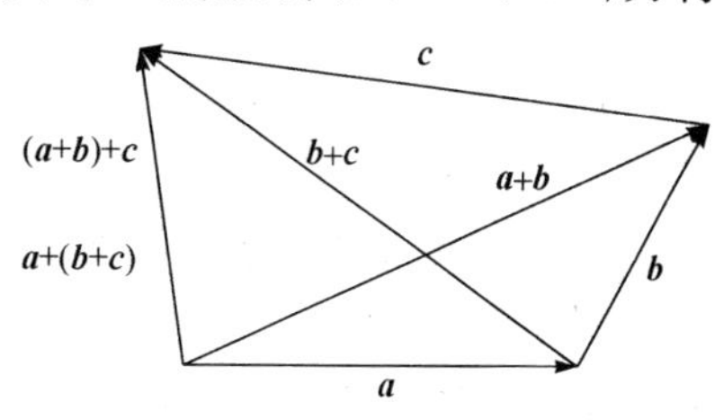

图 6-9

设有向量 $\boldsymbol{a}$，称与 $\boldsymbol{a}$ 的模相等而方向相反的向量为 $\boldsymbol{a}$ 的负向量，记为 $-\boldsymbol{a}$. 两个向量 $\boldsymbol{b}$ 与 $\boldsymbol{a}$ 的差则定义为

$$\boldsymbol{b}-\boldsymbol{a}=\boldsymbol{b}+(-\boldsymbol{a})$$

因此向量 $\boldsymbol{b}$ 与 $\boldsymbol{a}$ 的差可看作是向量 $\boldsymbol{b}$ 与

$-\boldsymbol{a}$ 的和(图 6-10). 特别地,当 $\boldsymbol{b}=\boldsymbol{a}$ 时,

$$\boldsymbol{b}-\boldsymbol{a}=\boldsymbol{a}+(-\boldsymbol{a})=\boldsymbol{0}.$$

若将向量 $\boldsymbol{a}$ 与 $\boldsymbol{b}$ 移到同一起点 O,显然,从 $\boldsymbol{a}$ 的终点 A 指向 $\boldsymbol{b}$ 的终点 B 的向量 $\overrightarrow{AB}$ 即是向量 $\boldsymbol{b}$ 与 $\boldsymbol{a}$ 的差 $\boldsymbol{b}-\boldsymbol{a}$(图 6-11).

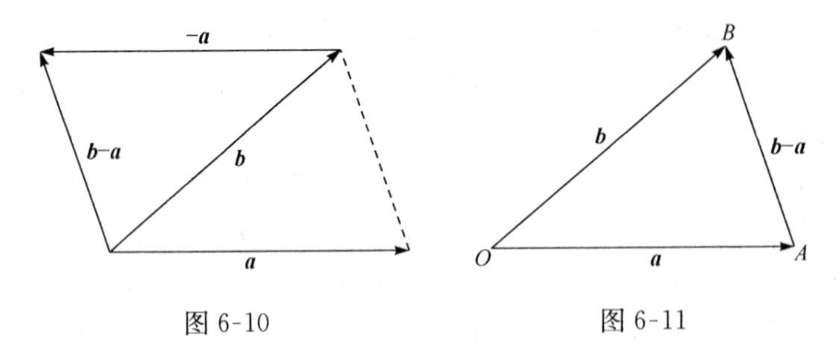

图 6-10　　　　图 6-11

2. 向量的数乘

定义 3　设 $\boldsymbol{a}$ 是一个向量,λ 是一个实数,规定数 λ 与 $\boldsymbol{a}$ 的乘积是一个向量,记为 $\lambda\boldsymbol{a}$. 该向量的大小、方向按如下方法确定:

(1) $|\lambda\boldsymbol{a}|=|\lambda||\boldsymbol{a}|$;

(2) 当 $\lambda>0$ 时,$\lambda\boldsymbol{a}$ 与 $\boldsymbol{a}$ 的方向相同;当 $\lambda<0$ 时,$\lambda\boldsymbol{a}$ 与 $\boldsymbol{a}$ 的方向相反;当 $\lambda=0$ 时,$\lambda\boldsymbol{a}=\boldsymbol{0}$.

当 $\lambda>0$ 时,$\lambda\boldsymbol{a}$ 的大小是 $\boldsymbol{a}$ 的大小的 λ 倍,方向不变;当 $\lambda<0$ 时,$\lambda\boldsymbol{a}$ 的大小是 $\boldsymbol{a}$ 的大小的 $|\lambda|$ 倍,方向相反(图 6-12).

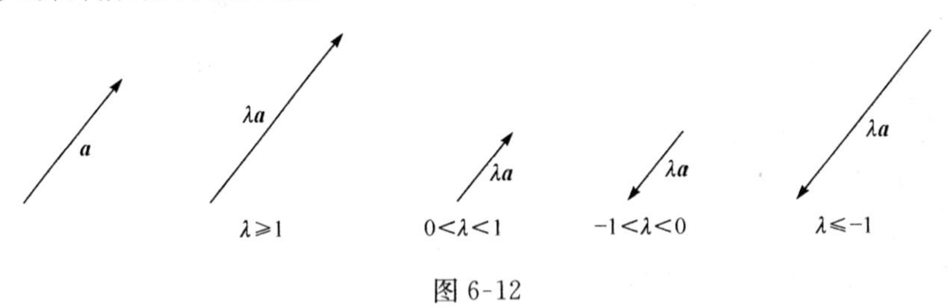

图 6-12

向量的数乘满足结合律与分配律(λ,μ 为实数):

(1) $\lambda(\mu\boldsymbol{a})=\mu(\lambda\boldsymbol{a})=(\lambda\mu)\boldsymbol{a}$;

(2) $(\lambda+\mu)\boldsymbol{a}=\lambda\boldsymbol{a}+\mu\boldsymbol{a}$;

(3) $\lambda(\boldsymbol{a}+\boldsymbol{b})=\lambda\boldsymbol{a}+\lambda\boldsymbol{b}$.

以上运算规律均可从数乘的定义给出证明. 请读者自己完成. 这里仅以(3)为例,给出一个几何解释(图 6-13)($\lambda>0$).

向量的加法运算和数乘运算统称为向量的线性运算.

通常把与 $\boldsymbol{a}$ 同方向的单位向量称为 $\boldsymbol{a}$ 的单位向量,记为 $\boldsymbol{a}^0$,显然,$\boldsymbol{a}=|\boldsymbol{a}|\boldsymbol{a}^0$,

$\boldsymbol{a}^0=\dfrac{\boldsymbol{a}}{|\boldsymbol{a}|}$(图 6-14).

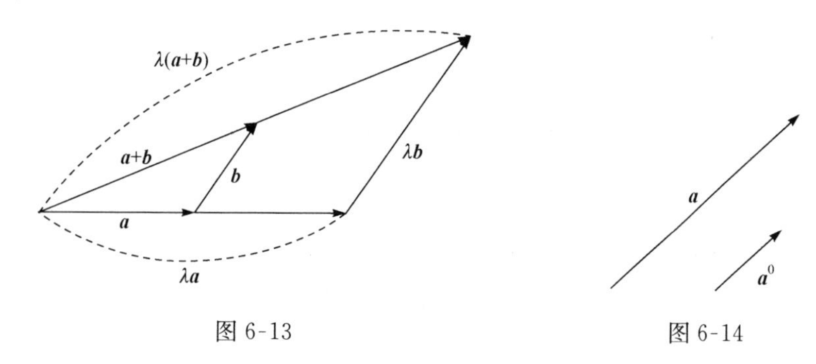

图 6-13　　　　图 6-14

由数乘向量的定义易得下面的结论.

定理 1　设向量 $\boldsymbol{a}\neq\boldsymbol{0}$,那么向量 $\boldsymbol{b}$ 平行 $\boldsymbol{a}$ 的充分必要条件是:存在唯一实数 λ,使得 $\boldsymbol{b}=\lambda\boldsymbol{a}$.

定理 1 为数轴的建立提供了理论基础. 数轴是确定了原点、单位长度和正方向的一条直线. 由于一个单位向量已经确定了方向,同时又确定了单位长度,所以,只需给定一个点就行了,也就是说,给定一个单位向量和一点即可确定一条数轴.

设点 O 和单位向量 $\boldsymbol{i}$ 确定了一个数轴,如图 6-15 所示,对于数轴上任意一点 P,对应一个向量$\overrightarrow{OP}$,因为$\overrightarrow{OP}//\boldsymbol{i}$,由定理 1 知,必存在唯一的实数 x,使$\overrightarrow{OP}=x\boldsymbol{i}$. 这样向量$\overrightarrow{OP}$就与实数 x 建立了一一对应关系. 以后也称 x 为有向线段$\overrightarrow{OP}$的值,并将其定义为点 P 的坐标. 这样就完成了数轴上的点与实数的一一对应.

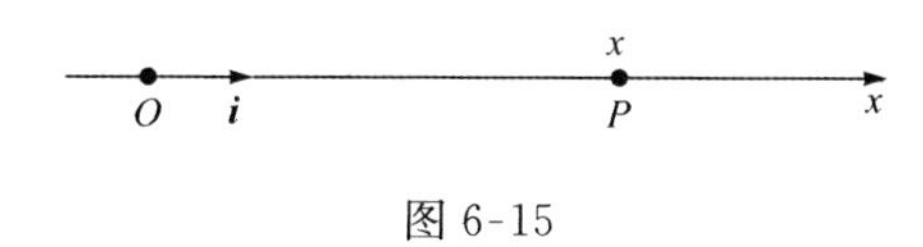

图 6-15

例 1　已知菱形 $ABCD$ 的对角线$\overrightarrow{AC}=\boldsymbol{a}$,$\overrightarrow{BD}=\boldsymbol{b}$,试用向量 $\boldsymbol{a}$,$\boldsymbol{b}$ 表示$\overrightarrow{AB}$,$\overrightarrow{BC}$,$\overrightarrow{CD}$,$\overrightarrow{DA}$.

解　如图 6-16 所示,由向量的平行四边形法则

$$\overrightarrow{AB}=\overrightarrow{AO}+\overrightarrow{OB}=\frac{1}{2}\boldsymbol{a}-\frac{1}{2}\boldsymbol{b}=\frac{1}{2}(\boldsymbol{a}-\boldsymbol{b}),$$

$$\overrightarrow{CD}=-\overrightarrow{AB}=\frac{1}{2}(\boldsymbol{b}-\boldsymbol{a}),$$

同理,$\overrightarrow{BC}=\dfrac{1}{2}(\boldsymbol{a}+\boldsymbol{b})$,$\overrightarrow{DA}=-\dfrac{1}{2}(\boldsymbol{a}+\boldsymbol{b})$.

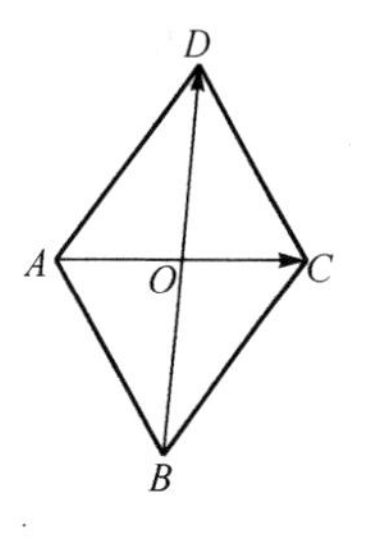

图 6-16

6.2.3　向量的分解与向量的坐标表示

为了将向量的几何运算转化为代数运算，将向量按三个坐标轴方向进行分解，用三元有序数组表示向量. 任给空间一向量 $\boldsymbol{a}$，将其平行移动，使其起点与坐标原点重合，终点记为 $P(x,y,z)$. 过 P 点作三条坐标轴的垂直平面，与 x 轴、y 轴、z 轴的交点分别为 A,B,C(图 6-17). 于是有

$$\boldsymbol{a}=\overrightarrow{OP}=\overrightarrow{OA}+\overrightarrow{AE}+\overrightarrow{EP}=\overrightarrow{OA}+\overrightarrow{OB}+\overrightarrow{OC},$$

$\overrightarrow{OA},\overrightarrow{OB},\overrightarrow{OC}$分别称为向量$\overrightarrow{OP}$在 x 轴、y 轴、z 轴上的分量.

以 $\boldsymbol{i},\boldsymbol{j},\boldsymbol{k}$ 分别表示与 x 轴、y 轴、z 轴正向一致的单位向量，并称为**基本单位向量**，于是

$$\overrightarrow{OA}=x\boldsymbol{i},\quad \overrightarrow{OB}=y\boldsymbol{j},\quad \overrightarrow{OC}=z\boldsymbol{k}.$$

因而

$$\boldsymbol{a}=\overrightarrow{OP}=x\boldsymbol{i}+y\boldsymbol{j}+z\boldsymbol{k}.$$

上式称为向量$\overrightarrow{OP}$的坐标分解式. x,y,z 称为$\overrightarrow{OP}$的坐标，记为 $\boldsymbol{a}=\overrightarrow{OP}=(x,y,z)$.

显然，给定向量 $\boldsymbol{a}$，就确定了点 P 以及$\overrightarrow{OA},\overrightarrow{OB},\overrightarrow{OC}$三个分量，进而确定三个有序数 x,y,z. 反过来，给定三个有序数 x,y,z，也可确定向量 $\boldsymbol{a}$ 与点 P. 可见，向量 $\boldsymbol{a}$、点 P 与三个有序数 x,y,z 之间存在一一对应关系.

设 $\boldsymbol{i},\boldsymbol{j},\boldsymbol{k}$ 的坐标表示分别为$(1,0,0),(0,1,0),(0,0,1)$，就可将空间任一起点为 $A(x_1,y_1,z_1)$，终点为 $B(x_2,y_2,z_2)$的向量$\overrightarrow{AB}$用坐标表示，如图 6-18 所示.

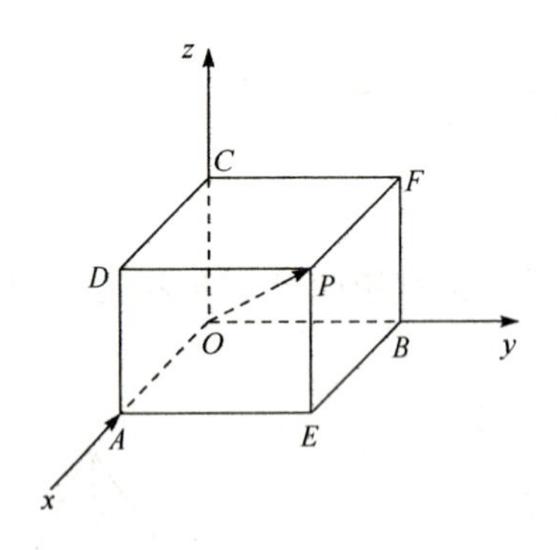

图 6-17

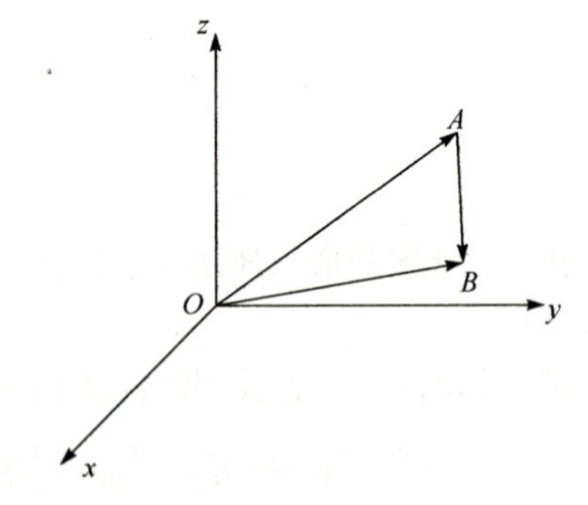

图 6-18

$$\begin{aligned}\overrightarrow{AB}&=\overrightarrow{OB}-\overrightarrow{OA}\\&=(x_2\boldsymbol{i}+y_2\boldsymbol{j}+z_2\boldsymbol{k})-(x_1\boldsymbol{i}+y_1\boldsymbol{j}+z_1\boldsymbol{k})\\&=(x_2-x_1)\boldsymbol{i}+(y_2-y_1)\boldsymbol{j}+(z_2-z_1)\boldsymbol{k},\end{aligned}$$

故$\overrightarrow{AB}=(x_2-x_1,y_2-y_1,z_2-z_1)$，这说明向量$\overrightarrow{AB}$的坐标等于终点坐标与起点坐标之差. 有了向量的坐标表示就可以把向量的几何运算转化为代数运算.

设$\boldsymbol{a}=x_1\boldsymbol{i}+y_1\boldsymbol{j}+z_1\boldsymbol{k}$，$\boldsymbol{b}=x_2\boldsymbol{i}+y_2\boldsymbol{j}+z_2\boldsymbol{k}$，也即$\boldsymbol{a}=(x_1,y_1,z_1)$，$\boldsymbol{b}=(x_2,y_2,z_2)$，则

$$\begin{aligned}\boldsymbol{a}\pm\boldsymbol{b}&=(x_1\pm x_2)\boldsymbol{i}+(y_1\pm y_2)\boldsymbol{j}+(z_1\pm z_2)\boldsymbol{k}\\&=(x_1\pm x_2,y_1\pm y_2,z_1\pm z_2),\\\lambda\boldsymbol{a}&=(\lambda x_1)\boldsymbol{i}+(\lambda y_1)\boldsymbol{j}+(\lambda z_1)\boldsymbol{k}\\&=(\lambda x_1,\lambda y_1,\lambda z_1).\end{aligned}$$

例 2　设$\boldsymbol{a}=-\boldsymbol{i}+2\boldsymbol{j}+3\boldsymbol{k}$，$\boldsymbol{b}=2\boldsymbol{i}-3\boldsymbol{j}+\boldsymbol{k}$，$\boldsymbol{c}=2\boldsymbol{i}-5\boldsymbol{j}-2\boldsymbol{k}$，求$\boldsymbol{d}=2\boldsymbol{a}-\boldsymbol{b}+3\boldsymbol{c}$，并求$\boldsymbol{d}$的各个分量及在$y$轴上的坐标.

解　
$$\begin{aligned}\boldsymbol{d}&=2\boldsymbol{a}-\boldsymbol{b}+3\boldsymbol{c}\\&=2(-\boldsymbol{i}+2\boldsymbol{j}+3\boldsymbol{k})-(2\boldsymbol{i}-3\boldsymbol{j}+\boldsymbol{k})+3(2\boldsymbol{i}-5\boldsymbol{j}-2\boldsymbol{k})\\&=2\boldsymbol{i}-8\boldsymbol{j}-\boldsymbol{k},\end{aligned}$$

$\boldsymbol{d}$在x轴上、y轴、z轴上的分量分别为$2\boldsymbol{i}$，$-8\boldsymbol{j}$，$-\boldsymbol{k}$；$\boldsymbol{d}$在y轴上的坐标为-8.

例 3　在$\triangle ABC$中，D是BC上一点，若$\overrightarrow{AD}=\frac{1}{2}(\overrightarrow{AB}+\overrightarrow{AC})$，求证$D$是$BC$的中点.

证明　如图 6-19 所示，有

$$\overrightarrow{AD}=\frac{1}{2}(\overrightarrow{AB}+\overrightarrow{AC})\Rightarrow 2\overrightarrow{AD}=\overrightarrow{AB}+\overrightarrow{AC}$$
$$\Rightarrow\overrightarrow{AD}-\overrightarrow{AC}=\overrightarrow{AB}-\overrightarrow{AD},$$

根据向量加法的三角形法则，有

$$\overrightarrow{CD}=\overrightarrow{DB}\text{，即}|\overrightarrow{CD}|=|\overrightarrow{DB}|,$$

因D点在BC上，故D是BC的中点.

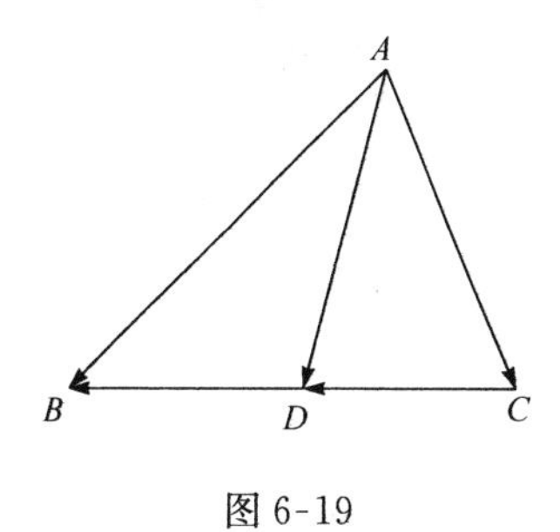

图 6-19

6.2.4　向量的模和方向余弦

与平面解析几何中用倾斜角表示直线对坐标轴的倾斜程度相类似，这里可以用向量$\boldsymbol{a}=(x,y,z)$与三条坐标轴正向之间的夹角α,β,γ来表示向量的方向. 由于是向量之间的夹角，因此各夹角的范围均为$[0,\pi]$，α,β,γ称为向量$\boldsymbol{a}$的**方向角**，相应的$\cos\alpha,\cos\beta,\cos\gamma$称为向量$\boldsymbol{a}$的**方向余弦**.

如图 6-20 所示，作$\overrightarrow{OM}=\boldsymbol{a}$，根据两点间的距离公式可得向量$\boldsymbol{a}$的模为

$$|\boldsymbol{a}|=|\overrightarrow{OM}|=\sqrt{x^2+y^2+z^2},$$

在$\triangle OPM$，$\triangle OQM$，$\triangle OMR$中，有

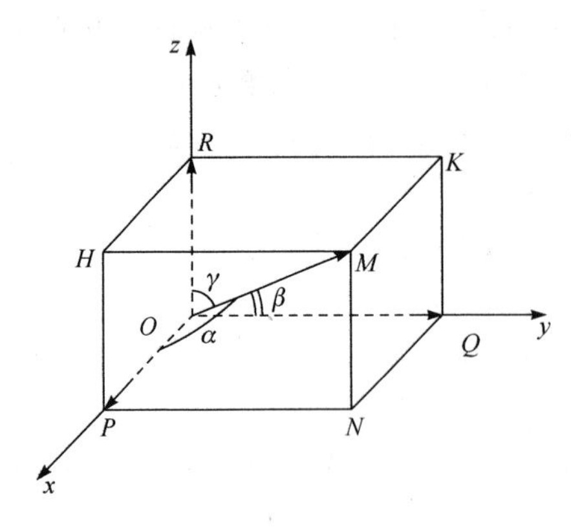

图 6-20

$$\cos\alpha=\frac{x}{|\boldsymbol{a}|}=\frac{x}{\sqrt{x^2+y^2+z^2}},$$

$$\cos\beta=\frac{y}{|\boldsymbol{a}|}=\frac{y}{\sqrt{x^2+y^2+z^2}},$$

$$\cos\gamma=\frac{z}{|\boldsymbol{a}|}=\frac{z}{\sqrt{x^2+y^2+z^2}}.$$

将以上三式平方后相加,即可得到

$$\cos^2\alpha+\cos^2\beta+\cos^2\gamma=1,$$

即任一向量的方向余弦的平方和等于1,同时也说明方向余弦所构成的向量$(\cos\alpha,\cos\beta,\cos\gamma)$是单位向量,且与向量$\boldsymbol{a}$的方向相同.

例 4　设两点$A(2,0,-3)$和$B(3,\sqrt{2},-2)$,求向量$\overrightarrow{AB}$的模、方向余弦、方向角、以及与向量$\overrightarrow{AB}$平行的单位向量$\boldsymbol{e}$.

解　设坐标原点为$O(0,0,0)$,则

$$\overrightarrow{AB}=\overrightarrow{OB}-\overrightarrow{OA}=(3-2,\sqrt{2}-0,-2-(-3))=(1,\sqrt{2},1),$$

$$|\overrightarrow{AB}|=\sqrt{1^2+(\sqrt{2})^2+1^2}=2,$$

向量$\overrightarrow{AB}$的方向余弦分别为

$$\cos\alpha=\frac{1}{2},\quad \cos\beta=\frac{\sqrt{2}}{2},\quad \cos\gamma=\frac{1}{2},$$

根据方向角的范围为$[0,\pi]$,所以得到$\alpha=\frac{\pi}{3},\beta=\frac{\pi}{4},\gamma=\frac{\pi}{3}$,与向量$\overrightarrow{AB}$平行的单位向量为

$$\boldsymbol{e}=\pm\frac{\overrightarrow{AB}}{|\overrightarrow{AB}|}=\pm\frac{1}{2}(1,\sqrt{2},1).$$

习题 6.2

1. 下列说法是否正确,为什么?

(1) 是$\boldsymbol{i}+\boldsymbol{j}+\boldsymbol{k}$单位向量;　　(2) $-\boldsymbol{i}$不是单位向量;

(3) 与三坐标轴的正向夹角相等的向量,其方向角为$\frac{\pi}{3},\frac{\pi}{3},\frac{\pi}{3}$.

2. 设$\boldsymbol{m}=\boldsymbol{i}+2\boldsymbol{j}+3\boldsymbol{k}$,$\boldsymbol{n}=2\boldsymbol{i}+\boldsymbol{j}-3\boldsymbol{k}$和$\boldsymbol{p}=3\boldsymbol{i}-4\boldsymbol{j}+\boldsymbol{k}$,求下列向量.

(1) $2\boldsymbol{m}+3\boldsymbol{n}-\boldsymbol{p}$;　　(2) $\boldsymbol{m}-\boldsymbol{n}$;

(3) $\boldsymbol{m}-3\boldsymbol{n}+2\boldsymbol{p}$;　　(4) $2\boldsymbol{m}-\boldsymbol{n}-\boldsymbol{p}$.

3. 已知 $\boldsymbol{m}=(2,3,1)$，$\boldsymbol{n}=(1,-4,0)$，求下列向量的模、方向余弦以及方向角.

(1) $\boldsymbol{m}+2\boldsymbol{n}$；　　　　(2) $2\boldsymbol{m}-3\boldsymbol{n}$.

4. 已知向量 $\boldsymbol{m}=a\boldsymbol{i}+5\boldsymbol{j}-\boldsymbol{k}$，和向量 $\boldsymbol{n}=3\boldsymbol{i}+\boldsymbol{j}+b\boldsymbol{k}$ 共线，求系数 a 和 b.

5. 已知向量 $\boldsymbol{a}$ 两个方向余弦为 $\cos\alpha=\dfrac{2}{7}$，$\cos\beta=\dfrac{3}{7}$，且 $\boldsymbol{a}$ 与 z 轴的方向角是钝角，求 $\cos\gamma$.

6. 已知两点 $M_1(4,\sqrt{2},1)$ 和 $M_2(3,0,2)$，计算向量 $\overrightarrow{M_1M_2}$ 的模，方向余弦和方向角.

7. 设向量 $\boldsymbol{m}$ 的方向余弦分别满足下列条件，给出向量与坐标轴或坐标平面的位置关系：

(1) $\cos\alpha=0$；　(2) $\cos\beta=1$；　(3) $\cos\gamma=-1$；　(4) $\cos\alpha=\cos\beta=0$.

8. 试用向量方法证明：若四边形的对角线互相平分，则该四边形是平行四边形.

6.3　向量的数量积与向量积

6.3.1　向量的数量积

若有质点在常力作用下，沿直线从点 A 移动到点 B，其位移为 $\overrightarrow{AB}$，则常力 $\boldsymbol{F}$ 所做的功为

$$W=|\boldsymbol{F}||\overrightarrow{AB}|\cos\theta,$$

其中 θ 为常力 $\boldsymbol{F}$ 的方向与位移方向的夹角(图 6-21).

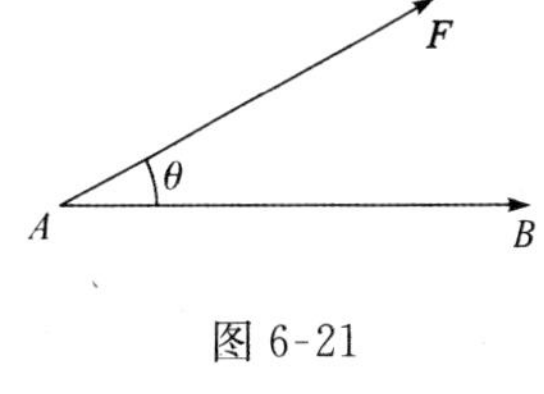

图 6-21

与之相类似的问题在工程技术中很常见，都涉及两个向量的模及夹角的余弦的乘积的运算，于是，可抽象出向量的数量积的概念.

定义 1　设 $\boldsymbol{a},\boldsymbol{b}$ 两个向量的夹角为 θ，则称 $|\boldsymbol{a}|\cdot|\boldsymbol{b}|\cdot\cos\theta$ 为向量 $\boldsymbol{a}$ 与 $\boldsymbol{b}$ 的**数量积**(scalar product)，或称**内积**(inner product)，或称**点积**(dot product)，记为 $\boldsymbol{a}\cdot\boldsymbol{b}$，即

$$\boldsymbol{a}\cdot\boldsymbol{b}=|\boldsymbol{a}||\boldsymbol{b}|\cos\theta.$$

由此定义可知，上述常力 $\boldsymbol{F}$ 所做的功 W 就是力 $\boldsymbol{F}$ 与位移 $\overrightarrow{AB}$ 的内积，即 $W=\boldsymbol{F}\cdot\overrightarrow{AB}$.

内积满足以下运算性质：

(1) $\boldsymbol{a}\cdot\boldsymbol{b}=\boldsymbol{b}\cdot\boldsymbol{a}$；

(2) $(\boldsymbol{a}+\boldsymbol{b})\cdot\boldsymbol{c}=\boldsymbol{a}\cdot\boldsymbol{c}+\boldsymbol{b}\cdot\boldsymbol{c}$；

(3) $(\lambda\boldsymbol{a})\cdot\boldsymbol{b}=\boldsymbol{a}\cdot(\lambda\boldsymbol{b})=\lambda(\boldsymbol{a}\cdot\boldsymbol{b})$.

由内积的定义，容易得出下面的结论：

(1) $\boldsymbol{a}\cdot\boldsymbol{a}=|\boldsymbol{a}|^2$；

(2) 两个非零向量 $\boldsymbol{a}$ 与 $\boldsymbol{b}$ 互相垂直的充要条件是 $\boldsymbol{a}\cdot\boldsymbol{b}=0$.

对上述结论(2)给予证明.

证明　若 $\boldsymbol{a}\cdot\boldsymbol{b}=0$,且 $|\boldsymbol{a}|\neq 0$, $|\boldsymbol{b}|\neq 0$,则有 $\cos\theta=0$,从而 $\theta=\frac{\pi}{2}$,故 $\boldsymbol{a}\perp\boldsymbol{b}$;

若 $\boldsymbol{a}\perp\boldsymbol{b}$,则有 $\theta=\frac{\pi}{2}$,从而 $\cos\theta=0$,于是 $\boldsymbol{a}\cdot\boldsymbol{b}=|\boldsymbol{a}||\boldsymbol{b}|\cos\theta=0$.

设 $\boldsymbol{a}=a_x\boldsymbol{i}+a_y\boldsymbol{j}+a_z\boldsymbol{k}$, $\boldsymbol{b}=b_x\boldsymbol{i}+b_y\boldsymbol{j}+b_z\boldsymbol{k}$,下面推导内积的坐标表达式

$$\begin{aligned}\boldsymbol{a}\cdot\boldsymbol{b}&=(a_x\boldsymbol{i}+a_y\boldsymbol{j}+a_z\boldsymbol{k})\cdot(b_x\boldsymbol{i}+b_y\boldsymbol{j}+b_z\boldsymbol{k})\\&=a_xb_x\boldsymbol{i}\cdot\boldsymbol{i}+a_xb_y\boldsymbol{i}\cdot\boldsymbol{j}+a_xb_z\boldsymbol{i}\cdot\boldsymbol{k}\\&\quad+a_yb_x\boldsymbol{j}\cdot\boldsymbol{i}+a_yb_y\boldsymbol{j}\cdot\boldsymbol{j}+a_yb_z\boldsymbol{j}\cdot\boldsymbol{k}\\&\quad+a_zb_x\boldsymbol{k}\cdot\boldsymbol{i}+a_zb_y\boldsymbol{k}\cdot\boldsymbol{j}+a_zb_z\boldsymbol{k}\cdot\boldsymbol{k}.\end{aligned}$$

因为 $\boldsymbol{i},\boldsymbol{j},\boldsymbol{k}$ 是两两互相垂直的单位向量,所以有

$$\boldsymbol{i}\cdot\boldsymbol{j}=\boldsymbol{j}\cdot\boldsymbol{k}=\boldsymbol{k}\cdot\boldsymbol{i}=\boldsymbol{j}\cdot\boldsymbol{i}=\boldsymbol{k}\cdot\boldsymbol{j}=\boldsymbol{i}\cdot\boldsymbol{k}=0,$$
$$\boldsymbol{i}\cdot\boldsymbol{i}=\boldsymbol{j}\cdot\boldsymbol{j}=\boldsymbol{k}\cdot\boldsymbol{k}=1.$$

因此,

$$\boldsymbol{a}\cdot\boldsymbol{b}=a_xb_x+a_yb_y+a_zb_z,$$

即两向量的数量积等于它们同名坐标的乘积之和. 由于 $\boldsymbol{a}\cdot\boldsymbol{b}=|\boldsymbol{a}||\boldsymbol{b}|\cos(\widehat{\boldsymbol{a},\boldsymbol{b}})$,当 $\boldsymbol{a},\boldsymbol{b}$ 都是非零向量时有

$$\cos(\widehat{\boldsymbol{a},\boldsymbol{b}})=\frac{\boldsymbol{a}\cdot\boldsymbol{b}}{|\boldsymbol{a}||\boldsymbol{b}|}=\frac{a_xb_x+a_yb_y+a_zb_z}{\sqrt{a_x^2+a_y^2+a_z^2}\sqrt{b_x^2+b_y^2+b_z^2}}.$$

此式即为两向量夹角余弦的表示式. 不难看出,两非零向量互相垂直的充要条件为

$$a_xb_x+a_yb_y+a_zb_z=0.$$

6.3.2　向量在轴上的投影

设有一轴 u,它由单位向量 $\boldsymbol{e}$ 及定点 O 确定(图 6-22),则对任给的向量 $\boldsymbol{a}$,作 $\overrightarrow{OP}=\boldsymbol{a}$,并由 P 点作与 u 轴垂直的平面交 u 轴于点 P',则点 P' 称为点 P 在 u 轴上的投影,向量 $\overrightarrow{OP'}$ 称为向量 $\boldsymbol{a}$ 在 u 轴上的分向量. 设 $\overrightarrow{OP'}=\lambda\boldsymbol{e}$,则数 λ 称为向量 $\boldsymbol{a}$ 在 u 轴上的**投影**(projection),记为 $\mathrm{Prj}_u\boldsymbol{a}$ 或 a_u.

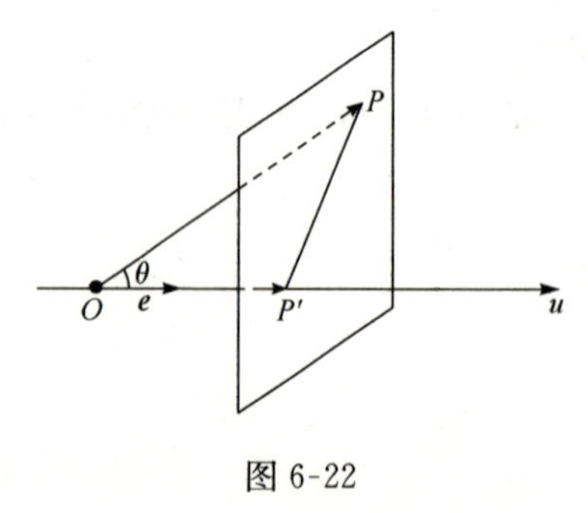

图 6-22

设向量 $\boldsymbol{a}$ 在直角坐标系 $Oxyz$ 中的坐标为 (a_x,a_y,a_z),即 $\boldsymbol{a}=a_x\boldsymbol{i}+a_y\boldsymbol{j}+a_z\boldsymbol{k}$,由此定义可知

$$\mathrm{Prj}_x\boldsymbol{a}=a_x,\quad \mathrm{Prj}_y\boldsymbol{a}=a_y,\quad \mathrm{Prj}_z\boldsymbol{a}=a_z.$$

关于向量在轴上的投影有下面两个定理.

定理 1　设 u 轴与向量 $\boldsymbol{a}$ 的夹角为 θ,则向量 $\boldsymbol{a}$ 在 u 轴上的投影等于向量 $\boldsymbol{a}$ 的

模乘以 $\cos\theta$，即

$$\mathrm{Prj}_u\boldsymbol{a}=|\boldsymbol{a}|\cos\theta.$$

利用向量的内积，可将上述投影公式稍作变形，为计算带来简便：

$$\mathrm{Prj}_u\boldsymbol{a}=|\boldsymbol{a}|\cos\theta=\frac{|\boldsymbol{a}||\boldsymbol{u}|\cos\theta}{|\boldsymbol{u}|}=\frac{\boldsymbol{a}\cdot\boldsymbol{u}}{|\boldsymbol{u}|}=\boldsymbol{a}\cdot\frac{\boldsymbol{u}}{|\boldsymbol{u}|}.$$

定理 2　两个向量的和在 u 轴上的投影等于这两个向量在该轴上投影的和，即

$$\mathrm{Prj}_u(\boldsymbol{a}+\boldsymbol{b})=\mathrm{Prj}_u\boldsymbol{a}+\mathrm{Prj}_u\boldsymbol{b}.$$

显然，定理 2 可推广到有限个向量的和的情形. 以上两个定理的证明从略.

例 1　已知 $\boldsymbol{a}=(1,2,-3)$，$\boldsymbol{b}=(2,-3,1)$，求

(1) $\boldsymbol{a}\cdot\boldsymbol{b}$；

(2) $\boldsymbol{a}$ 与 $\boldsymbol{b}$ 的夹角 θ；

(3) $\boldsymbol{a}$ 在 $\boldsymbol{b}$ 上的投影.

解　(1) $\boldsymbol{a}\cdot\boldsymbol{b}=1\times2+2\times(-3)+(-3)\times1=-7$；

(2) $\cos\theta=\dfrac{a_xb_x+a_yb_y+a_zb_z}{\sqrt{a_x^2+a_y^2+a_z^2}\sqrt{b_x^2+b_y^2+b_z^2}}=\dfrac{-7}{\sqrt{14}\times\sqrt{14}}=-\dfrac{1}{2}$，根据 $\theta\in[0,\pi]$，得到 $\theta=\dfrac{2\pi}{3}$；

(3) $\mathrm{Prj}_b\boldsymbol{a}=\dfrac{\boldsymbol{a}\cdot\boldsymbol{b}}{|\boldsymbol{b}|}=\dfrac{-7}{\sqrt{14}}=-\dfrac{\sqrt{14}}{2}$.

例 2　用向量方法证明三角形的余弦定理.

证明　如图 6-23 所示，设 $\angle BCA=\theta$，$|CB|=a$，$|CA|=b$，$|AB|=c$，由三角形法则可知 $\overrightarrow{AB}=\overrightarrow{CB}-\overrightarrow{CA}$，所以有

$$\begin{aligned}|\overrightarrow{AB}|^2&=\overrightarrow{AB}\cdot\overrightarrow{AB}=(\overrightarrow{CB}-\overrightarrow{CA})\cdot(\overrightarrow{CB}-\overrightarrow{CA})\\&=\overrightarrow{CB}\cdot\overrightarrow{CB}+\overrightarrow{CA}\cdot\overrightarrow{CA}-2\,\overrightarrow{CB}\cdot\overrightarrow{CA}\\&=|\overrightarrow{CB}|^2+|\overrightarrow{CA}|^2-2|\overrightarrow{CB}||\overrightarrow{CA}|\cos\theta.\end{aligned}$$

由 $|\overrightarrow{AB}|=c$，$|\overrightarrow{CB}|=a$，$|\overrightarrow{CA}|=b$，即得 $c^2=a^2+b^2-2ab\cos\theta$.

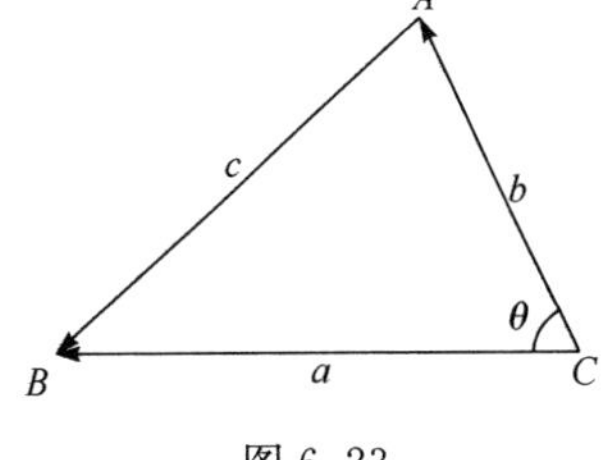

图 6-23

其他两个等式同理可以得到.

例 3　在 xOy 平面上求一单位向量与 $\boldsymbol{r}=(-2,1,3)$ 垂直.

解　根据题意设所求向量为 $\boldsymbol{e}=(m,n,0)$，因向量 $\boldsymbol{e}$ 与 r 垂直，且 $\boldsymbol{e}$ 是单位向量，故有

$$\begin{cases}-2m+n=0,\\m^2+n^2=1,\end{cases}$$

解得 $m=\pm\frac{\sqrt{5}}{5}$，$n=\pm\frac{2\sqrt{5}}{5}$，因此所求向量为 $\pm\frac{1}{5}(\sqrt{5},2\sqrt{5},0)$.

6.3.3　向量的向量积

两个向量的数量积是一个数，与之不同的是，两个向量的**向量积**(vector product)是一个向量. 它按如下方式定义.

定义 2　若由向量 $\boldsymbol{a}$ 与 $\boldsymbol{b}$ 所确定的一个向量 $\boldsymbol{c}$ 满足下列条件：

(1) 向量 $\boldsymbol{c}$ 的方向同时垂直于向量 $\boldsymbol{a}$ 和 $\boldsymbol{b}$(即垂直于 $\boldsymbol{a}$ 和 $\boldsymbol{b}$ 所确定的平面)，$\boldsymbol{c}$ 的正方向按右手法则从 $\boldsymbol{a}$ 转向 $\boldsymbol{b}$ 来确定(图 6-24)；

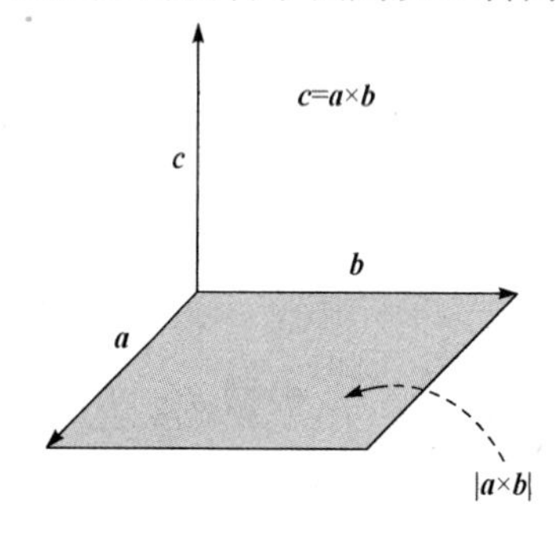

图 6-24

(2) 向量 $\boldsymbol{c}$ 的模 $|\boldsymbol{c}|=|\boldsymbol{a}||\boldsymbol{b}|\sin(\widehat{\boldsymbol{a},\boldsymbol{b}})$，

则称向量 $\boldsymbol{c}$ 为向量 $\boldsymbol{a}$ 与 $\boldsymbol{b}$ 的向量积(或称外积、叉积)，记为

$$\boldsymbol{c}=\boldsymbol{a}\times\boldsymbol{b}.$$

由向量积的定义可知，向量 $\boldsymbol{c}$ 的模等于以 $\boldsymbol{a}$，$\boldsymbol{b}$ 为邻边的平行四边形的面积.

按定义 2 可推出以下结果

(1) $\boldsymbol{a}\times\boldsymbol{a}=\boldsymbol{0}$；

(2) 设 $\boldsymbol{a}$，$\boldsymbol{b}$ 为两个非零向量，则 $\boldsymbol{a}/\!/\boldsymbol{b}$ 的充要条件是 $\boldsymbol{a}\times\boldsymbol{b}=\boldsymbol{0}$.

对于(2)，若 $\boldsymbol{a}\times\boldsymbol{b}=\boldsymbol{0}$，则 $|\boldsymbol{a}\times\boldsymbol{b}|=|\boldsymbol{a}||\boldsymbol{b}|\sin(\widehat{\boldsymbol{a},\boldsymbol{b}})=0$，且 $\boldsymbol{a}$ 和 $\boldsymbol{b}$ 为非零向量，故 $\sin(\widehat{\boldsymbol{a},\boldsymbol{b}})=0$，即 $\boldsymbol{a}$ 与 $\boldsymbol{b}$ 的夹角为 0 或 π，故 $\boldsymbol{a}/\!/\boldsymbol{b}$；反之，若 $\boldsymbol{a}/\!/\boldsymbol{b}$，则 $\boldsymbol{a}$ 与 $\boldsymbol{b}$ 的夹角为 0 或 π，故 $\sin(\widehat{\boldsymbol{a},\boldsymbol{b}})=0$，依定义有 $\boldsymbol{a}\times\boldsymbol{b}=\boldsymbol{0}$.

向量积满足下列运算规律：

(1) $\boldsymbol{a}\times\boldsymbol{b}=-\boldsymbol{b}\times\boldsymbol{a}$；

(2) 分配律：$(\boldsymbol{a}+\boldsymbol{b})\times\boldsymbol{c}=\boldsymbol{a}\times\boldsymbol{c}+\boldsymbol{b}\times\boldsymbol{c}$；

(3) 结合律：$\lambda(\boldsymbol{a}\times\boldsymbol{b})=(\lambda\boldsymbol{a})\times\boldsymbol{b}=\boldsymbol{a}\times(\lambda\boldsymbol{b})$($\lambda$ 为实数).

对于(1)，因为按右手法则从 $\boldsymbol{b}$ 转向 $\boldsymbol{a}$ 所定的方向恰好与从 $\boldsymbol{a}$ 转到 $\boldsymbol{b}$ 定出的方向相反，所以成立. 用同一方法还可推出 $(-\boldsymbol{a})\times\boldsymbol{b}=-(\boldsymbol{a}\times\boldsymbol{b})$，这一公式表明向量积不满足交换律.

(2)和(3)证明从略.

下面推导向量积的坐标表达式，设 $\boldsymbol{a}=a_x\boldsymbol{i}+a_y\boldsymbol{j}+a_z\boldsymbol{k}$，$\boldsymbol{b}=b_x\boldsymbol{i}+b_y\boldsymbol{j}+b_z\boldsymbol{k}$，则

$$\begin{aligned}\boldsymbol{a}\times\boldsymbol{b}&=(a_x\boldsymbol{i}+a_y\boldsymbol{j}+a_z\boldsymbol{k})\times(b_x\boldsymbol{i}+b_y\boldsymbol{j}+b_z\boldsymbol{k})\\&=a_xb_x\boldsymbol{i}\times\boldsymbol{i}+a_xb_y\boldsymbol{i}\times\boldsymbol{j}+a_xb_z\boldsymbol{i}\times\boldsymbol{k}+a_yb_x\boldsymbol{j}\times\boldsymbol{i}+a_yb_y\boldsymbol{j}\times\boldsymbol{j}+a_yb_z\boldsymbol{j}\times\boldsymbol{k}\\&\quad+a_zb_x\boldsymbol{k}\times\boldsymbol{i}+a_zb_y\boldsymbol{k}\times\boldsymbol{j}+a_zb_z\boldsymbol{k}\times\boldsymbol{k},\end{aligned}$$

因为 $\boldsymbol{i}$，$\boldsymbol{j}$，$\boldsymbol{k}$ 是两两垂直的单位向量，故

$$\boldsymbol{i}\times\boldsymbol{i}=\boldsymbol{j}\times\boldsymbol{j}=\boldsymbol{k}\times\boldsymbol{k}=\boldsymbol{0},$$
$$\boldsymbol{i}\times\boldsymbol{j}=\boldsymbol{k},\quad \boldsymbol{j}\times\boldsymbol{k}=\boldsymbol{i},\quad \boldsymbol{k}\times\boldsymbol{i}=\boldsymbol{j},$$
$$\boldsymbol{j}\times\boldsymbol{i}=-\boldsymbol{k},\quad \boldsymbol{k}\times\boldsymbol{j}=-\boldsymbol{i},\quad \boldsymbol{i}\times\boldsymbol{k}=-\boldsymbol{j},$$

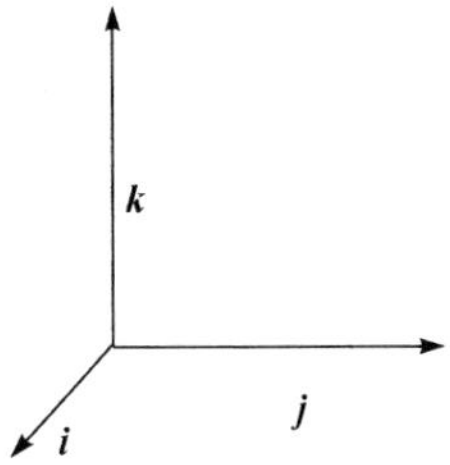

如图 6-25 所示，所以，$\boldsymbol{a}\times\boldsymbol{b}=(a_yb_z-a_zb_y)\boldsymbol{i}+(a_zb_x-a_xb_z)\boldsymbol{j}+(a_xb_y-a_yb_x)\boldsymbol{k}$.

图 6-25

为了便于记忆，可将上式写成行列式的形式，

$$\boldsymbol{a}\times\boldsymbol{b}=\begin{vmatrix} a_y & a_z \\ b_y & b_z \end{vmatrix}\boldsymbol{i}+\begin{vmatrix} a_z & a_x \\ b_z & b_x \end{vmatrix}\boldsymbol{j}+\begin{vmatrix} a_x & a_y \\ b_x & b_y \end{vmatrix}\boldsymbol{k}=\begin{vmatrix} \boldsymbol{i} & \boldsymbol{j} & \boldsymbol{k} \\ a_x & a_y & a_z \\ b_x & b_y & b_z \end{vmatrix},$$

因为两向量 $\boldsymbol{a}$，$\boldsymbol{b}$ 平行的充要条件为 $\boldsymbol{a}\times\boldsymbol{b}=\boldsymbol{0}$，由此可以得到 $\boldsymbol{a}$ 和 $\boldsymbol{b}$ 平行的充要条件为

$$a_yb_z-a_zb_y=0,\quad a_zb_x-a_xb_z=0,\quad a_xb_y-a_yb_x=0$$

或

$$\frac{a_x}{b_x}=\frac{a_y}{b_y}=\frac{a_z}{b_z},$$

其中 b_x,b_y,b_z 不能同时为零，当 b_x,b_y,b_z 中出现零时，约定相应的分子也为零，如等式 $\frac{a_x}{0}=\frac{a_y}{b_y}=\frac{a_z}{b_z}$（$b_y,b_z$ 非零）应理解为 $a_x=0$，且 $\frac{a_y}{b_y}=\frac{a_z}{b_z}$.

例 4　求同时垂直于向量 $\boldsymbol{a}=(2,-1,3)$ 与 $\boldsymbol{b}=(4,2,1)$ 的单位向量 $\boldsymbol{e}$.

解

$$\boldsymbol{c}=\boldsymbol{a}\times\boldsymbol{b}=\begin{vmatrix} \boldsymbol{i} & \boldsymbol{j} & \boldsymbol{k} \\ 2 & -1 & 3 \\ 4 & 2 & 1 \end{vmatrix}=-7\boldsymbol{i}+10\boldsymbol{j}+8\boldsymbol{k},$$

$$|\boldsymbol{c}|=\sqrt{(-7)^2+10^2+8^2}=\sqrt{213},$$

于是，同时垂直于 $\boldsymbol{a}$ 与 $\boldsymbol{b}$ 的单位向量有两个，即 $\boldsymbol{e}=\pm\frac{\boldsymbol{c}}{|\boldsymbol{c}|}=\pm\frac{1}{\sqrt{213}}(-7,10,8)$.

习题 6.3

1. 判别下列等式是否成立：

(1) $|\boldsymbol{a}|\boldsymbol{a}=|\boldsymbol{a}|^2$；　　(2) $(\boldsymbol{a}\cdot\boldsymbol{b})^2=|\boldsymbol{a}|^2|\boldsymbol{b}|^2$.

2. 回答下列各问：

(1) 若 $\boldsymbol{a}\neq\boldsymbol{0}$，且 $\boldsymbol{a}\cdot\boldsymbol{b}=\boldsymbol{a}\cdot\boldsymbol{c}$，问能否由此推出 $\boldsymbol{b}=\boldsymbol{c}$，为什么？

(2) 若 $\boldsymbol{a}\neq\boldsymbol{0}$，且 $\boldsymbol{a}\times\boldsymbol{b}=\boldsymbol{a}\times\boldsymbol{c}$，问能否由此推出 $\boldsymbol{b}=\boldsymbol{c}$，为什么？

3. 设向量 $\boldsymbol{a}=(1,1,-4)$，$\boldsymbol{b}=(2,-2,1)$.(1) 计算 $\boldsymbol{a}\cdot\boldsymbol{b}$；(2) 求 $\boldsymbol{a}$ 与 $\boldsymbol{b}$ 的夹角；(3) 求 $\mathrm{Prj}_{\boldsymbol{a}}\boldsymbol{b}$.

4. 求与向量 $\boldsymbol{a}=2\boldsymbol{i}-\boldsymbol{j}+2\boldsymbol{k}$ 共线且满足方程 $\boldsymbol{a}\cdot\boldsymbol{b}=-18$ 的向量 $\boldsymbol{b}$.

5. 设$|\boldsymbol{a}|=5$, $|\boldsymbol{b}|=2$, $(\widehat{\boldsymbol{a},\boldsymbol{b}})=\frac{\pi}{3}$,求(1)$|(2\boldsymbol{a}-3\boldsymbol{b})\times(\boldsymbol{a}+2\boldsymbol{b})|$;(2)$(2\boldsymbol{a}-3\boldsymbol{b})\cdot(2\boldsymbol{a}-3\boldsymbol{b})$.

6. 已知向量$\boldsymbol{a}=2\boldsymbol{i}-3\boldsymbol{j}+\boldsymbol{k}$, $\boldsymbol{b}=\boldsymbol{i}-\boldsymbol{j}+3\boldsymbol{k}$和$\boldsymbol{c}=\boldsymbol{i}-2\boldsymbol{j}$,计算下列各式:

(1) $(\boldsymbol{a}\cdot\boldsymbol{b})\boldsymbol{c}-(\boldsymbol{a}\cdot\boldsymbol{c})\boldsymbol{b}$;　　(2) $(\boldsymbol{a}+\boldsymbol{b})\times(\boldsymbol{b}+\boldsymbol{c})$;

(3) $(\boldsymbol{a}\times\boldsymbol{b})\cdot\boldsymbol{c}$;　　(4) $\boldsymbol{a}\times\boldsymbol{b}\times\boldsymbol{c}$.

7. 已知两向量$\boldsymbol{a}=2\boldsymbol{i}-\boldsymbol{j}+\boldsymbol{k}$和$\boldsymbol{b}=\boldsymbol{i}+2\boldsymbol{j}-\boldsymbol{k}$,求同时垂直于向量$\boldsymbol{a}$和$\boldsymbol{b}$的单位向量$\boldsymbol{e}$.

6.4 空间直线

空间解析几何是用解析的方法对空间中的图形(点集)进行研究的学科. 在本节将从较简单的直线开始,应用向量工具,对其属性进行描述和表示.

6.4.1 空间直线的点向式方程

空间中的任一直线L,若已知该直线过定点$M_0(x_0,y_0,z_0)$,且与非零向量$\boldsymbol{s}=(m,n,p)$平行,则该直线被唯一确定. 称向量$\boldsymbol{s}$为直线L的方向向量,显然直线的方向向量有无穷多个.

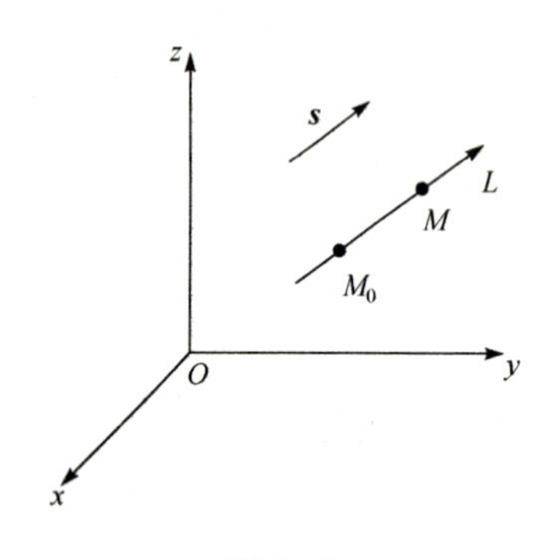

图 6-26

下面来建立直线L的方程,如图 6-26 所示,在L上任取一点$M(x,y,z)$,作向量$\overrightarrow{M_0M}=(x-x_0,y-y_0,z-z_0)$,因为$\overrightarrow{M_0M}/\!/\boldsymbol{s}$,所以,这两个向量的对应坐标成比例,即

$$\frac{x-x_0}{m}=\frac{y-y_0}{n}=\frac{z-z_0}{p}. \tag{6-4-1}$$

反过来,若点$M(x,y,z)$的坐标满足式(6-4-1),则$\overrightarrow{M_0M}/\!/\boldsymbol{s}$,因$M_0$点在直线$L$上,故$M$点也在直线$L$上. 因此式(6-4-1)是直线$L$的方程,也称为直线$L$的**点向式方程**.

因为$\boldsymbol{s}$是非零向量,故m,n,p不能同时为零,若其中一个或两个为零,为了保持方程的对称性,仍然用(6-4-1)的形式,但应有特殊的理解. 如$m=0$时,方程为

$$\frac{x-x_0}{0}=\frac{y-y_0}{n}=\frac{z-z_0}{p},$$

理解为

$$\begin{cases} x-x_0=0, \\ \dfrac{y-y_0}{n}=\dfrac{z-z_0}{p}. \end{cases}$$

当 $n=0$ 或 $p=0$ 时，可类似地理解.

若 $m=n=0$ 时，方程为

$$\frac{x-x_0}{0}=\frac{y-y_0}{0}=\frac{z-z_0}{p},$$

此时可理解为

$$\begin{cases} x-x_0=0, \\ y-y_0=0. \end{cases}$$

6.4.2　空间直线的参数方程

平面上的直线、圆、椭圆等均有参数方程，空间中的直线 L 也有其参数方程. 设 $t\in\mathbf{R}$，若令

$$\frac{x-x_0}{m}=\frac{y-y_0}{n}=\frac{z-z_0}{p}=t,$$

则有

$$\begin{cases} x=x_0+mt, \\ y=y_0+nt, \\ z=z_0+pt, \end{cases} \tag{6-4-2}$$

很显然，当 t 取遍全体实数时，满足方程组(6-4-2)的所有点均在直线 L 上，称方程组(6-4-2)为直线 L 的**参数方程**.

例 1　求经过点 $A(1,-1,0)$ 和点 $B(3,3,1)$ 的直线方程 L.

解　点 A 和 B 在直线 L 上，显然直线 L 和向量 $\overrightarrow{AB}=(2,4,1)$ 平行，即向量 $\overrightarrow{AB}$ 为直线 L 的方向向量. 又直线 L 过点 $B(3,3,1)$，则直线的点向式方程为

$$\frac{x-3}{2}=\frac{y-3}{4}=\frac{z-1}{1}.$$

类似于平面解析几何中直线的两点式方程，该例题的结论也可以推广到一般情形. 设空间直线 L 经过两点 $M_1(x_1,y_1,z_1)$，$M_2(x_2,y_2,z_2)$，则该直线与向量 $\overrightarrow{M_1M_2}$ 平行，直线 L 的两点式方程为

$$\frac{x-x_1}{x_2-x_1}=\frac{y-y_1}{y_2-y_1}=\frac{z-z_1}{z_2-z_1}. \tag{6-4-3}$$

由此还可以得出空间三点 $M_1(x_1,y_1,z_1)$，$M_2(x_2,y_2,z_2)$，$M_3(x_3,y_3,z_3)$ 共线的充要条件为

$$\frac{x_3-x_1}{x_2-x_1}=\frac{y_3-y_1}{y_2-y_1}=\frac{z_3-z_1}{z_2-z_1}.$$

例 2 求经过点 $A(2,1,3)$且与 y 轴垂直相交的直线方程 L.

解 因所求直线 L 与 y 轴垂直相交且过点 $A(2,1,3)$,故它与 y 轴上的交点为 $B(0,1,0)$,直线 L 的方向向量$\overrightarrow{BA}=(2,0,3)$,则该直线 L 的方程为

$$\frac{x-2}{2}=\frac{y-1}{0}=\frac{z-3}{3}.$$

6.4.3 两空间直线的夹角

两空间直线经过平移相交后会形成四个角,其中两两相等,分别设为 θ 和 γ,不妨设 $\theta\leqslant\gamma$,显然有 $2\theta+2\gamma=2\pi$,不难得到 $4\theta\leqslant 2\pi$,即 $\theta\leqslant\frac{\pi}{2}$. 将两直线所夹的较小的角称为两直线的夹角,容易得到夹角 θ 的范围为$\left[0,\ \frac{\pi}{2}\right]$. 设直线 L_1 的方向向量 $\boldsymbol{s}_1=(m_1,n_1,p_1)$,直线 L_2 的方向向量 $\boldsymbol{s}_2=(m_2,n_2,p_2)$,由两向量的夹角余弦公式,可得两直线 L_1,L_2 的夹角 θ 的余弦为

$$\cos\theta=\frac{|m_1m_2+n_1n_2+p_1p_2|}{\sqrt{m_1^2+n_1^2+p_1^2}\sqrt{m_2^2+n_2^2+p_2^2}}.$$

当 $\cos\theta=0$ 时,有 $\theta=\frac{\pi}{2}$,即直线 L_1,L_2 相互垂直,有 $m_1m_2+n_1n_2+p_1p_2=0$.

当 $\cos\theta=1$ 时,有 $\theta=0$,即直线 L_1,L_2 相互平行,有$\frac{m_1}{m_2}=\frac{n_1}{n_2}=\frac{p_1}{p_2}$.

习题 6.4

1. 设一直线过点 $A(2,-3,4)$,且与 y 轴垂直相交,求其方程.
2. 求过点 $M(2,1,3)$且与直线$\frac{x+1}{3}=\frac{y-1}{2}=\frac{z}{-1}$垂直相交的直线方程.
3. 求原点到直线$\frac{x-2}{1}=\frac{y+3}{2}=\frac{z-1}{-2}$的距离.
4. 求点 $P(4,3,10)$关于直线$\frac{x-1}{2}=\frac{y-2}{4}=\frac{z-3}{5}$对称的点.
5. 求直线$\frac{x+2}{1}=\frac{y+1}{2}=\frac{z}{1}$和直线$\frac{x+1}{1}=\frac{y-1}{-2}=\frac{z-5}{1}$之间的夹角.
6. 求过点 $M(2,1,3)$和点 $N(-1,2,0)$的直线方程.

7. 求过点 $M(1,1,0)$ 且同时垂直于直线 $\frac{x}{2}=\frac{y+1}{2}=\frac{z-1}{1}$ 和直线 $\frac{x+1}{2}=\frac{y-1}{0}=\frac{z-1}{1}$ 的直线方程.

6.5 空间平面

本节仍以向量为工具,对空间平面的属性进行描述和表示.

6.5.1 平面的点法式方程

设空间平面 π 过点 $M_0(x_0,y_0,z_0)$,且与非零向量 $\boldsymbol{n}=(A,B,C)$ 垂直,则该平面被唯一确定. 向量 $\boldsymbol{n}$ 称为该平面的法线向量,简称**法向量**. 下面建立空间平面 π 的方程,在平面上任取一点 $M(x,y,z)$(图 6-27),则有 $\overrightarrow{M_0M}\perp\boldsymbol{n}$,即 $\overrightarrow{M_0M}\cdot\boldsymbol{n}=0$. 因为 $\overrightarrow{M_0M}=(x-x_0,y-y_0,z-z_0)$,得

$$A(x-x_0)+B(y-y_0)+C(z-z_0)=0 \tag{6-5-1}$$

平面 π 上的任一点的坐标都满足方程(6-5-1),满足方程(6-5-1)的任一点都在平面 π 上,因此方程(6-5-1)就是所求平面 π 的方程,方程(6-5-1)称为平面的**点法式方程**.

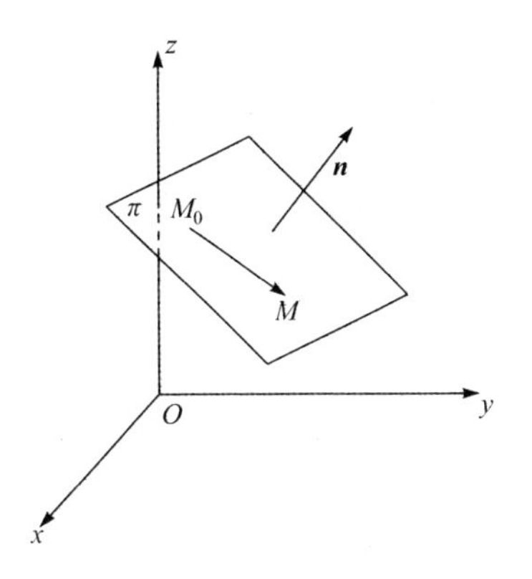

图 6-27

方程(6-5-1)可以简单地变形为

$$Ax+By+Cz=Ax_0+By_0+Cz_0,$$

可以看出,变量 x,y,z 前的系数所构成的向量 (A,B,C) 即为该平面的法向量.

例 1　求过点 $(1,0,-2)$ 且与平面 $2x+y+4z=1$ 平行的平面方程.

解　平面 $2x+y+4z=1$ 的法向量 $\boldsymbol{n}$ 为 $(2,1,4)$,因所求平面 π 与已知平面平行,故 $\boldsymbol{n}$ 也是所求平面 π 的法向量,所求平面方程为

$$2(x-1)+(y-0)+4(z+2)=0,$$

即 $2x+y+4z=-6$.

例 2　求过 $(2,1,0)$,且与向量 $(3,0,1)$ 和 $(-1,1,0)$ 同时平行的平面方程.

解　向量 $(3,0,1)$ 与向量 $(-1,1,0)$ 的向量积为

$$\boldsymbol{n}=(3,0,1)\times(-1,1,0)=(-1,-1,3),$$

向量 $\boldsymbol{n}$ 即为所求平面的法向量,所求平面方程为

$$-(x-2)-(y-1)+3(z-0)=0,$$

即 $x+y-3z=3$.

6.5.2 平面的一般式方程

若令方程(6-5-1)中的 $-Ax_0-By_0-cZ_0=D$,则有

$$Ax+By+CZ+D=0.$$

这是关于变量 x,y,z 的三元一次方程,不难看出任何平面都可以用三元一次方程来表示.反之,对于给定的三元一次方程

$$Ax+By+Cz+D=0, \tag{6-5-2}$$

任取满足方程

$$Ax_0+By_0+Cz_0+D=0$$

的一组数 (x_0,y_0,z_0),将上述两式相减,得

$$A(x-x_0)+B(y-y_0)+C(z-z_0)=0. \tag{6-5-3}$$

由此可见,方程(6-5-3)就是过点 $M_0(x_0,y_0,z_0)$,且以 $\boldsymbol{n}=(A,B,C)$ 为法向量的平面方程.因此任一三元一次方程(6-5-2)的图形都是一个平面,称方程(6-5-2)为平面的一般方程.

6.5.3 平面的一般方程的几种特殊情形

1. 过原点的平面

将(0,0,0)代入方程(6-5-2),得 $D=0$,所以,过原点的平面方程为

$$Ax+By+Cz=0.$$

2. 平行于坐标轴的平面

若平面 π 平行于 x 轴,则平面的法向量 $\boldsymbol{n}=(A,B,C)$ 与 x 轴的单位向量 $\boldsymbol{i}=(1,0,0)$ 垂直,故 $\boldsymbol{n}\cdot\boldsymbol{i}=0$,即

$$A\cdot 1+B\cdot 0+C\cdot 0=0.$$

因此,有 $A=0$,故平行于 x 轴的平面方程为

$$By+Cz+D=0.$$

同理,平行于 y 轴的平面方程为 $Ax+Cz+D=0$;平行于 z 轴的平面方程为 $Ax+By+D=0$. 平行于坐标轴的平面的共同特征是表示所平行的轴的字母不在方程中出现.

3. 过坐标轴的平面

平面过坐标轴就必过原点,且与该坐标轴平行,因而将前面两种情形合在一起

便可得到过坐标轴的平面的方程. 过 x 轴的平面方程为 $By+Cz=0$；过 y 轴的平面方程为 $Ax+Cz=0$；过 z 轴的平面方程为 $Ax+By=0$.

4. 平行于坐标面的平面

平行于坐标面的平面也即垂直于某个坐标轴的平面，如平行于 xOy 面的平面即为垂直于 z 轴的平面，该平面的法向量可取与 z 轴平行的任一非零向量 $\{0,0,C\}$，故平面方程为 $Cz+D=0$. 从另一角度理解，因其平行于 xOy 平面，故该平面上的任一点的竖坐标相等，这与 $z=-\dfrac{D}{C}$ 相对应.

类似地，平行于 yOz 坐标面(即垂直于 x 轴的平面)的平面方程为

$$Ax+D=0.$$

平行于 zOx 坐标面(即垂直于 y 轴的平面)的平面方程为

$$By+D=0.$$

例 3　画出下列平面的草图，并指出它们的特点：

(1) $x+z=3$；　(2) $y=3$；　(3) $y-2z=0$.

解　(1) $x+z=3$，方程中不含 y 项，因此，此平面平行于 y 轴(图 6-28(a))；

(2) $y=3$ 表示过点$(0,3,0)$且垂直于 y 轴的平面(图 6-28(b))；

(3) $y-2z=0$，方程中不含 x 项和常数项，所以该平面平行于 x 轴且过原点，也即 x 轴在该面上(图 6-28(c)). 该平面与 yOz 坐标面的交线在平面直角坐标系 yOz 中的方程即 $y=2z$.

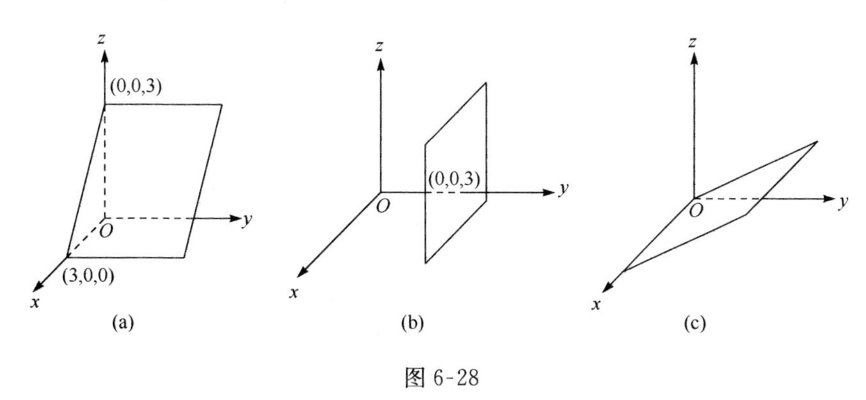

图 6-28

6.5.4　平面的截距式方程

设平面的一般方程为 $Ax+By+Cz+D=0$，它与 x 轴、y 轴、z 轴分别交于 $P(a,0,0)$，$Q(0,b,0)$，$R(0,0,c)$三点(图 6-29)，其中$a\neq0$，$b\neq0$，$c\neq0$，将这三点坐

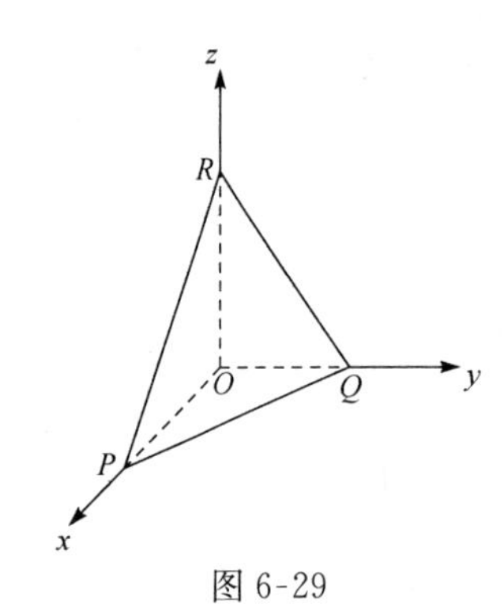

图 6-29

标代入到平面方程中,得

$$aA+D=0,\quad bB+D=0,\quad cC+D=0,$$

解得 $A=-\frac{D}{a}$,$B=-\frac{D}{b}$,$C=-\frac{D}{c}$,再代回原平面方程中,得

$$\frac{x}{a}+\frac{y}{b}+\frac{z}{c}=1. \tag{6-5-4}$$

方程(6-5-4)称为平面的截距式方程,其中 a,b,c 分别称为平面在 x 轴、y 轴、z 轴上的截距.

6.5.5 两平面的夹角

根据平面和其法向量之间的关系,计算两平面的夹角可转化为计算相应的法向量之间的夹角,在不考虑法向量方向的条件下,两向量夹角中较小的角的范围为 $\left[0,\frac{\pi}{2}\right]$,这也是两平面夹角的范围.

设 $\pi_1:A_1x+B_1y+C_1z+D_1=0$,$\pi_2:A_2x+B_2y+C_2z+D_2=0$,则 $\boldsymbol{n}_1=(A_1,B_1,C_1)$,$\boldsymbol{n}_2=(A_2,B_2,C_2)$,由两向量的夹角的余弦公式,可得 π_1 与 π_2 的夹角 θ 的余弦为

$$\cos\theta=\frac{|\boldsymbol{n}_1\cdot\boldsymbol{n}_2|}{|\boldsymbol{n}_1||\boldsymbol{n}_2|}=\frac{|A_1A_2+B_1B_2+C_1C_2|}{\sqrt{A_1^2+B_1^2+C_1^2}\sqrt{A_2^2+B_2^2+C_2^2}}\ \left(0\leqslant\theta\leqslant\frac{\pi}{2}\right). \tag{6-5-5}$$

由两向量垂直和平行的充要条件可得两平面垂直和平行的充要条件,

(1) $\pi_1\perp\pi_2\Leftrightarrow A_1A_2+B_1B_2+C_1C_2=0\ (\boldsymbol{n}_1\cdot\boldsymbol{n}_2=0)$.

(2) $\pi_1/\!/\pi_2\Leftrightarrow\frac{A_1}{A_2}=\frac{B_1}{B_2}=\frac{C_1}{C_2}\ (\boldsymbol{n}_1\times\boldsymbol{n}_2=\boldsymbol{0})$.

例 4 求平面 $2x-y+z-3=0$ 与平面 $x+y+2z-1=0$ 的夹角.

解 由式(6-5-5),得

$$\cos\theta=\frac{|2\times1+(-1)\times1+1\times2|}{\sqrt{2^2+(-1)^2+1^2}\sqrt{1^2+1^2+2^2}}=\frac{1}{2},$$

所以,这两个平面的夹角为 $\theta=\frac{\pi}{3}$.

6.5.6 点到平面的距离

设 $M_0(x_0,y_0,z_0)$是平面 $\pi:Ax+By+Cz+D=0$ 外的一点,点 $M_1(x_1,y_1,z_1)$是平面 π 上任取的一点,点 M_0 到平面 π 的距离 d 实际上等于向量 $\overrightarrow{M_1M_0}$在平面法向量 $\boldsymbol{n}$ 上投影的绝对值. 点 M_0 到

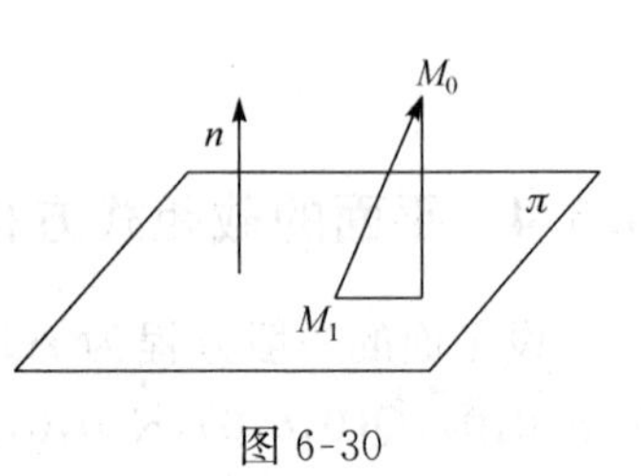

图 6-30

平面 π 的距离 d 记为 $|\mathrm{Prj}_n \overrightarrow{M_1M_0}|$(图 6-30).

$$d=|\mathrm{Prj}_n \overrightarrow{M_1M_0}|=\frac{|\boldsymbol{n}\cdot\overrightarrow{M_1M_0}|}{|\boldsymbol{n}|}=\frac{|A(x_0-x_1)+B(y_0-y_1)+C(z_0-z_1)|}{\sqrt{A^2+B^2+C^2}}$$

$$=\frac{|Ax_0+By_0+Cz_0-Ax_1-By_1-Cz_1|}{\sqrt{A^2+B^2+C^2}}.$$

因点 $M_1(x_1,y_1,z_1)$ 在平面 π 上,故 $Ax_1+By_1+Cz_1+D=0$,即 $Ax_1+By_1+Cz_1=-D$,有

$$d=\frac{|Ax_0+By_0+Cz_0+D|}{\sqrt{A^2+B^2+C^2}}. \tag{6-5-6}$$

式(6-5-6)称为点到平面的距离公式.

例 5　求点(1,0,−1)平面 $x-2y+z+2=0$ 的距离.

解　由式(6-5-6),得

$$d=\frac{|1\times1-2\times0+1\times(-1)+2|}{\sqrt{1^2+2^2+1^2}}=\frac{\sqrt{6}}{3}.$$

6.5.7　空间直线和平面的关系

空间直线 $L:\dfrac{x-x_0}{m}=\dfrac{y-y_0}{n}=\dfrac{z-z_0}{p}$ 和平面 $\pi:Ax+By+Cz+D=0$ 的特殊位置关系主要包括两种:垂直和平行.根据直线的方向向量和平面的法向量之间的关系容易得到

(1) $L/\!/\pi \Leftrightarrow Am+Bn+Cp=0$;

(2) $L\perp\pi \Leftrightarrow \dfrac{m}{A}=\dfrac{n}{B}=\dfrac{p}{C}$.

另外,空间中的两平面 $\pi_1:A_1x+B_1y+C_1z+D_1=0$ 和 $\pi_2:A_2x+B_2y+C_2z+D_2=0$ 若相交,则其交线是直线,即 $\begin{cases}A_1x+B_1y+C_1z+D_1=0,\\ A_2x+B_2y+C_2z+D_2=0\end{cases}$ 表示一直线方程.

例 6　求由两平面 $\begin{cases}x+y+z=0,\\ x-y+z=0\end{cases}$ 所确定的直线方程.

解法 1　联立两平面方程找到其交线上的任意两个点,如消去 y,得

$$2x+2z=0,$$

任给变量 x 赋值 $x=1$,相应得到 $z=-1$,代回平面方程得到 $y=0$;类似地,给变量 x 赋值 $x=2$,相应得到 $z=-2$,代回平面方程得到 $y=0$,即直线上的两点分别是

(1,0,−1)和(2,0,−2),两点相减得到该直线的方向向量为(−1,0,1),该直线方程为

$$\frac{x-1}{-1}=\frac{y-0}{0}=\frac{z+1}{1};$$

解法 2 采用解法 1 中的办法求得该直线上的一点(1,0,−1),同时注意到该直线的方向向量同时垂直于两平面的法向量,即该直线的方向向量为

$$\begin{vmatrix} \boldsymbol{i} & \boldsymbol{j} & \boldsymbol{k} \\ 1 & 1 & 1 \\ 1 & -1 & 1 \end{vmatrix}=2\boldsymbol{i}+0\boldsymbol{j}-2\boldsymbol{k},$$

即方向向量为(2,0,−2),该直线方程为

$$\frac{x-1}{2}=\frac{y-0}{0}=\frac{z+1}{-2},$$

事实上,解法 1 和解法 2 中的两直线均过同一个点(1,0,−1),且方向向量平行,因此表示同一直线.

习题 6.5

1. 试确定下列各组中直线和平面间的位置关系:

(1) $\frac{x+3}{-2}=\frac{y+4}{-7}=\frac{z}{3}$ 和 $4x-2y-2z=3$;

(2) $\frac{x}{3}=\frac{y}{-2}=\frac{z}{7}$ 和 $3x-2y+7z=8$;

(3) $\frac{x-2}{3}=\frac{y+2}{1}=\frac{z-3}{-4}$ 和 $x+y+z=3$.

2. 求过点(1,0,−3)且与平面 $3x-4y+z=10$ 垂直的直线 L 的方程.

3. 求过点 $M(1,2,1)$ 且平行直线 $\begin{cases} x-5y+2z=1 \\ 5y-z+2=0 \end{cases}$ 的直线 L 的方程.

4. 求过 z 轴和点(−3,1,−2)的平面方程.

5. 求过点(8,−3,7)和点(4,7,2)且平行于 y 轴的平面方程.

6. 求过点 $P(-2,0,4)$ 且与两平面 $2x+y-z=0$,$x+3y+1=0$ 都垂直的平面方程.

7. 求过 $A(1,1,-1)$,$B(-2,-2,2)$ 和 $C(1,-1,2)$ 三点的平面方程.

8. 求与平面 $6x+3y+2z+12=0$ 平行，且点 $(0,2,-1)$ 到这两个平面的距离相等的平面方程.

9. 求与平面 $8x+y+2z+5=0$ 平行且与三个坐标平面所构成的四面体体积为 1 的平面方程.

6.6　曲面及其方程

6.6.1　曲面方程的概念

在平面解析几何中，曾把曲线看成是点运动的轨迹. 类似地，在空间解析几何中，把曲面当成空间中的动点或一条动曲线按一定规律运动而成的轨迹.

先看一个例子.

例 1　求到一定点 $M_0(x_0,y_0,z_0)$ 的距离等于定长 R 的点的轨迹.

解　设 $M(x,y,z)$ 是该轨迹上的任一点，依题意，有

$$|MM_0|=R,$$

由两点间距离公式，$\sqrt{(x-x_0)^2+(y-y_0)^2+(z-z_0)^2}=R$，化简，得

$$(x-x_0)^2+(y-y_0)^2+(z-z_0)^2=R^2.$$

上式称为球心为 $M_0(x_0,y_0,z_0)$，半径为 R 的球面方程.

特别地，当球心为原点 $O(0,0,0)$ 时，球面方程为

$$x^2+y^2+z^2=R^2.$$

一般地，称 $F(x,y,z)=0$ 为曲面 S（图 6-31）的方程，如果曲面 S 与三元方程 $F(x,y,z)=0$ 之间存在如下关系：

(1) 曲面 S 上任一点的坐标都满足方程 $F(x,y,z)=0$；

(2) 满足方程 $F(x,y,z)=0$ 的点都在曲面 S 上.

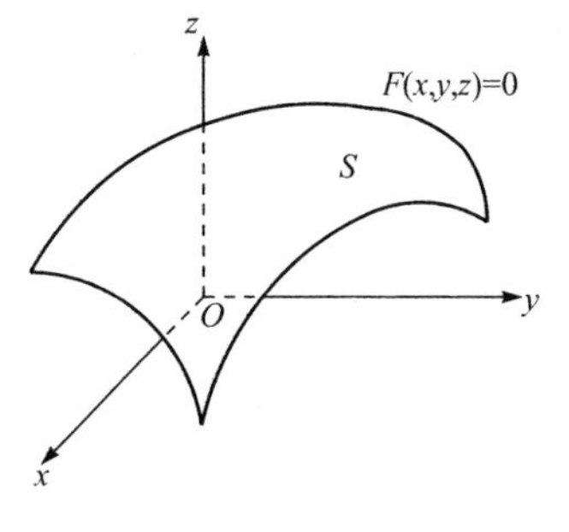

图 6-31

例 2　求到点 $M_1(-1,2,0)$ 和点 $M_2(2,-1,3)$ 等距离的动点的全体所构成的曲面方程.

解　设 $M(x,y,z)$ 是曲面上任一点，根据题意，有

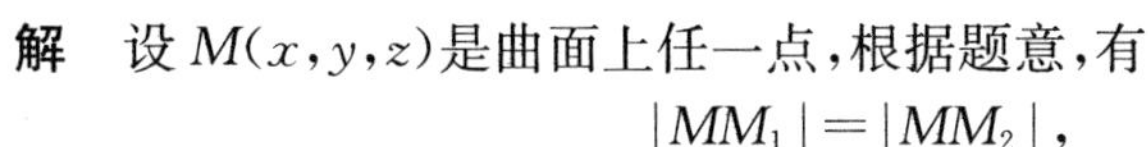

$$|MM_1|=|MM_2|,$$

即

$$\sqrt{(x+1)^2+(y-2)^2+(z-0)^2}=\sqrt{(x-2)^2+(y+1)^2+(z-3)^2},$$

化简得 $2x-2y+2z-3=0$.

6.6.2 两类特殊的曲面

1. 柱面

定义 1 平行于定直线 l 的动直线 L 沿定曲线 C 移动所形成的轨迹称为柱面. 定曲线 C 称为柱面的**准线**,动直线 L 称为柱面的**母线**(图 6-32).

设 C 为 xOy 坐标面上的一条曲线,方程为 $F(x,y)=0$,平行于 z 轴的动直线 L 沿着定曲线 C 移动所形成的柱面的方程为:

设 $M'(x_0,y_0,z_0)$ 为该柱面上的任一点,过 M' 作平行于 z 轴的直线,交 xOy 坐标面于点 M,则点 M 的坐标为 $(x_0,y_0,0)$. 由柱面的定义可知点 M 在准线 C 上,因而点 M 的坐标满足 C 的方程,即 $F(x_0,y_0)=0$. 方程 $F(x,y)=0$ 中不含 z,所以点 $M'(x_0,y_0,z_0)$ 的坐标也满足方程 $F(x,y)=0$,即柱面上的点均满足方程. 满足方程 $F(x,y)=0$ 的点显然均在柱面上. 由曲面方程的定义知,不含 z 的方程 $F(x,y)=0$ 即表示以 xOy 坐标面上的曲线 $F(x,y)=0$ 为准线,母线平行于 z 轴的柱面(图 6-33).

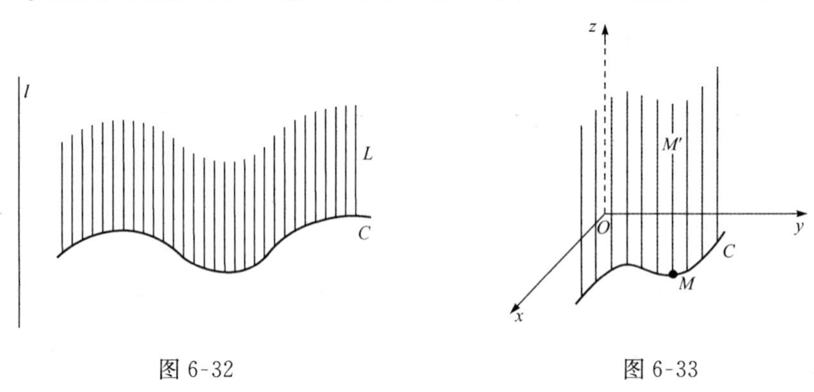

图 6-32　　　　图 6-33

在平面解析几何中,二元方程可能表示坐标面上的曲线;在空间解析几何中,其可能表示空间中的柱面. 一般地,xOy 坐标面上的曲线方程 $F(x,y)=0$ 在空间直角坐标系中表示母线平行于 z 轴,以 xOy 坐标面上的曲线 $F(x,y)=0$ 为准线的柱面;类似地,不含 y 而只含 x,z 的方程 $G(x,z)=0$ 在空间直角坐标系中可能表示母线平行于 y 轴的柱面;不含 x 而只含 y,z 的方程 $H(y,z)=0$ 在空间直角坐标系中可能表示母线平行于 x 轴的柱面.

例如,方程 $x^2+y^2=R^2$ 表示母线平行于 z 轴,准线为 xOy 坐标面上的圆 $x^2+y^2=R^2$ 的圆柱面(图 6-34(a));方程 $y^2=2x$ 表示母线平行于 z 轴,准线为 xOy 坐标面上的抛物线 $y^2=2x$ 的抛物柱面(图 6-34(b));方程 $x+y-2=0$ 表示母线平行于 z 轴,准线为 xOy 坐标面上的直线 $y=-x+2$ 的柱面,即平面(图 6-34(c)).

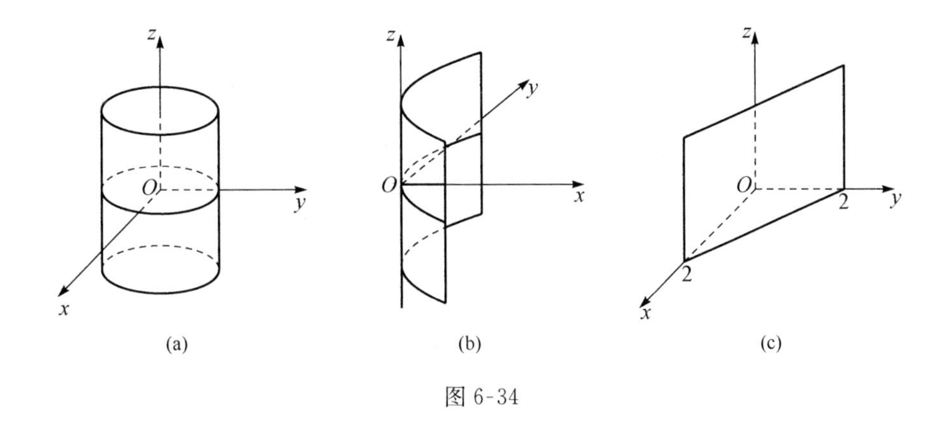

图 6-34

2. 旋转曲面

定义 2　平面曲线 C 绕同一平面上的一条定直线 L 旋转所形成的图形称为旋转曲面. 定直线 L 称为**旋转轴**，平面曲线 C 称为旋转曲面的**母线**.

设 yOz 坐标面上的曲线 C 的方程为 $f(y,z)=0$，将这条曲线绕 z 轴旋转一周，就得到一个以 z 轴为旋转轴的旋转曲面(图 6-35). 设 $M(0,y_0,z_0)$ 是曲线 C 上的一点，则有 $f(y_0,z_0)=0$，点 M 到 z 轴的距离为 $|y_0|$，当曲线 C 绕 z 轴旋转时，点 $M(0,y_0,z_0)$ 旋转到点 $M'(x,y,z)$ 的位置，二者之间的关系是

$$\begin{cases} z=z_0, \\ \sqrt{x^2+y^2}=|y_0|, \end{cases}$$

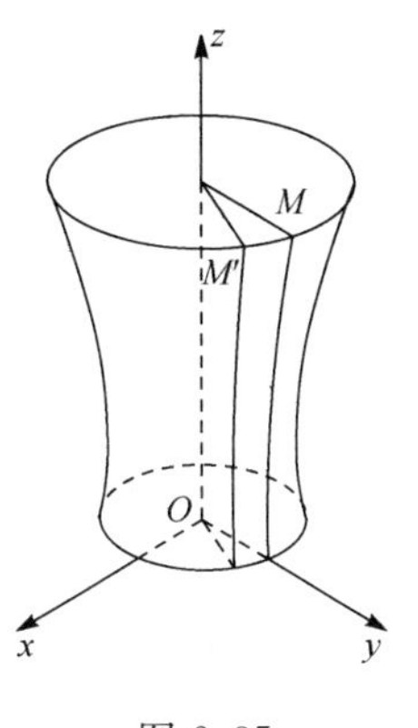

图 6-35

将其代入到 $f(y_0,z_0)=0$，就可得到所求的旋转曲面的方程

$$f(\pm\sqrt{x^2+y^2},z)=0.$$

因此，求平面曲线 $f(y,z)=0$ 绕 z 轴旋转的曲面方程，只需将方程 $f(y,z)=0$ 中的 y 换成 $\pm\sqrt{x^2+y^2}$ 即可. 类似地，曲线 $f(y,z)=0$ 绕 y 轴旋转一周所得到的旋转曲面的方程为 $f(y,\pm\sqrt{x^2+z^2})=0$.

例 3　求下列平面曲线绕指定坐标轴旋转所得的旋转曲面的方程：

(1) xOy 坐标面上的曲线 $y=x^2$ 绕 y 轴旋转；

(2) yOz 坐标面上的直线 $z=ky$ 绕 z 轴旋转.

解　(1) 曲线 $y=x^2$ 绕 y 轴旋转，故将方程中的 x 换成 $\pm\sqrt{x^2+z^2}$，代入即得所求方程 $y=x^2+z^2$，该曲面称为旋转抛物面(图 6-36(a))；

(2) 直线 $z=ky$ 绕 z 轴旋转,故将方程中的 y 换成 $\pm\sqrt{x^2+y^2}$,代入即得所求方程 $z=\pm k\sqrt{x^2+y^2}$ 或 $z^2=k^2(x^2+y^2)$,该曲面称为圆锥面(图 6-36(b)).

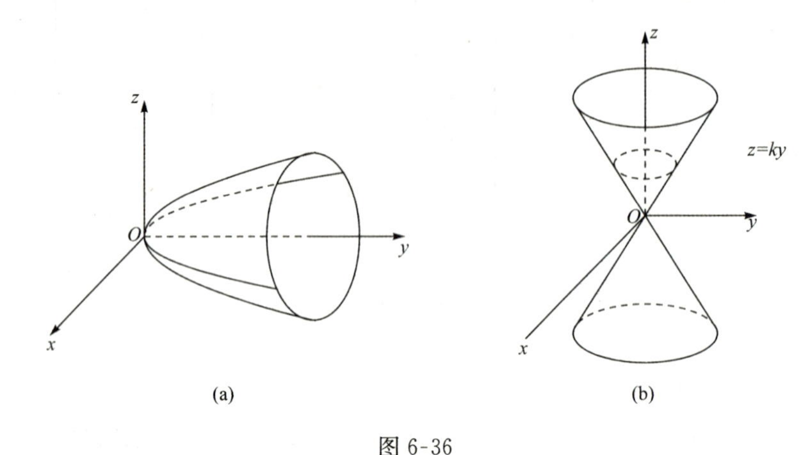

图 6-36

6.6.3　二次曲面

前面介绍过空间曲面中较为简单的柱面和旋转曲面,接下来将介绍几个常用的二次曲面.通常采用截痕法来研究二次曲面的形状,所谓截痕法就是用一系列平行于坐标面的平面去截割曲面,通过考察交线的形状和性质了解曲面的形状和性质.

1. 椭球面

方程

$$\frac{x^2}{a^2}+\frac{y^2}{b^2}+\frac{z^2}{c^2}=1 \tag{6-6-1}$$

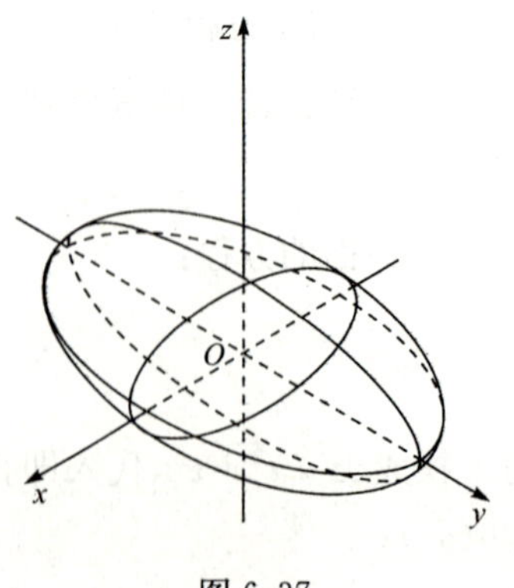

图 6-37

所确定的曲面称为椭球面(图 6-37),其中 a,b,c 均大于 0.

由方程(6-6-1)易知

$$\frac{x^2}{a^2}\leqslant 1,\frac{y^2}{b^2}\leqslant 1,\frac{z^2}{c^2}\leqslant 1,$$

进而有 $|x|\leqslant a,|y|\leqslant b,|z|\leqslant c$.

以平行于 xOy 坐标面的平面 $z=z_0(|z_0|\leqslant c)$ 截曲面,得到截线方程为

$$\begin{cases} \dfrac{x^2}{a^2}+\dfrac{y^2}{b^2}=1-\dfrac{z^2}{c^2}, \\ z=z_0. \end{cases}$$

当$|z_0|<c$时,截线是平面$z=z_0$上的一个椭圆,当$|z_0|=c$时,截线退化成一点$(0,0,c)$.

同理,用平面$y=y_0(|y_0|\leqslant b)$和平面$x=x_0(|x_0|\leqslant a)$截椭球面所截得的截线与上述情况类似.

当$a=b$时,方程变为

$$\frac{x^2+y^2}{a^2}+\frac{z^2}{c^2}=1,$$

由旋转曲面的知识可知,这是由xOz坐标面上的曲线$\dfrac{x^2}{a^2}+\dfrac{z^2}{c^2}=1$绕$z$轴旋转而成的旋转曲面;也可看成由$yOz$坐标面上的曲线$\dfrac{y^2}{a^2}+\dfrac{z^2}{c^2}=1$绕$z$轴旋转而成的旋转曲面.

当$a=b=c$时,方程变为

$$x^2+y^2+z^2=a^2,$$

它表示一个球心在原点,半径为a的球面.

2. 抛物面

1) 椭圆抛物面

方程

$$z=\frac{x^2}{2p}+\frac{y^2}{2q}(p,q\text{ 同号}) \tag{6-6-2}$$

所确定的曲面称为椭圆抛物面(图 6-38).

用于行于xOy坐标面的平面$z=z_0(z_0>0)$截该曲面,则截线方程为

$$\begin{cases} z=\dfrac{x^2}{2p}+\dfrac{y^2}{2q}, \\ z=z_0, \end{cases}$$

它表示平面$z=z_0$上的一个椭圆. 特别地,当$z_0=0$时,截线退化为一点,即原点.

用平行于yOz坐标面的平面$x=x_0$截该曲面,截线方程为

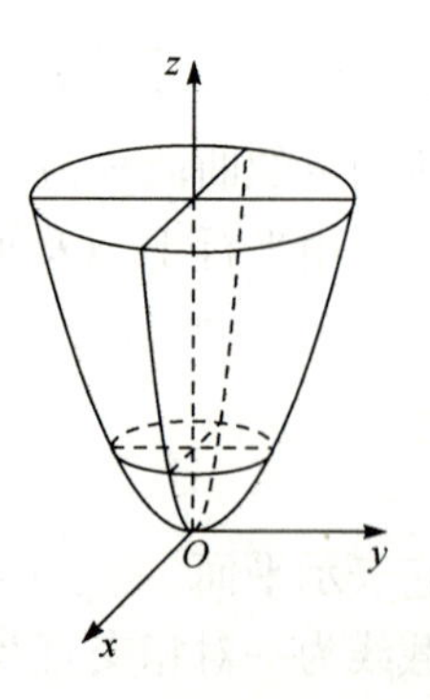

图 6-38

$$\begin{cases} \dfrac{y^2}{2q}=z-\dfrac{x^2}{2p}, \\ x=x_0, \end{cases}$$

它表示平面 $x=x_0$ 上的一条抛物线.

类似地，用平行于 xOz 坐标面的平面 $y=y_0$ 截该曲面，截线也是平面 $y=y_0$ 上的一条抛物线.

当 $p=q>0$ 时，方程(6-6-2)变为

$$z=\frac{x^2+y^2}{2p},$$

它表示 yOz 坐标面上的抛物线 $z=\dfrac{y^2}{2p}$ 绕 z 轴旋转一周而成的旋转抛物面，也可以看成是由 xOz 坐标面上的曲线 $z=\dfrac{x^2}{2p}$ 绕 z 轴旋转而成的旋转抛物面.

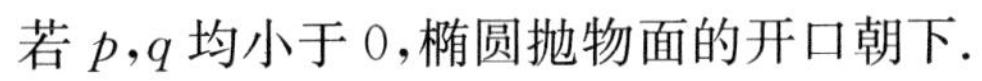

若 p,q 均小于 0，椭圆抛物面的开口朝下.

2) 双曲抛物面

方程

$$z=-\frac{x^2}{2p}+\frac{y^2}{2q}\ (p,q\ 同号) \qquad (6\text{-}6\text{-}3)$$

所表示的曲面称为双曲抛物面(图 6-39). 双曲抛物面也称为马鞍面或鞍形曲面，同样可以用截痕法对该曲面进行讨论.

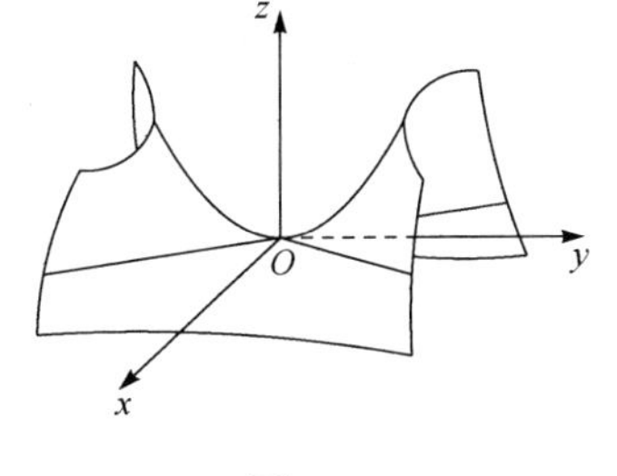

图 6-39

3. 双曲面

1) 单叶双曲面

方程

$$\frac{x^2}{a^2}+\frac{y^2}{b^2}-\frac{z^2}{c^2}=1\ (a,b,c\ 均大于\ 0) \qquad (6\text{-}6\text{-}4)$$

所确定的曲面称为单叶双曲面(图 6-40).

用平行于 xOz 面的平面 $y=y_0$ 截该曲面，截线方程为

$$\begin{cases} \dfrac{x^2}{a^2}-\dfrac{z^2}{c^2}=1-\dfrac{y^2}{b^2}, \\ y=y_0, \end{cases}$$

它表示平面 $y=y_0$ ($y_0\neq\pm b$) 内的双曲线. 当 $y_0=\pm b$ 时，截线为一对相交直线.

用平行于 xOy 坐标面的平面 $z=z_0$ 截该曲面，截线方

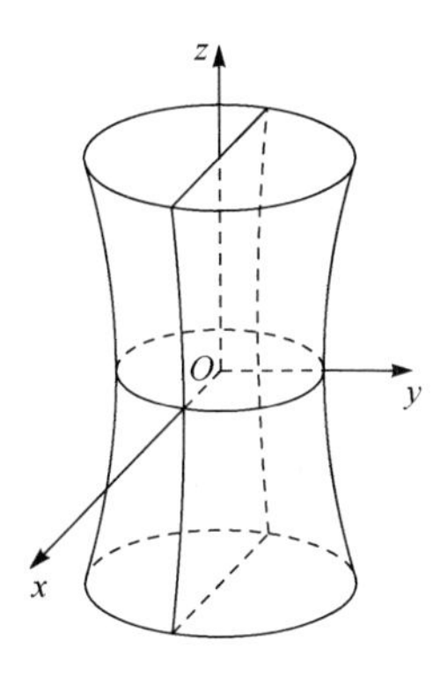

图 6-40

程为

$$\begin{cases}\dfrac{x^2}{a^2}+\dfrac{y^2}{b^2}=1+\dfrac{z^2}{c^2},\\ z=z_0,\end{cases}$$

它表示平面 $z=z_0$ 上的一个椭圆.

2）双叶双曲面

方程

$$\frac{x^2}{a^2}+\frac{y^2}{b^2}-\frac{z^2}{c^2}=-1\ (a,b,c\ 均大于\ 0) \tag{6-6-5}$$

所确定的曲面称为双叶双曲面(图 6-41),同样可用截痕法进行讨论.

当 $a=b$ 时,方程变为

$$\frac{x^2+y^2}{a^2}-\frac{z^2}{c^2}=-1,$$

可以看成由 xOz 坐标面的双曲线$\dfrac{x^2}{a^2}-\dfrac{z^2}{c^2}=-1$ 绕 z 轴旋转而成的双曲面.

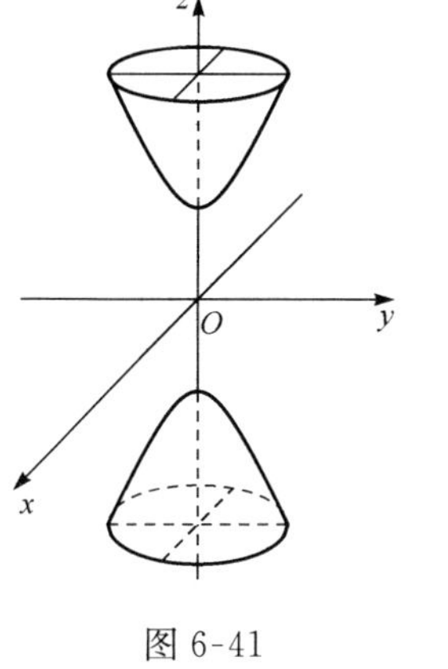

图 6-41

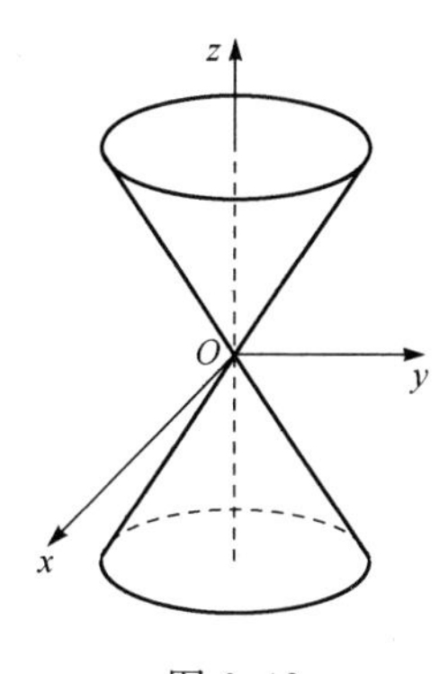

图 6-42

4. 二次锥面

方程

$$\frac{x^2}{a^2}+\frac{y^2}{b^2}-\frac{z^2}{c^2}=0 \tag{6-6-6}$$

所确定的曲面称为二次锥面(图 6-42),同样可用截痕法进行讨论.

当 $a=b$ 时,方程变为

$$\frac{x^2+y^2}{a^2}=\frac{z^2}{c^2}$$

可以看成由 xOz 平面上的直线$\frac{x}{a}=\frac{z}{c}$绕 z 轴旋转一周而成的圆锥面.

习题 6.6

1. 将曲线$\begin{cases}z=-y^2+1,\\x=0\end{cases}$绕 z 轴旋转一周,求旋转曲面方程.

2. 将曲线$\begin{cases}4x^2-9y^2=36,\\z=0\end{cases}$分别绕 x 轴和 y 轴旋转一周,求旋转曲面的方程.

3. 分别求母线平行于 x 轴和 y 轴,且通过曲线$\begin{cases}2x^2+y^2+z^2=16,\\x^2+z^2-y^2=0\end{cases}$的柱面方程.

4. 一动点到(1,0,0)的距离为到平面 $x=4$ 的距离的一半,求动点的轨迹方程.

5. 求过点(2,1,5)且与三个坐标平面相切的球面方程.

6. 画出下列方程所表示的曲面:

(1) $\left(x-\frac{a}{2}\right)^2+y^2=\left(\frac{a}{2}\right)^2$; (2) $\frac{x^2}{9}+\frac{z^2}{4}=1$; (3) $z=2-x^2$.

7. 已知椭球面的三轴分别与三坐标轴重合,且通过椭圆$\begin{cases}\frac{x^2}{9}+\frac{y^2}{16}=1,\\z=0\end{cases}$与点 $M(1,2,\sqrt{23})$,求这个椭球面的方程.

8. 指出下列方程在平面解析几何中和空间解析几何中分别表示什么图形?

(1) $x=2$; (2) $y=x+1$; (3) $x^2+y^2=4$; (4) $x^2-y^2=1$.

9. 画出由曲面 $z=6-x^2-y^2$ 和 $z=\sqrt{x^2+y^2}$ 围成的空间区域.

10. 画出由曲面 $y=x^2+z^2-1$, $y=1$, $x^2+z^2=1$ 围成的空间区域.

6.7 空间曲线及其方程

6.7.1 空间曲线的一般方程

空间曲线可看成两个空间曲面的交线.设两个曲面 $F(x,y,z)=0$ 和 $G(x,y,z)=0$ 的交线为 C,则 C 上的任一点的坐标都同时满足这两个方程;反之,坐标同时满足这两个曲面方程的点一定在交线 C 上.因而方程组

$$\begin{cases}F(x,y,z)=0,\\G(x,y,z)=0\end{cases}\tag{6-7-1}$$

可表示交线 C,称方程组(6-7-1)为空间曲线 C 的一般方程.

如平面$\frac{x}{2}+\frac{y}{1}+\frac{z}{3}=1$与三个坐标面的交线都是直线(图 6-43)，其与 xOy 坐标面的交线的方程为$\begin{cases}\frac{x}{2}+\frac{y}{1}+\frac{z}{3}=1,\\ z=0;\end{cases}$方程组$\begin{cases}x^2+y^2+z^2=4,\\ z=1\end{cases}$表示平面 $z=1$ 与以(0,0,0)为球心，2 为半径的球面的交线，若将 $z=1$ 代入到球面方程中，得 $x^2+y^2=3$，表示在平面 $z=1$ 上以(0,0,1)为圆心$\sqrt{3}$为半径的圆(图 6-44).

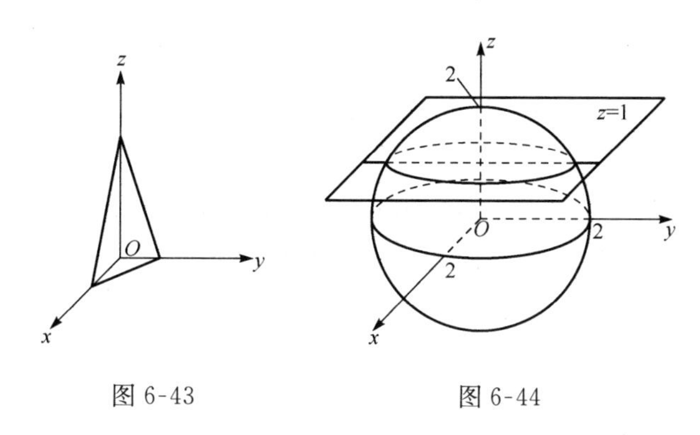

图 6-43　　　图 6-44

6.7.2　空间曲线的参数方程

若空间曲线 C 上的任一点的坐标 x,y,z 都可表示为参数 t 的函数，即

$$\begin{cases}x=x(t),\\ y=y(t),\\ z=z(t),\end{cases}\tag{6-7-2}$$

当 t 取遍其变化范围的所有值时，就会得到 C 的全部点，称(6-7-2)为曲线 C 的参数方程.

例 1　若空间一点 M 在圆柱面 $x^2+y^2=a^2$ 上以角速度 ω 绕 z 轴旋转，同时又以线速度 v 沿平行于 z 轴的正方向上升(其中 ω,v 均为常数)，则点 M 构成的图形称为螺旋线(图 6-45)，试建立其参数方程.

解　取时间 t 为参数，在 $t_0=0$ 时刻，动点从点 $A(a,0,0)$开始运动，经过 t 时间后，动点位于点 $M(x,y,z)$. 设点 M 在 xOy 面的投影为 M'，则 M'的坐标为$(x,y,0)$. 从点 A 到点 M，动点 M 旋转的角度为 $\theta=\omega t$，上升的高度为 $|MM'|=vt$，因此有

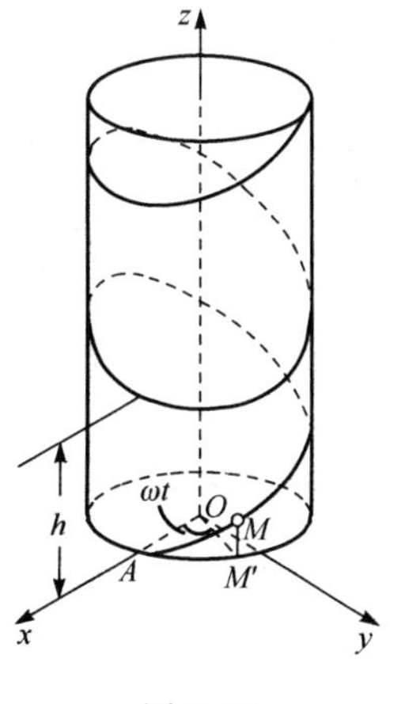

图 6-45

$$\begin{cases} x=a\cos\omega t, \\ y=a\sin\omega t, \\ z=vt, \end{cases}$$

这就是螺旋线的参数方程.

6.7.3 空间曲线在坐标平面上的投影

设空间曲线 C 的一般方程为

$$\begin{cases} F(x,y,z)=0, \\ G(x,y,z)=0. \end{cases} \tag{6-7-3}$$

如果将方程(6-7-3)中的 z 消去,得到的方程为

$$H(x,y)=0, \tag{6-7-4}$$

则方程(6-7-4)表示一个柱面,该柱面以 C 为准线,以平行于 z 轴的直线为母线,称这一柱面为 C 到 xOy 坐标平面上的投影柱面,方程(6-7-4)称为投影柱面方程.平面曲线

$$\begin{cases} H(x,y)=0, \\ z=0 \end{cases}$$

称为 C 在 xOy 平面上的投影曲线.

类似地,将方程(6-7-3)中的 x 和 y 分别消去得到 $I(y,z)=0$ 和 $J(x,z)=0$,则 C 在 yOz 平面和在 xOz 平面上的投影曲线分别为 $\begin{cases} I(y,z)=0, \\ x=0 \end{cases}$ 和 $\begin{cases} J(x,z)=0, \\ y=0. \end{cases}$

例 2 求曲线 C:$\begin{cases} z=x^2+y^2, \\ z=4 \end{cases}$ 在三个坐标面上的投影曲线的方程.

解 该曲线实际上就是旋转抛物面 $z=x^2+y^2$ 与平面 $z=4$ 的交线.

从方程组 $\begin{cases} z=x^2+y^2, \\ z=4 \end{cases}$ 中消去 z 得到方程为 $x^2+y^2=4$,则 $\begin{cases} x^2+y^2=4, \\ z=0 \end{cases}$ 就是曲线 C 在 xOy 坐标面的投影曲线的方程.

因曲线 C 在平面 $z=4$ 上,故在 yOz 坐标面的投影为线段 $\begin{cases} z=4,|y|\leqslant 2 \\ x=0, \end{cases}$,类似地,曲线 C 在 zOx 坐标面的投影也为线段 $\begin{cases} z=4,|x|\leqslant 2, \\ y=0. \end{cases}$

习题 6.7

1. 指出下列方程组在平面解析几何与在空间解析几何中分别表示什么图形:

(1) $\begin{cases} y=5x+1, \\ y=2x-3; \end{cases}$ (2) $\begin{cases} \dfrac{x^2}{4}+\dfrac{y^2}{9}=1, \\ y=3. \end{cases}$

2. 将曲线方程$\begin{cases}x^2+y^2+z^2=9,\\y=x\end{cases}$化为参数方程.

3. 求曲面$x^2+y^2+4z^2=1$与曲面$z^2=x^2+y^2$的交线在xOy平面上的投影柱面和投影曲线方程.

4. 求曲线$\begin{cases}y^2+z^2-2x=0,\\z=3\end{cases}$在$xOy$平面上的投影曲线方程,并指出原曲线是何种曲线.

5. 求曲线$\begin{cases}x^2+y^2+z^2=4,\\y=z\end{cases}$在各坐标面上的投影方程.

复习题 6

1. 填空题.

(1) 设$\boldsymbol{u}=\boldsymbol{a}-\boldsymbol{b}+2\boldsymbol{c}$,$\boldsymbol{v}=-\boldsymbol{a}+3\boldsymbol{b}+\boldsymbol{c}$,则$2\boldsymbol{u}-3\boldsymbol{v}=$__________.

(2) 平行于向量$\boldsymbol{a}=(6,7,-6)$的单位向量$\boldsymbol{a}^0=$__________.

(3) 点$M(4,-3,5)$到x轴、y轴、z轴的距离分别是__________,__________,__________.

(4) 向量$\boldsymbol{a}$的模为4,与u轴的夹角是$60°$,则$\boldsymbol{a}$在u轴上的投影为__________.

(5) 从点$A(2,4,7)$沿向量$\boldsymbol{a}=(8,9,-12)$的方向取$|\overrightarrow{AB}|=34$,则B点的坐标是__________.

(6) 向量$\boldsymbol{a}=(2,1,2)$,向量$\boldsymbol{b}=(4,-1,10)$,向量$\boldsymbol{c}=\boldsymbol{b}-\lambda\boldsymbol{a}$且$\boldsymbol{a}\perp\boldsymbol{c}$,则$\lambda=$__________.

(7) 两平行平面$3x+2y+6z-35=0$与$3x+2y+6z-56=0$的距离是__________.

(8) 旋转曲面$\dfrac{x^2}{36}+\dfrac{y^2}{9}+\dfrac{z^2}{36}=1$的旋转轴是__________轴.

(9) 点$(1,2,3)$到直线$\begin{cases}x+y-z=1,\\2x+z=3\end{cases}$的距离是__________.

(10) 动点$M(x,y,z)$到xOy平面的距离与其到点$(1,-1,2)$的距离相等,则点M的轨迹方程是__________.

2. 选择题.

(1) 设向量$\boldsymbol{x}$同时垂直于向量$\boldsymbol{a}=(2,3,-1)$和$\boldsymbol{b}=(1,-2,3)$,且与向量$\boldsymbol{c}=(2,-1,1)$的数量积为-6,则向量$\boldsymbol{x}=$(　　).

(A) $(-3,3,3)$　　(B) $(-3,1,1)$　　(C) $(0,6,0)$　　(D) $(0,3,-3)$

(2) 已知两直线$\dfrac{x}{2}=\dfrac{y+2}{-2}=\dfrac{z-1}{-1}$和$\dfrac{x-1}{4}=\dfrac{y-3}{n}=\dfrac{z-1}{2}$相互平行,则$n=$(　　).

(A) 2　　(B) 5　　(C) -2　　(D) -4

(3) 直线 $l_1:\begin{cases}x=-1+t,\\y=5-2t,\\z=-8+t,\end{cases}$,直线 $l_2:\begin{cases}x-y=6,\\2y+z=3,\end{cases}$ 则两直线的夹角为(　　).

(A) $\frac{\pi}{6}$　　(B) $\frac{\pi}{4}$　　(C) $\frac{\pi}{3}$　　(D) $\frac{\pi}{2}$

(4) 直线 $l_1:\frac{x+3}{5}=\frac{y+1}{2}=\frac{z-2}{4}$ 与直线 $l_2:\frac{x-8}{3}=\frac{y-1}{1}=\frac{z-6}{2}$ 的位置关系是(　　).

(A) 平行　　(B) 垂直相交　　(C) 相交但不垂直　(D) 异面

(5) 点(1,1,1)到平面 $2x+y+2z+5=0$ 的距离是(　　).

(A) $\frac{10}{3}$　　(B) $\frac{3}{10}$　　(C) 3　　(D) 10

(6) 点 $M(3,-2,1)$ 关于坐标原点的对称点是(　　).

(A) $(-3,2,-1)$　(B) $(-3,-2,-1)$(C) $(3,-2,-1)$　(D) $(-3,2,1)$

(7) 已知向量 $\overrightarrow{AB}$ 的始点 $A(4,0,5)$,$|\overrightarrow{AB}|=2\sqrt{14}$,$\overrightarrow{AB}$ 的方向余弦分别为 $\cos\alpha=\frac{3}{\sqrt{14}}$,$\cos\beta=\frac{1}{\sqrt{14}}$,$\cos\gamma=-\frac{2}{\sqrt{14}}$,则 B 点的坐标为(　　).

(A) $(10,-2,1)$　　(B) $(-3,-2,-1)$

(C) $(3,-2,-1)$　　(D) $(10,-2,-1)$

(8) 双曲线 $\begin{cases}\frac{x^2}{4}-\frac{z^2}{5}=1,\\y=0\end{cases}$ 绕 z 轴旋转而成的旋转曲面的方程为(　　).

(A) $\frac{x^2+y^2}{4}-\frac{z^2}{5}=1$　　(B) $\frac{x^2}{4}-\frac{y^2+z^2}{5}=1$

(C) $\frac{(x+y)^2}{4}-\frac{z^2}{5}=1$　　(D) $\frac{x^2}{4}-\frac{(y+z)^2}{5}=1$

(9) 已知等边三角形 $\triangle ABC$ 的边长为 1,且 $\overrightarrow{BC}=\boldsymbol{a}$,$\overrightarrow{CA}=\boldsymbol{b}$,$\overrightarrow{AB}=\boldsymbol{c}$,则 $\boldsymbol{a}\cdot\boldsymbol{b}+\boldsymbol{b}\cdot\boldsymbol{c}+\boldsymbol{c}\cdot\boldsymbol{a}=$(　　).

(A) $\frac{1}{2}$　　(B) $\frac{2}{3}$　　(C) $-\frac{1}{2}$　　(D) $-\frac{3}{2}$

(10) 设平面方程为 $Ax+Cz+D=0$,其中 A,C,D 均不为零,则平面(　　)

(A) 平行于 x 轴　(B) 平行于 y 轴　(C) 经过 x 轴　(D)经过 y 轴

3. 求过点(4,-1,3)且平行于直线 $\frac{x-3}{2}=y=\frac{z-1}{5}$ 的直线方程.

4. 求过两点 $M_1(3,-2,1)$ 和 $M_2(-1,0,2)$ 的直线方程.

5. 求过点(2,0,-3)且与直线 $\begin{cases}x-2y+4z-7=0,\\3x+5y-2z+1=0\end{cases}$ 垂直的平面的方程.

6. 求直线$\begin{cases}5x-3y+3z-9=0,\\3x-2y+z-1=0\end{cases}$与直线$\begin{cases}2x+2y-z+23=0,\\3x+8y+z-18=0\end{cases}$的夹角的余弦.

7. 求直线$\begin{cases}x+y+3z=0,\\x-y-z=0\end{cases}$与平面 $x-y-z+1=0$ 间的夹角.

8. 求过点(0,2,4)且与两平面 $x+2z=1$ 和 $y-3z=2$ 平行的直线方程.

9. 求过点(3,1,−2)且过直线$\frac{x-4}{5}=\frac{y+3}{2}=\frac{z}{1}$的平面方程.

10. 试确定下列各组中的直线和平面间的位置关系.

(1) $\frac{x+3}{-2}=\frac{y+4}{-7}=\frac{z}{3}$和 $2x+7y-3z=1$;

(2) $\frac{x+3}{-2}=\frac{y+4}{-7}=\frac{z}{3}$和 $3x-2y+7z=8$;

(3) $\frac{x+3}{-2}=\frac{y+4}{-1}=\frac{z}{3}$和 $x+y+z=3$.

11. 求直线$\frac{x-2}{1}=\frac{y-3}{1}=\frac{z-4}{2}$与平面 $2x+y+z-6=0$ 的交点.

12. 求过点(1,2,1)且与两直线$\begin{cases}x+2y-z+1=0,\\x-y+z-1=0\end{cases}$和$\begin{cases}2x-y+z=0\\x-y+z=0\end{cases}$平行的平面方程.

13. 求点 $P(-1,2,0)$在平面 $x+2y-z+1=0$ 上的投影点的坐标.

14. 求点 $P(3,-1,2)$到直线$\begin{cases}x+y-z+1=0,\\2x-y+z-4=0\end{cases}$的距离.

15. 求点 $M(1,2,1)$到平面 $x+2y+2z-10=0$ 的距离.

16. 设一平面垂直于平面 $z=0$,并通过从点(1,−1,1)到直线$\begin{cases}y-z+1=0,\\x=0\end{cases}$的垂线,求平面的方程.

第7章

多元函数微分学及其应用

Differential Calculus of Multivariable Functions and its Applications

从开始学习微积分到现在，我们所遇到的函数大多数像 $f(x)$ 一样，其中只包含一个变量，至于向量函数 $r(t)=(1+t,2t,3+2t)$，虽然是三维空间的向量，但它的值也是由一个变量 t 来决定的. 而实际问题中，物理量经常依赖于两个或多个变量，为了能够更好地解决实际问题，我们需要研究多变量函数.

多变量函数的框架、结构与一元函数类似，首先讨论多元函数的概念、极限、(偏)导数、(全)微分、极值、最值以及几何应用. 在后两章还要讨论多元函数的积分，但多元函数又有其特有的性质. 在这个过程中，如果遵循"低维探路把门敲，去粗取精维数高"的原则去研究多元函数，并发挥自己的创造性思维，就会体会到"体系我立，定理自出"的快乐.

7.1 多元函数的基本概念

两个变量的函数是怎么回事呢，这种函数就像一个有两张嘴的函数机器，我们喂它 x 和 y 两个数，它会吐出另外一个数：$f(x,y)$. 为什么它只吐出一个数，而不是两个甚至三个呢？其实那些情况都有可能，不过首先要掌握一些基本概念，然后在去谈一些细枝末节.

7.1.1 平面区域的概念

1. 邻域

设 $P_0(x_0,y_0)$ 是 xOy 平面上的一个点，δ 是某一正数，与点 $P_0(x_0,y_0)$ 距离小于 δ 的点 $P(x,y)$ 的全体，称为点 P_0 的 δ 邻域(neighbourhood)(图 7-1(a))，记为 $U(P_0,\delta)$，

$$U(P_0,\delta)=\{P\,|\,|PP_0|<\delta\}=\{(x,y)\,|\,\sqrt{(x-x_0)^2+(y-y_0)^2}<\delta\}.$$

在几何上，$U(P_0,\delta)$就是 xOy 平面上以点 $P_0(x_0,y_0)$为中心，$\delta>0$ 为半径的圆内部的点 $P(x,y)$的全体.

点 P_0 的 δ 去心邻域

$$\mathring{U}(P_0,\delta)=\{P \mid 0<|P_0P|<\delta\},$$

简记为 $\mathring{U}(P_0)$.

如果不需要强调邻域的半径 δ，则用 $U(P_0)$表示点 P_0 的 δ 邻域，点 P_0 的去心邻域记作 $\mathring{U}(P_0)$.

下面利用邻域描述点和点集之间的关系.

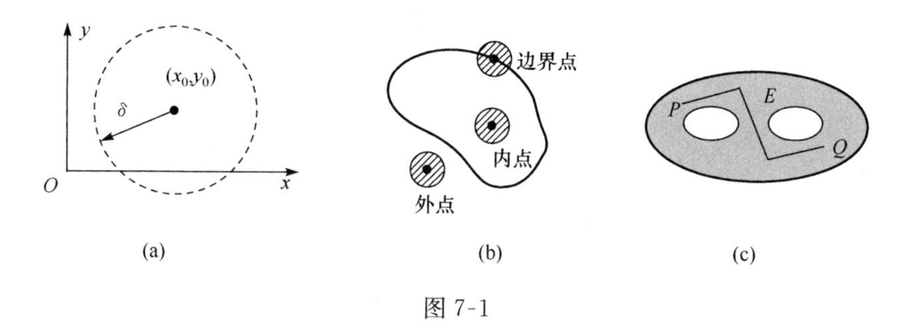

图 7-1

2. 区域

设 E 是平面上一个点集，P 是平面上一个点，则点 P 与点集 E 之间必存在以下三种关系之一(图 7-1(b)).

(1) 存在点 P 的某一邻域 $U(P)$，使得 $U(P)\subset E$，则称 P 为 E 的**内点**(interior point)；

(2) 存在点 P 的某一邻域 $U(P)$，使得 $U(P)\cap E=\varnothing$，则称 P 为 E 的**外点**(exterior point)；

(3) 点 P 的任意邻域内既有属于 E 的点，又有不属于 E 的点，则称 P 为 E 的**边界点**(boundary point).

点集 E 的边界点的全体称为 E 的边界.

根据上述定义，点集 E 的内点必属于 E，而 E 的边界点则可属于 E 也可不属于 E.

如果点集 E 的点都 E 是内点，则称 E 为**开集**(open set). 例如，$E_1=\{(x,y)\mid 1<x^2+y^2<4\}$即为开集.

连通集 如果集合 E 中任意两点均可用 E 中折线连接起来，则称 E 是连通的(图 7-1(c)).

区域 连通的开集称为区域或开区域(region).

例如,$\{(x,y)|1<x^2+y^2<4\}$为区域(图 7-2(a)).

开区域连同它的边界一起称为闭区域.

例如,$\{(x,y)|1\leqslant x^2+y^2\leqslant 4\}$为闭区域(图 7-2(b)).

有界区域　对于平面区域 D,存在一个以 R 为半径的圆完全包含了区域 D,则称平面区域 D 为有界区域.

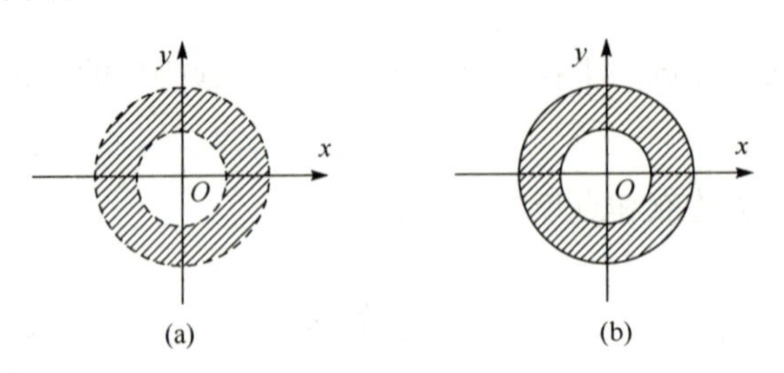

图 7-2

例如,$\{(x,y)|1\leqslant x^2+y^2\leqslant 4\}$为有界闭区域;$\{(x,y)|x+y>0\}$为无界开区域.

3. 聚点

设 E 是平面上的一个点集,P 是平面上的一个点,如果点 P 的任何一个邻域内总有无限多个点属于点集 E,则称 P 为 E 的聚点(accumulation point).

说明　内点一定是聚点;点集 E 的聚点可以属于 E,也可以不属于 E. 例如,$\{(x,y)|0<x^2+y^2\leqslant 1\}$,$(0,0)$ 是聚点但不属于集合. 例如,$\{(x,y)|x^2+y^2=1\}$,边界上的点都是聚点也都属于集合.

4. n 维空间

设 n 为取定的一个自然数,称 n 元数组$(x_1,x_2,\cdots,x_n)$的全体为 n 维空间,而每个 n 元数组$(x_1,x_2,\cdots,x_n)$称为 n 维空间中的一个点,数 x_i 称为该点的第 i 个坐标.

说明　n 维空间的记号为 $\mathbf{R}^n$,$\mathbf{R}^n=\{(x_1,x_2,\cdots,x_n)|x_i\in\mathbf{R},i=1,2,\cdots,n\}$,$n$ 维空间中两点间距离公式:

设两点为 $P(x_1,x_2,\cdots,x_n)$,$Q(y_1,y_2,\cdots,y_n)$,

$$|PQ|=\sqrt{(y_1-x_1)^2+(y_2-x_2)^2+\cdots+(y_n-x_n)^2}.$$

特殊地,当 $n=1,2,3$ 时,上述距离为数轴、平面、空间两点间的距离.

n 维空间中的邻域、区域等概念:邻域 $U(P_0,\delta)=\{P\,|\,|PP_0|<\delta,P\in\mathbf{R}^n\}$. 内点、边界点、区域、聚点等概念类似定义.

7.1.2　二元函数的概念

1. 二元函数

设 D 是平面上的一个非空点集，如果对于 D 内的任一点 (x,y)，按照某种法则 f，都有唯一确定的实数 z 与之对应，则称 f 是 D 上的二元函数，它在 (x,y) 处的函数值记为 $f(x,y)$，即 $z=f(x,y)$，其中 x,y 称为**自变量**(independent variable)，z 称为**因变量**(dependent variable). 点集 D 称为该函数的**定义域**(domain)，数集 $\{z\mid z=f(x,y),(x,y)\in D\}$ 称为该函数的**值域**(range).

类似地，可定义三元及三元以上函数. 当 $n\geqslant 2$ 时，n 元函数统称为**多元函数**.

例 1　求 $f(x,y)=\dfrac{\arcsin(3-x^2-y^2)}{\sqrt{x-y^2}}$ 的定义域.

解　$\begin{cases}|3-x^2-y^2|\leqslant 1,\\ x-y^2>0\end{cases}\Rightarrow\begin{cases}2\leqslant x^2+y^2\leqslant 4,\\ x>y^2,\end{cases}$

如图 7-3 所示，所求定义域为 $D(f)=\{(x,y)\mid 2\leqslant x^2+y^2\leqslant 4, x>y^2\}$.

2. 二元函数的几何意义

设函数 $z=f(x,y)$ 的定义域为 D，任意取定 $P(x,y)\in D$，对应的函数值为 $z=f(x,y)$，这样，以 x 为横坐标、y 为纵坐标、z 为竖坐标在空间就确定一点 $M(x,y,z)$，当 (x,y) 取遍 D 上一切点时，得一个空间点集 $\{(x,y,z)\mid z=f(x,y),(x,y)\in D\}$，这个点集称为二元函数 $z=f(x,y)$ 的图形．二元函数 $z=f(x,y)$ 的图形是三维空间中的一张曲面(图 7-4)，定义域 D 是该曲面在 xOy 面上的投影.

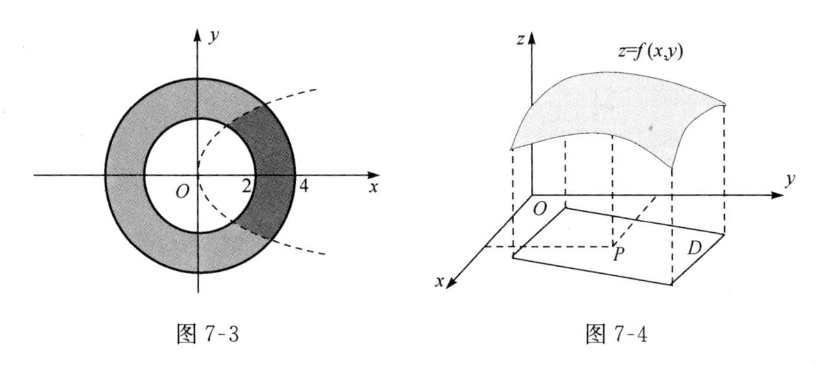

图 7-3　　　　图 7-4

注 1　二元函数的定义域是平面上的区域，而二元函数的图形是空间的曲面. 如二元函数 $z=\sqrt{a^2-x^2-y^2}$ 的图形是以坐标原点为球心，以 a 为半径的球面的上半球面，定义域则是平面区域 D：$D=\{(x,y)\mid x^2+y^2\leqslant a^2\}$.

注 2　同理可知，三元函数 $u=f(x,y,z)$ 的定义域是空间的区域，如函数

$u=\sqrt{R^2-x^2-y^2-z^2}$的定义域:$\Omega=\{(x,y,z)\,|\,x^2+y^2+z^2\leqslant R^2\}$,$\Omega$是空间的球体.

7.1.3　二元函数的极限

1. 一元函数的极限回顾

还记得一元函数极限的概念吗?如果当x趋于a时,$f(x)$会趋于A,则有$\lim\limits_{x\to a}f(x)=A$,即当$x$趋于$a$时,$f(x)$与$A$的距离越来越小,至于当$x=a$时,$f(x)$的值究竟是什么,就不重要了,关键是在$x$差一点就变成$a$时$f(x)$的值.

例如,$\lim\limits_{x\to 1}(x^2-2x+3)=1^2-2\cdot 1+3=2$,在这个例子中$\lim\limits_{x\to a}f(x)=f(a)$.另一个例子,虽然当$x=3$时,$\dfrac{x^2-9}{x-3}$没有定义,但下式仍然成立

$$\lim_{x\to 3}\frac{x^2-9}{x-3}=\lim_{x\to 3}\frac{(x-3)(x+3)}{x-3}=\lim_{x\to 3}(x+3)=6.$$

在一元函数的极限中,x趋于a的方式有两种:可从左边($x<a$)也可以从右边($x>a$)趋向于a.只有在x从a的左边和右边趋近a时,$f(x)$都趋近同一个值A的情况下,该极限才存在.

与一元函数类似,二元函数的极限也反映函数值随自变量变化而变化的趋势.

2. 二元函数极限的概念

设$P_0(x_0,y_0)$为函数$z=f(x,y)$的定义域的聚点,如果当点$P(x,y)$无限趋于点$P_0(x_0,y_0)$时,函数$f(x,y)$无限趋于一个常数A,则称A为**函数$z=f(x,y)$当$(x,y)\to(x_0,y_0)$时的极限**.记为

$$\lim_{\substack{x\to x_0\\ y\to y_0}}f(x,y)=A.$$

或

$$f(x,y)\to A\ \ ((x,y)\to(x_0,y_0)),$$

也记作

$$\lim_{P\to P_0}f(P)=A\quad 或\quad f(P)\to A\ (P\to P_0).$$

二元函数的极限与一元函数的极限具有相同的性质和运算法则,在此不再详述.为了区别于一元函数的极限,称二元函数的极限为**二重极限**.

说明　(1) 定义中$P\to P_0$的方式是任意的;

(2) 二元函数的极限运算法则与一元函数类似.

不像考虑一元函数时,x只会从a的左边或右边趋近于a.在二元函数的情况下,如果在xOy平面上有一点(x,y)朝另一点(x_0,y_0)趋近,可能的趋近路径有许多条.如果极限存在,不论所取的路径是什么,得到的结果都会相同.

但问题来了，既然路径的数目无限，那么必要时，如何去一一检验这些向(x_0,y_0)靠近的路径呢？先看一些实际的例子.

例2　试求$\lim\limits_{\substack{x\to0\\y\to0}}\dfrac{xy}{\sqrt{x^2+y^2}}$.

分析　这个式子属于$\dfrac{0}{0}$型未定式，一听到未定式，可能马上联想到洛必达法则，但是很抱歉，对于多元函数，洛必达法则爱莫能助．那么如何检验从(x,y)到(x_0,y_0)的所有可能路径呢？试试这个：转换成极坐标 $x=r\cos\theta$，$y=r\sin\theta$，$r=\sqrt{x^2+y^2}$. 特别注意当(x,y)趋于$(0,0)$时，r会趋于0.

因此所求的极限变成$\lim\limits_{\substack{x\to0\\y\to0}}\dfrac{xy}{\sqrt{x^2+y^2}}=\lim\limits_{r\to0}\dfrac{(r\cos\theta)(r\sin\theta)}{r}=\lim\limits_{r\to0}(r\cos\theta\sin\theta)=0$.
之所以等于0，是因为$\cos\theta\sin\theta$不会大于1，用它去乘一个趋近于0的r，答案当然会跟着趋近于0. 但值得注意的是，转换成极坐标这一方法，只能用在当(x,y)趋于$(0,0)$的情况下，除此之外将失效.

解　令$x=r\cos\theta$，$y=r\sin\theta$，$r=\sqrt{x^2+y^2}$，则有

$$\text{原式}=\lim_{r\to0}\frac{(r\cos\theta)(r\sin\theta)}{r}=\lim_{r\to0}(r\cos\theta\sin\theta)=0.$$

例3　求极限$\lim\limits_{\substack{x\to0\\y\to0}}\dfrac{\sin(x^2y)}{x^2+y^2}$.

解　$\lim\limits_{\substack{x\to0\\y\to0}}\dfrac{\sin(x^2y)}{x^2+y^2}=\lim\limits_{\substack{x\to0\\y\to0}}\dfrac{\sin(x^2y)}{x^2y}\cdot\dfrac{x^2y}{x^2+y^2}$，其中$\lim\limits_{\substack{x\to0\\y\to0}}\dfrac{\sin(x^2y)}{x^2y}\xlongequal{u=x^2y}\lim\limits_{u\to0}\dfrac{\sin u}{u}=1$，

$$\left|\frac{x^2y}{x^2+y^2}\right|=\frac{1}{2}\left|\frac{2xy}{x^2+y^2}\cdot x\right|\leqslant\frac{1}{2}|x|\xrightarrow{x\to0}0,$$

所以$\lim\limits_{\substack{x\to0\\y\to0}}\dfrac{\sin(x^2y)}{x^2+y^2}=0$.

例4　证明$\lim\limits_{\substack{x\to0\\y\to0}}\dfrac{xy}{x^2+y^2}$不存在.

证明　如果把它转换成极坐标，得

$$\lim_{\substack{x\to0\\y\to0}}\frac{xy}{x^2+y^2}=\lim_{r\to0}\frac{r\cos\theta\cdot r\sin\theta}{r^2}=\lim_{r\to0}(\cos\theta\cdot\sin\theta).$$

这一结果随着θ的不同而不同. 如果$\theta=0$（相当于点(x,y)沿着x轴正向趋近于$(0,0)$），则认为极限为0；如果$\theta=\dfrac{\pi}{4}$（相当于点(x,y)沿着$y=x$，$x>0$趋近于$(0,0)$），则极限为$\dfrac{1}{2}$. 由此可以看出，极限的值会随着趋近$(0,0)$的路径不同而有所

差异,所以极限不存在!

这一题不用转换成极坐标,也能得到相同的答案.

取 $y=kx$(k 为常数),则

$$\lim_{\substack{x\to 0\\ y\to 0}}\frac{xy}{x^2+y^2}=\lim_{\substack{x\to 0\\ y=kx}}\frac{x\cdot kx}{x^2+k^2x^2}=\frac{k}{1+k^2},$$

易见题设极限的值随 k 的变化而变化,故题设极限不存在.

7.1.4 二元函数的连续性

1. 二元函数连续性的概念

设二元函数 $z=f(x,y)$ 在点 (x_0,y_0) 的某一邻域内有定义,如果

$$\lim_{\substack{x\to x_0\\ y\to y_0}}f(x,y)=f(x_0,y_0),$$

则称 $z=f(x,y)$ 在点 (x_0,y_0) 处**连续**(continuous). 如果函数 $z=f(x,y)$ 在点 (x_0,y_0) 处不连续,则称函数 $z=f(x,y)$ 在 (x_0,y_0) 处**间断**(discontinuous).

如果 $z=f(x,y)$ 在区域 D 内每一点都连续,则称该函数在区域 D 内连续. 在区域 D 上连续的二元函数的图形是区域 D 上的一张连续曲面,曲面上没有洞,也没有撕裂的地方.

与一元函数类似,二元连续函数经过四则运算和复合运算后仍为二元连续函数. 由 x 和 y 的基本初等函数经过有限次的四则运算和复合所构成的可用一个式子表示的二元函数称为**二元初等函数**. 一切二元初等函数在其定义区域内是连续的. 这里定义区域是指包含在定义域内的区域或闭区域. 利用这个结论,当要求某个二元初等函数在其定义区域内一点的极限时,只要算出函数在该点的函数值即可.

例 5 讨论二元函数 $f(x,y)=\begin{cases}\dfrac{x^3+y^3}{x^2+y^2}, & (x,y)\neq(0,0),\\ 0, & (x,y)=(0,0)\end{cases}$ 在 $(0,0)$ 处的连续性.

解 由 $f(x,y)$ 表达式的特征,利用极坐标变换. 令 $x=\rho\cos\theta$, $y=\rho\sin\theta$,则

$$\lim_{(x,y)\to(0,0)}f(x,y)=\lim_{\rho\to 0}\rho(\sin^3\theta+\cos^3\theta)=0=f(0,0),$$

所以函数在 $(0,0)$ 点处连续.

例 6 求 $\lim\limits_{\substack{x\to 0\\ y\to 1}}\dfrac{e^x+y}{x+y}$.

解 因初等函数 $f(x,y)=\dfrac{e^x+y}{x+y}$ 在 $(0,1)$ 处连续,故 $\lim\limits_{\substack{x\to 0\\ y\to 1}}\dfrac{e^x+y}{x+y}=\dfrac{e^0+1}{0+1}=2$.

2. 闭区域上连续函数的性质

在有界闭区域 D 上连续的二元函数也有类似于一元连续函数在闭区间上所满足的定理．下面不加证明地列出这些定理.

定理1(最大值和最小值定理)　有界闭区域 D 上的二元连续函数能取得最大值和最小值.

定理2(有界性定理)　有界闭区域 D 上的二元连续函数在 D 上一定有界.

定理3(介值定理)　有界闭区域 D 上的二元连续函数能够取得最大值与最小值之间所有的值.

习题 7.1

1. 已知函数 $f(x+y,x-y)=\dfrac{x^2-y^2}{x^2+y^2}$，求 $f(x,y)$.

2. 求下列各函数的定义域：

(1) $z=\ln(y^2-2x+1)$；　　(2) $z=\dfrac{1}{\sqrt{x+y}}+\dfrac{1}{\sqrt{x-y}}$；

(3) $u=\sqrt{R^2-x^2-y^2-z^2}+\dfrac{1}{\sqrt{x^2+y^2+z^2-r^2}}\ (R>r>0)$；

(4) $u=\arccos\dfrac{z}{\sqrt{x^2+y^2}}$.

3. 求下列各函数的极限：

(1) $\lim\limits_{(x,y)\to(1,2)}\dfrac{x-y}{x^2+2y^2}$；　　(2) $\lim\limits_{(x,y)\to(0,0)}\dfrac{\sin(xy)}{\sqrt{xy+1}-1}$；

(3) $\lim\limits_{(x,y)\to(0,0)}\dfrac{1-\cos(xy)}{x^2y^2}$；　　(4) $\lim\limits_{\substack{x\to0\\y\to0}}(x^2+y^2)\sin\dfrac{1}{x^2+y^2}$；

(5) $\lim\limits_{\substack{x\to\infty\\y\to\infty}}\dfrac{x+y}{x^2+y^2}$.

4. 证明下列极限不存在：

(1) $\lim\limits_{(x,y)\to(0,0)}\dfrac{x-y}{x+y}$；　　(2) $\lim\limits_{(x,y)\to(0,0)}\dfrac{x^2-y^2}{x^2+y^2}$.

5. 若点 (x,y) 沿着无数多条平面曲线趋向于点 (x_0,y_0) 时，函数 $f(x,y)$ 都趋向于 A，能否断定：

$$\lim_{(x,y)\to(x_0,y_0)}f(x,y)=A?$$

6. 讨论函数 $f(x,y)=\begin{cases}\dfrac{xy^2}{x^2+y^4}, & x^2+y^2\neq 0,\\ 0, & x^2+y^2=0\end{cases}$ 的连续性.

7.2 偏导数与高阶偏导数

在研究一元函数时,我们从研究函数的变化率引入了导数的概念.实际问题中,我们常常需要了解一个受到多种因素制约的变量,在其他因素固定不变的情况下,该变量只随一种因素变化的变化率问题,反映在数学上就是多元函数在其他自变量固定不变时,函数随一个自变量变化的变化率问题,这就是偏导数.

7.2.1 偏导数的定义及其计算法

1. 偏导数的定义

以二元函数 $z=f(x,y)$ 为例,如果固定自变量 y 不变,则函数 $z=f(x,y)$ 就是 x 的一元函数,该函数对 x 的导数,就称为二元函数 $z=f(x,y)$ 对 x 的偏导数.

定义 1 设函数 $z=f(x,y)$ 在点 (x_0,y_0) 的某一邻域内有定义,当 y 固定在 y_0 而 x 在 x_0 处有增量 Δx 时,相应地,函数有增量

$$\Delta z=f(x_0+\Delta x,y_0)-f(x_0,y_0),$$

如果 $\lim\limits_{\Delta x\to 0}\dfrac{f(x_0+\Delta x,y_0)-f(x_0,y_0)}{\Delta x}$ 存在,则称此极限为函数 $z=f(x,y)$ 在点 (x_0,y_0) 处**对 x 的偏导数**(partial derivative),记为

$$\left.\frac{\partial z}{\partial x}\right|_{\substack{x=x_0\\ y=y_0}},\quad \left.\frac{\partial f}{\partial x}\right|_{\substack{x=x_0\\ y=y_0}},\quad z_x\Big|_{\substack{x=x_0\\ y=y_0}} \text{或 } f_x(x_0,y_0).$$

例如,有

$$f_x(x_0,y_0)=\lim_{\Delta x\to 0}\frac{f(x_0+\Delta x,y_0)-f(x_0,y_0)}{\Delta x}=\lim_{x\to x_0}\frac{f(x,y_0)-f(x_0,y_0)}{x-x_0}.$$

类似地,函数 $z=f(x,y)$ 在点 (x_0,y_0) 处**对 y 的偏导数**为

$$\lim_{\Delta y\to 0}\frac{f(x_0,y_0+\Delta y)-f(x_0,y_0)}{\Delta y},$$

记为

$$\left.\frac{\partial z}{\partial y}\right|_{\substack{x=x_0\\ y=y_0}},\quad \left.\frac{\partial f}{\partial y}\right|_{\substack{x=x_0\\ y=y_0}},\quad z_y\Big|_{\substack{x=x_0\\ y=y_0}} \text{或 } f_y(x_0,y_0).$$

$$f_y(x_0,y_0)=\lim_{\Delta y\to 0}\frac{f(x_0,y_0+\Delta y)-f(x_0,y_0)}{\Delta y}=\lim_{y\to y_0}\frac{f(x_0,y)-f(x_0,y_0)}{y-y_0}.$$

如果函数 $z=f(x,y)$ 在区域 D 内任一点 (x,y) 处对 x 的偏导数都存在，则这个偏导数仍然是 x,y 的函数，称它为函数 $z=f(x,y)$ 对自变量 x 的偏导数，记作 $\frac{\partial z}{\partial x},\frac{\partial f}{\partial x},z_x$ 或 $f_x(x,y)$.

同理可以定义函数 $z=f(x,y)$ 对自变量 y 的偏导数，记作 $\frac{\partial z}{\partial y},\frac{\partial f}{\partial y},z_y$ 或 $f_y(x,y)$.

偏导数的概念可以推广到二元以上函数，如 $u=f(x,y,z)$ 在 (x,y,z) 处

$$f_x(x,y,z)=\lim_{\Delta x\to 0}\frac{f(x+\Delta x,y,z)-f(x,y,z)}{\Delta x},$$

$$f_y(x,y,z)=\lim_{\Delta y\to 0}\frac{f(x,y+\Delta y,z)-f(x,y,z)}{\Delta y},$$

$$f_z(x,y,z)=\lim_{\Delta z\to 0}\frac{f(x,y,z+\Delta z)-f(x,y,z)}{\Delta z}.$$

2. 偏导数的计算

上述定义表明，在求多元函数对某个自变量的偏导数时，只需把其余自变量看成常数，然后直接利用一元函数的求导公式及复合函数求导法则计算.

例 1　求 $z=x^2+3xy+y^2$ 在点(1,2)处的偏导数.

解　$\frac{\partial z}{\partial x}=2x+3y$，　$\frac{\partial z}{\partial y}=3x+2y$，则

$$\left.\frac{\partial z}{\partial x}\right|_{\substack{x=1\\y=2}}=2\times1+3\times2=8,\quad \left.\frac{\partial z}{\partial y}\right|_{\substack{x=1\\y=2}}=3\times1+2\times2=7.$$

例 2　求 $z=x^2\sin(2y)$ 的偏导数.

解　$\frac{\partial z}{\partial x}=2x\sin(2y)$，　$\frac{\partial z}{\partial y}=2x^2\cos(2y)$.

例 3　设 $z=x^y(x>0,x\neq1)$，求证 $\frac{x}{y}\frac{\partial z}{\partial x}+\frac{1}{\ln x}\frac{\partial z}{\partial y}=2z$.

证明　因为 $\frac{\partial z}{\partial x}=yx^{y-1}$，$\frac{\partial z}{\partial y}=x^y\ln x$，所以

$$\frac{x}{y}\frac{\partial z}{\partial x}+\frac{1}{\ln x}\frac{\partial z}{\partial y}=\frac{x}{y}yx^{y-1}+\frac{1}{\ln x}x^y\ln x=x^y+x^y=2z.$$

例 4　求 $r=\sqrt{x^2+y^2+z^2}$ 的偏导数.

解　$\frac{\partial r}{\partial x}=\frac{2x}{2\sqrt{x^2+y^2+z^2}}=\frac{x}{r}$,

$\frac{\partial r}{\partial y}=\frac{2y}{2\sqrt{x^2+y^2+z^2}}=\frac{y}{r}$,

$$\frac{\partial r}{\partial z}=\frac{2z}{2\sqrt{x^2+y^2+z^2}}=\frac{z}{r}.$$

例 5　已知理想气体的状态方程 $pV=RT$(R 为常数),求证:

$$\frac{\partial p}{\partial V}\cdot\frac{\partial V}{\partial T}\cdot\frac{\partial T}{\partial p}=-1.$$

证明　因为

$$p=\frac{RT}{V}\Rightarrow\frac{\partial p}{\partial V}=-\frac{RT}{V^2},$$

$$V=\frac{RT}{p}\Rightarrow\frac{\partial V}{\partial T}=\frac{R}{p},$$

$$T=\frac{pV}{R}\Rightarrow\frac{\partial T}{\partial p}=\frac{V}{R}.$$

所以

$$\frac{\partial p}{\partial V}\cdot\frac{\partial V}{\partial T}\cdot\frac{\partial T}{\partial p}=-\frac{RT}{V^2}\cdot\frac{R}{p}\cdot\frac{V}{R}=-\frac{RT}{pV}=-1.$$

3. 多元函数的偏导数

补充以下几点说明:

(1) 对一元函数而言,导数$\frac{\mathrm{d}y}{\mathrm{d}x}$可看成函数的微分 $\mathrm{d}y$ 与自变量的微分 $\mathrm{d}x$ 的商. 但偏导数的记号$\frac{\partial u}{\partial x}$是一个整体.

(2) 与一元函数类似,计算分段函数在分段点的偏导数要利用偏导数的定义.

(3) 在一元函数微分学中,如果函数在某点存在导数,则它在该点必定连续. 但对多元函数而言,即使函数的各个偏导数存在,也不能保证函数在该点连续.

例如,二元函数

$$f(x,y)=\begin{cases}\frac{xy}{x^2+y^2}, & (x,y)\neq(0,0),\\ 0, & (x,y)=(0,0)\end{cases}$$

在点$(0,0)$的偏导数为

$$f_x(0,0)=\lim_{\Delta x\to 0}\frac{f(0+\Delta x,0)-f(0,0)}{\Delta x}=\lim_{\Delta x\to 0}\frac{0}{\Delta x}=0,$$

$$f_y(0,0)=\lim_{\Delta y\to 0}\frac{f(0,0+\Delta y)-f(0,0)}{\Delta y}=\lim_{\Delta x\to 0}\frac{0}{\Delta y}=0.$$

但从 7.1 节知道这个函数在点$(0,0)$处不连续.

4. 偏导数的几何意义

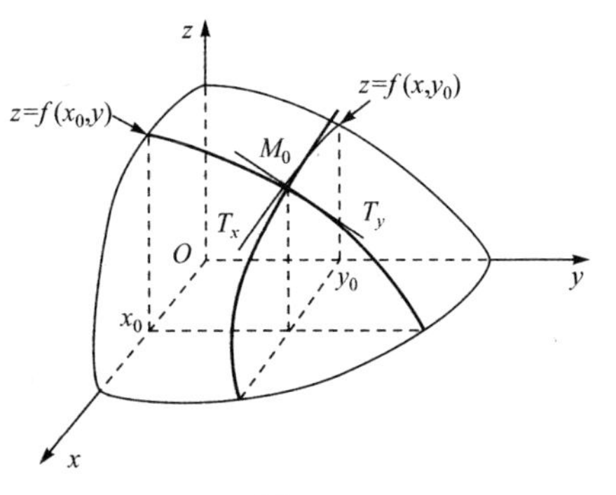

图 7-5

设曲面的方程为 $z=f(x,y)$，$M_0(x_0,y_0,f(x_0,y_0))$是该曲面上一点，过点 M_0 作平面 $y=y_0$，截此曲面得一条曲线，其方程为

$$\begin{cases} z=f(x,y), \\ y=y_0, \end{cases}$$

则偏导数 $f_x(x_0,y_0)$表示上述曲线在点 M_0 处的切线 M_0T_x 对 x 轴正向的斜率. 同理，偏导数 $f_y(x_0,y_0)$就是曲面被平面 $x=x_0$所截得的曲线在点 M_0 处的切线 M_0T_y 对 y 轴正向的斜率.

7.2.2　高阶偏导数

在前面的例题中，所给的函数对 x 求导后，所得到的都是一个新的函数，而这个新函数仍然具有与原先函数相同数量的自变量、为了阐明这个概念，比较谨慎的写法是

$$f(x,y)=x^2+3xy+y^2,$$

$$\frac{\partial f}{\partial x}(x,y)=2x+3y,\quad \frac{\partial f}{\partial y}(x,y)=3x+2y,$$

可见 $f_x(x,y)$和 $f_y(x,y)$仍然是 x,y 的函数.

一般地，设函数 $z=f(x,y)$在区域 D 内具有偏导数

$$\frac{\partial z}{\partial x}=f_x(x,y),\quad \frac{\partial z}{\partial y}=f_y(x,y),$$

则在 D 内 $f_x(x,y)$和 $f_y(x,y)$都是 x,y 的函数. 如果这两个函数的偏导数存在，则称它们是函数 $z=f(x,y)$的**二阶偏导数**(second order partial derivatives). 按照对变量求导次序的不同，共有下列四个二阶偏导数：

$$\frac{\partial}{\partial x}\left(\frac{\partial z}{\partial x}\right)=\frac{\partial^2 z}{\partial x^2}=f_{xx}(x,y),\quad \frac{\partial}{\partial y}\left(\frac{\partial z}{\partial y}\right)=\frac{\partial^2 z}{\partial y^2}=f_{yy}(x,y)\ (\text{纯偏导数})$$

$$\frac{\partial}{\partial y}\left(\frac{\partial z}{\partial x}\right)=\frac{\partial^2 z}{\partial x\partial y}=f_{xy}(x,y),\quad \frac{\partial}{\partial x}\left(\frac{\partial z}{\partial y}\right)=\frac{\partial^2 z}{\partial y\partial x}=f_{yx}(x,y)\ (\text{混合偏导数})$$

类似地，可以定义三阶、四阶直至 n 阶偏导数. 我们把二阶及二阶以上的偏导数统称为**高阶偏导数**(higher order partial derivatives).

例 6　设 $z=x^3y^2-3xy^3-xy+1$，求$\frac{\partial^2 z}{\partial x^2},\frac{\partial^2 z}{\partial y\partial x},\frac{\partial^2 z}{\partial x\partial y},\frac{\partial^2 z}{\partial y^2}$.

解

$$\frac{\partial z}{\partial x}=3x^2y^2-3y^3-y,\quad \frac{\partial z}{\partial y}=2x^3y-9xy^2-x;$$

$$\frac{\partial^2 z}{\partial x^2}=6xy^2,\quad \frac{\partial^2 z}{\partial y^2}=2x^3-18xy;$$

$$\frac{\partial^2 z}{\partial x\partial y}=6x^2y-9y^2-1,\quad \frac{\partial^2 z}{\partial y\partial x}=6x^2y-9y^2-1.$$

例 7　$z=\mathrm{e}^{xy}+\sin(x+y)$,求$\frac{\partial^2 z}{\partial x^2},\frac{\partial^2 z}{\partial y\partial x},\frac{\partial^2 z}{\partial x\partial y},\frac{\partial^2 z}{\partial y^2},\frac{\partial^3 z}{\partial x^3}$.

解　先求一阶偏导数

$$\frac{\partial z}{\partial x}=y\mathrm{e}^{xy}+\cos(x+y),\quad \frac{\partial z}{\partial y}=x\mathrm{e}^{xy}+\cos(x+y);$$

再求二阶偏导数

$$\frac{\partial^2 z}{\partial x^2}=y^2\mathrm{e}^{xy}-\sin(x+y),\qquad \frac{\partial^2 z}{\partial y^2}=x^2\mathrm{e}^{xy}-\sin(x+y),$$

$$\frac{\partial^2 z}{\partial x\partial y}=(1+xy)\mathrm{e}^{xy}-\sin(x+y),\quad \frac{\partial^2 z}{\partial y\partial x}=(1+xy)\mathrm{e}^{xy}-\sin(x+y),$$

$$\frac{\partial^3 z}{\partial x^3}=y^3\mathrm{e}^{xy}-\cos(x+y).$$

问题　混合偏导数$\frac{\partial^2 z}{\partial x\partial y},\frac{\partial^2 z}{\partial y\partial x}$都相等吗?

例 8　设 $f(x,y)=\begin{cases}\dfrac{x^3y}{x^2+y^2}, & (x,y)\neq(0,0),\\ 0, & (x,y)=(0,0),\end{cases}$ 求 $f(x,y)$在$(0,0)$点的二阶混合偏导数.

解　当$(x,y)\neq(0,0)$时,

$$f_x(x,y)=\frac{3x^2y(x^2+y^2)-2x\cdot x^3y}{(x^2+y^2)^2}=\frac{3x^2y}{x^2+y^2}-\frac{2x^4y}{(x^2+y^2)^2},$$

$$f_y(x,y)=\frac{x^3}{x^2+y^2}-\frac{2x^3y^2}{(x^2+y^2)^2},$$

当$(x,y)=(0,0)$时,按定义可知

$$f_x(0,0)=\lim_{x\to0}\frac{f(x,0)-f(0,0)}{x-0}=\lim_{x\to0}\frac{0}{x}=0,$$

$$f_y(0,0)=\lim_{y\to0}\frac{f(0,y)-f(0,0)}{0-y}=\lim_{y\to0}\frac{0}{y}=0,$$

$$f_{xy}(0,0)=\lim_{y\to0}\frac{f_x(0,y)-f_x(0,0)}{y}=0,$$

$$f_{yx}(0,0)=\lim_{x\to0}\frac{f_y(x,0)-f_y(0,0)}{x}=1.$$

显然 $f_{xy}(0,0)\neq f_{yx}(0,0)$.

问题　具备怎样的条件才能使混合偏导数相等?

定理1　如果函数 $z=f(x,y)$ 的两个二阶混合偏导数 $\frac{\partial^2 z}{\partial y\partial x}$ 及 $\frac{\partial^2 z}{\partial x\partial y}$ 在区域 D 内连续,则在该区域内有 $\frac{\partial^2 z}{\partial y\partial x}=\frac{\partial^2 z}{\partial x\partial y}$.

例9　证明函数 $u=\frac{1}{r}$ 满足方程 $\frac{\partial^2 u}{\partial x^2}+\frac{\partial^2 u}{\partial y^2}+\frac{\partial^2 u}{\partial z^2}=0$,其中 $r=\sqrt{x^2+y^2+z^2}$.

证明　$\frac{\partial u}{\partial x}=-\frac{1}{r^2}\frac{\partial r}{\partial x}=-\frac{1}{r^2}\frac{x}{r}=-\frac{x}{r^3}$,　$\frac{\partial^2 u}{\partial x^2}=-\frac{1}{r^3}+\frac{3}{r^4}\frac{\partial r}{\partial x}=-\frac{1}{r^3}+\frac{3x^2}{r^5}$;

同理

$$\frac{\partial^2 u}{\partial y^2}=-\frac{1}{r^3}+\frac{3y^2}{r^5},\quad \frac{\partial^2 u}{\partial z^2}=-\frac{1}{r^3}+\frac{3z^2}{r^5}.$$

所以

$$\frac{\partial^2 u}{\partial x^2}+\frac{\partial^2 u}{\partial y^2}+\frac{\partial^2 u}{\partial z^2}=-\frac{3}{r^3}+\frac{3(x^2+y^2+z^2)}{r^5}=-\frac{3}{r^3}+\frac{3}{r^3}=0.$$

$\frac{\partial^2 u}{\partial x^2}+\frac{\partial^2 u}{\partial y^2}+\frac{\partial^2 u}{\partial z^2}=0$ 称为拉普拉斯(Laplace)方程,它是数学物理方程中一种很重要的方程.

习题 7.2

1. 设函数 $f(x,y)$ 在点 (x_0,y_0) 偏导数存在,试求:

(1) $\lim\limits_{x\to 0}\frac{f(x_0+x,y_0)-f(x_0-x,y_0)}{x}$;　(2) $\lim\limits_{h\to 0}\frac{f(x_0+h,y_0)-f(x_0,y_0-h)}{h}$.

2. 求下列函数的偏导数:

(1) $z=x^3y-y^3x$;　(2) $z=\sqrt{\ln(xy)}$;

(3) $z=\sin(xy)+\cos^2(xy)$;　(4) $z=(1+xy)^y$;

(5) $u=x^{\frac{y}{z}}$;　(6) $u=\arctan(x-y)^z$;

(7) $z=e^x(\cos y+x\sin y)$;　(8) $z=\int_x^{x+y^2}e^{t^2}dt$.

3. 设 $z=e^{-\left(\frac{1}{x}+\frac{1}{y}\right)}$,求证 $x^2\frac{\partial z}{\partial x}+y^2\frac{\partial z}{\partial y}=2z$.

4. 设 $f(x,y)=x+(y-1)\arcsin\sqrt{\frac{x}{y}}$,求 $f_x(x,1)$.

5. 曲线$\begin{cases} z=\dfrac{x^2+y^2}{4}, \\ y=4 \end{cases}$在点(2,4,5)处的切线对于 x 轴的倾角是多少?

6. $z=f(x,y)=\begin{cases} (x^2+y^2)\sin\dfrac{1}{\sqrt{x^2+y^2}}, & x^2+y^2\neq 0, \\ 0, & x^2+y^2=0. \end{cases}$

(1) 在(0,0)处是否连续;

(2) $f_x(0,0)$,$f_y(0,0)$是否存在;

(3) $f_x(x,y)$,$f_y(x,y)$在(0,0)处是否连续?

7. 求下列函数的$\dfrac{\partial^2 z}{\partial x^2}$,$\dfrac{\partial^2 z}{\partial y^2}$,$\dfrac{\partial^2 z}{\partial x\partial y}$,

(1) $z=x^4+y^4+4x^3y^2$; (2) $z=\arctan\dfrac{y}{x}$; (3) $z=y^x$.

8. 设 $f(x,y,z)=xy^2+yz^2+zx^2$,求 $f_{xx}(0,0,1)$,$f_{xx}(1,0,2)$,$f_{yz}(0,-1,0)$及 $f_{zzx}(2,0,1)$.

9. 设 $z=x\ln(xy)$,求$\dfrac{\partial^3 z}{\partial x^2\partial y}$和$\dfrac{\partial^3 z}{\partial x\partial y^2}$.

10. 验证:(1) $y=\mathrm{e}^{-kn^2t}\sin x$ 满足$\dfrac{\partial y}{\partial t}=k\dfrac{\partial^2 y}{\partial x^2}$;

(2) $r=\sqrt{x^2+y^2+z^2}$ 满足$\dfrac{\partial^2 r}{\partial x^2}+\dfrac{\partial^2 r}{\partial y^2}+\dfrac{\partial^2 r}{\partial z^2}=\dfrac{2}{r}$.

7.3 全微分及其应用

7.3.1 全微分的定义

二元函数对某个自变量的偏导数表示当其中一个自变量固定时,因变量对另一个自变量的变化率.根据一元函数微分学中增量与微分的关系,可得

$$f(x+\Delta x,y)-f(x,y)\approx f_x(x,y)\Delta x,$$

$$f(x,y+\Delta y)-f(x,y)\approx f_y(x,y)\Delta y.$$

上面两式左端分别称为二元函数对 x 和对 y 的**偏增量**,而右端分别称为二元函数对 x 和对 y 的**偏微分**.

在实际问题中,有时需要研究多元函数中各个自变量都取得增量时因变量所获得的增量,即所谓全增量的问题.下面以二元函数为例进行讨论.

如果函数 $z=f(x,y)$在点 $P(x,y)$的某邻域内有定义,并设 $P'(x+\Delta x,y+\Delta y)$为这邻域内的任意一点,则称

$$f(x+\Delta x,y+\Delta y)-f(x,y)$$

为函数在点 P 对应于自变量增量 $\Delta x,\Delta y$ 的**全增量**，记为 Δz，即

$$\Delta z=f(x+\Delta x,y+\Delta y)-f(x,y). \tag{7.3.1}$$

一般地，计算全增量比较复杂. 与一元函数的情形类似，我们也希望利用关于自变量增量 $\Delta x,\Delta y$ 的线性函数来近似地代替函数的全增量 Δz，由此引入关于二元函数全微分的定义.

定义1　如果函数 $z=f(x,y)$ 在点 (x,y) 的全增量

$$\Delta z=f(x+\Delta x,y+\Delta y)-f(x,y)$$

可以表示为

$$\Delta z=A\Delta x+B\Delta y+o(\rho),$$

其中 A,B 不依赖于 $\Delta x,\Delta y$ 而仅与 x,y 有关，$\rho=\sqrt{(\Delta x)^2+(\Delta y)^2}$，则称函数 $z=f(x,y)$ 在点 (x,y) **可微分**，$A\Delta x+B\Delta y$ 称为函数 $z=f(x,y)$ 在点 (x,y) 的**全微分**(total differential)，记为 $\mathrm{d}z$，即

$$\mathrm{d}z=A\Delta x+B\Delta y.$$

若函数在区域 D 内每点可微分，则称这函数**在 D 内可微分**.

7.3.2　函数可微的条件

在一元函数中可微一定可导，可导一定可微，那么二元函数 $z=f(x,y)$ 在点 (x,y) 处可微的条件又是什么？与一元函数一样吗？

根据多元函数可微的定义，可得下面的结果.

定理1（必要条件）　如果函数 $z=f(x,y)$ 在点 (x,y) 处可微分，则有

(1) $z=f(x,y)$ 在点 (x,y) 处连续；

(2) $z=f(x,y)$ 在点 (x,y) 处的偏导数 $\dfrac{\partial z}{\partial x},\dfrac{\partial z}{\partial y}$ 存在，且 $z=f(x,y)$ 在点 (x,y) 处的全微分

$$\mathrm{d}z=\frac{\partial z}{\partial x}\Delta x+\frac{\partial z}{\partial y}\Delta y.$$

证明　(1) 由于 $z=f(x,y)$ 在点 (x,y) 处可微，即有

$$\Delta z=A\Delta x+B\Delta y+o(\rho).$$

于是

$$\lim_{\rho\to 0}\Delta z=0,$$

从而

$$\lim_{(\Delta x,\Delta y)\to(0,0)}f(x+\Delta x,y+\Delta y)=\lim_{(\Delta x,\Delta y)\to(0,0)}[f(x,y)+\Delta z]=f(x,y),$$

即 $z=f(x,y)$ 在点 (x,y) 处连续.

(2) 由于 $z=f(x,y)$ 在点 (x,y) 处可微，于是在点 (x,y) 的某一邻域内有

$$f(x+\Delta x,y+\Delta y)-f(x,y)=A\Delta x+B\Delta y+o(\rho).$$

特别地，当 $\Delta y=0$ 时，上式变为

$$f(x+\Delta x,y)-f(x,y)=A\Delta x+o(|\Delta x|),$$

在该式两端同除以 Δx，再令 $\Delta x\to 0$，则得

$$\lim_{\Delta x\to 0}\frac{f(x+\Delta x,y)-f(x,y)}{\Delta x}=A,$$

从而偏导数 $\frac{\partial z}{\partial x}$ 存在，且 $\frac{\partial z}{\partial x}=A$，同样可证 $\frac{\partial z}{\partial y}$ 存在，且 $\frac{\partial z}{\partial y}=B$，所以有

$$\mathrm{d}z=\frac{\partial z}{\partial x}\Delta x+\frac{\partial z}{\partial y}\Delta y.$$

一元函数在某点可导是在该点可微的充分必要条件. 但对于多元函数则不然. 一元函数在某点的导数存在则微分存在；若多元函数的各偏导数存在，全微分一定存在吗？

$$f(x,y)=\begin{cases}\dfrac{xy}{\sqrt{x^2+y^2}}, & x^2+y^2\neq 0,\\ 0, & x^2+y^2=0\end{cases}$$

在点 $(0,0)$ 处有

$$f_x(0,0)=f_y(0,0)=0;$$

$$\Delta z-[f_x(0,0)\cdot\Delta x+f_y(0,0)\cdot\Delta y]=\frac{\Delta x\cdot\Delta y}{\sqrt{(\Delta x)^2+(\Delta y)^2}}.$$

如果考虑点 $P'(\Delta x,\Delta y)$ 沿着直线 $y=x$ 趋近于 $(0,0)$，则

$$\lim_{\rho\to 0}\frac{\dfrac{\Delta x\cdot\Delta y}{\sqrt{(\Delta x)^2+(\Delta y)^2}}}{\rho}=\lim_{\Delta x\to 0}\frac{\Delta x\cdot\Delta x}{(\Delta x)^2+(\Delta x)^2}=\frac{1}{2},$$

说明它不能随着 $\rho\to 0$ 而趋于 0，故函数在点 $(0,0)$ 处不可微.

定理 1 的结论表明，二元函数的各偏导数存在只是全微分存在的必要条件而不是充分条件因为当函数可偏导时，虽然能形式地写成 $\frac{\partial z}{\partial x}\Delta x+\frac{\partial z}{\partial y}\Delta y$，但它与 Δz 之差并不一定是 ρ 的高阶无穷小，因此它不一定是函数的全微分.

说明　多元函数的各偏导数存在并不能保证全微分存在，由此可见，对多元函数而言，偏导数存在并不一定可微. 因为函数的偏导数仅描述了函数在一点处沿坐标轴的变化率，而全微分描述了函数沿各个方向的变化情况. 但如果对偏导数再加些条件，就可以保证函数的可微性. 一般地，有以下结论.

定理 2（充分条件）　如果函数 $z=f(x,y)$ 的偏导数 $\frac{\partial z}{\partial x}$，$\frac{\partial z}{\partial y}$ 在点 (x,y) 连续，则函数在该点处可微分.

证明略.

多元函数连续、可导、可微的关系如图 7-6 所示.

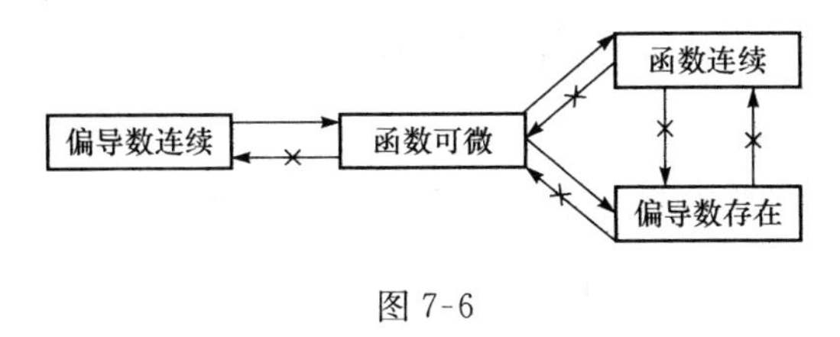

图 7-6

7.3.3　全微分的计算

习惯上，常将自变量的增量 Δx，Δy 分别记为 dx，dy，并分别称为自变量的微分. 这样，函数 $z=f(x,y)$ 的全微分就表为

$$dz=\frac{\partial z}{\partial x}dx+\frac{\partial z}{\partial y}dy.$$

通常把二元函数的全微分等于它的两个偏微分之和称为二元函数的微分符合叠加原理.

叠加原理也适用于二元以上的函数. 例如，三元函数 $u=f(x,y,z)$ 的全微分可表为

$$du=\frac{\partial u}{\partial x}dx+\frac{\partial u}{\partial y}dy+\frac{\partial u}{\partial z}dz.$$

例 1　求函数 $z=4xy^3+5x^2y^6$ 的全微分.

解　因为

$$\frac{\partial z}{\partial x}=4y^3+10xy^6,\quad \frac{\partial z}{\partial y}=12xy^2+30x^2y^5,$$

$$dz=(4y^3+10xy^6)dx+(12xy^2+30x^2y^5)dy.$$

例 2　计算函数 $z=x^y$ 在点 $(2,1)$ 处的全微分.

解　因为 $f_x(x,y)=yx^{y-1}$，$f_y(x,y)=x^y\ln x$，所以

$$f_x(2,1)=1,\quad f_y(2,1)=2\ln 2,$$

从而所求全微分

$$dz=dx+2\ln 2dy.$$

例 3　求函数 $u=x+\sin\frac{y}{2}+e^{yz}$ 的全微分.

解　由于

$$\frac{\partial u}{\partial x}=1,\quad \frac{\partial u}{\partial y}=\frac{1}{2}\cos\frac{y}{2}+z\mathrm{e}^{yz},\quad \frac{\partial u}{\partial z}=y\mathrm{e}^{yz},$$

故所求全微分

$$\mathrm{d}u=\mathrm{d}x+\left(\frac{1}{2}\cos\frac{y}{2}+z\mathrm{e}^{yz}\right)\mathrm{d}y+y\mathrm{e}^{yz}\mathrm{d}z.$$

*7.3.4　全微分在近似计算中的应用

设二元函数 $z=f(x,y)$ 在点 $P(x,y)$ 的两个偏导数 $f_x(x,y)$，$f_y(x,y)$ 连续，且 $|\Delta x|$，$|\Delta y|$ 都较小时，则根据全微分定义，有

$$\Delta z\approx \mathrm{d}z$$

即

$$\Delta z\approx f_x(x,y)\Delta x+f_y(x,y)\Delta y.$$

由 $\Delta z=f(x+\Delta x,y+\Delta y)-f(x,y)$，即可得到二元函数的全微分近似计算公式

$$f(x+\Delta x,y+\Delta y)\approx f(x,y)+f_x(x,y)\Delta x+f_y(x,y)\Delta y.$$

这表明，点 (x,y) 附近 $(x+\Delta x,y+\Delta y)$ 的函数值 $f(x+\Delta x,y+\Delta y)$ 可由 Δx 和 Δy 的线性函数来近似，这正是二元函数全微分的实质，利用它可以对二元函数作近似计算和误差估计.

例 4　计算 $(1.04)^{2.02}$ 的近似值.

解　设函数 $f(x,y)=x^y$. $x=1$，$y=2$，$\Delta x=0.04$，$\Delta y=0.02$. 因为

$$f(1,2)=1,\quad f_x(x,y)=yx^{y-1},\quad f_y(x,y)=x^y\ln x,\quad f_x(1,2)=2,\quad f_y(1,2)=0,$$

由二元函数全微分近似计算公式得

$$(1.04)^{2.02}\approx 1+2\times 0.04+0\times 0.02=1.08.$$

例 5　测得矩形盒的边长为 75cm、60cm 以及 40cm，且可能的最大测量误差为 0.2cm. 试用全微分估计利用这些测量值计算盒子体积时可能带来的最大误差.

解　以 x,y,z 为边长的矩形盒的体积为 $V=xyz$，所以

$$\mathrm{d}V=\frac{\partial V}{\partial x}\mathrm{d}x+\frac{\partial V}{\partial y}\mathrm{d}y+\frac{\partial V}{\partial z}\mathrm{d}z=yz\mathrm{d}x+xz\mathrm{d}y+xy\mathrm{d}z.$$

由于已知 $|\Delta x|\leqslant 0.2$，$|\Delta y|\leqslant 0.2$，$|\Delta z|\leqslant 0.2$，为了求体积的最大误差，取 $\mathrm{d}x=\mathrm{d}y=\mathrm{d}z=0.2$，再结合 $x=75$，$y=60$，$z=40$，得

$$\Delta V\approx \mathrm{d}V=60\times 40\times 0.2+75\times 40\times 0.2+75\times 60\times 0.2=1980,$$

即每边仅 0.2cm 的误差可以导致体积的计算误差达到 $1980\mathrm{cm}^3$. 正所谓"差之毫厘，失之千里".

习题 7.3

1. 求下列函数的全微分：

(1) $z=xy+\dfrac{x}{y}$；　(2) $z=\mathrm{e}^{\frac{y}{x}}$；　(3) $z=\dfrac{y}{\sqrt{x^2+y^2}}$；　(4) $u=x^{yz}$.

2. 求下列函数在指定点处的全微分：

(1) $z=\arctan\left(\frac{x}{1+y^2}\right)$，求 $\mathrm{d}z|_{(1,1)}$；

(2) $f(x,y,z)=z^2\arctan\frac{y}{x}$，求 $\mathrm{d}f(1,1,1)$；

(3) $f(x,y,z)=\frac{z}{\sqrt{x^2+y^2}}$，求 $\mathrm{d}f(3,4,5)$.

3. 设函数 $z=5x^2+y^2$，(x,y)从$(1,2)$变到$(1.05,2.1)$，试比较 Δz 和 $\mathrm{d}z$ 的值.

4. 求函数 $z=\mathrm{e}^{xy}$ 在 $x=1,y=1,\Delta x=0.15,\Delta y=0.1$ 的全微分.

5. 用全微分代替函数的增量，近似计算.

(1) $\tan46°\sin29°$；　　(2) $1.002\times2.003^2\times3.004^3$.

6. 扇形中心角 $\alpha=60°$，半径 $R=20\mathrm{m}$，如果将中心角增加 $1°$，为使扇形面积不变，应把扇形的半径减少多少？

7. 当 $x^2+y^2>0$ 时，$f(x,y)=\mathrm{e}^{-\frac{1}{x^2+y^2}}$，$f(0,0)=0$，研究函数在点$(0,0)$的可微性.

8. 设函数 $\psi(x,y)=|x-y|\varphi(x,y)$，其中 $\varphi(x,y)$连续，研究 $\psi(x,y)$在原点$(0,0)$处的可微性.

9. 讨论函数 $z=\begin{cases}\frac{x^2y}{x^4+y^2}, & x^2+y^2\neq0,\\ 0, & x^2+y^2=0\end{cases}$ 在点$(0,0)$处全微分是否存在？

10. 设 $f(x,y,z)=\left(\frac{x}{y}\right)^{1/z}$，求 $\mathrm{d}f(1,1,1)$.

7.4　多元复合函数微分法

在一元函数的复合求导中，有所谓的“链式法则”，这一法则可以推广到多元复合函数求导的情形，多元复合函数求导是多元函数微分学的重点，多元复合函数求导法则是多元函数求导的核心，其他类型多元函数的偏导数可利用它来解决．下面分几种情况来讨论.

7.4.1　多元复合函数求导法则

和一元复合函数比较，多元复合函数的结构更为多样.下面按照多元复合函数不同的复合情形，给出有代表性的三种基本形式．掌握了这些基本形式的求导法则，更为复杂的复合函数求导也就容易掌握了．本节讨论的多元函数仍以二元函数为主.

1. 复合函数的中间变量均为一元函数的情形

定理1　如果函数 $u=u(t)$ 及 $v=v(t)$ 都在点 t 可导，函数 $z=f(u,v)$ 在对应点 (u,v) 具有连续偏导数，则复合函数 $z=f[u(t),v(t)]$ 在对应点 t 可导，且其导数可用下列公式计算：

$$\frac{\mathrm{d}z}{\mathrm{d}t}=\frac{\partial z}{\partial u}\frac{\mathrm{d}u}{\mathrm{d}t}+\frac{\partial z}{\partial v}\frac{\mathrm{d}v}{\mathrm{d}t},$$

各变量之间的关系如图 7-7(a)所示.

证明　设 t 有增量 Δt，相应地，函数 $u=u(t)$，$v=v(t)$ 有增量 $\Delta u,\Delta v$，进而使得函数 $z=f(u,v)$ 获得增量 Δz. 根据假设，函数 $z=f(u,v)$ 在点 (u,v) 可微，于是有

$$\Delta z=\frac{\partial z}{\partial u}\Delta u+\frac{\partial z}{\partial v}\Delta v+o(\rho),$$

这里 $\rho=\sqrt{(\Delta u)^2+(\Delta v)^2}$. 将上式两边同除以 Δt，得

$$\frac{\Delta z}{\Delta t}=\frac{\partial z}{\partial u}\frac{\Delta u}{\Delta t}+\frac{\partial z}{\partial v}\frac{\Delta v}{\Delta t}+\frac{o(\rho)}{\rho}\cdot\sqrt{\left(\frac{\Delta u}{\Delta t}\right)^2+\left(\frac{\Delta v}{\Delta t}\right)^2}\cdot\frac{|\Delta t|}{\Delta t}.$$

当 $\Delta t\to 0$ 时，$\frac{\Delta u}{\Delta t}\to\frac{\mathrm{d}u}{\mathrm{d}t}$，$\frac{\Delta v}{\Delta t}\to\frac{\mathrm{d}v}{\mathrm{d}t}$，所以

$$\lim_{\Delta t\to 0}\frac{\Delta z}{\Delta t}=\frac{\partial z}{\partial u}\frac{\mathrm{d}u}{\mathrm{d}t}+\frac{\partial z}{\partial v}\frac{\mathrm{d}v}{\mathrm{d}t},$$

这就证明了复合函数 $z=f(u(t),v(t))$ 在点 t 可导，且有 $\frac{\mathrm{d}z}{\mathrm{d}t}=\frac{\partial z}{\partial u}\frac{\mathrm{d}u}{\mathrm{d}t}+\frac{\partial z}{\partial v}\frac{\mathrm{d}v}{\mathrm{d}t}$.

定理 1 的结论可推广到中间变量多于两个的情况，如

$$\frac{\mathrm{d}z}{\mathrm{d}t}=\frac{\partial z}{\partial u}\frac{\mathrm{d}u}{\mathrm{d}t}+\frac{\partial z}{\partial v}\frac{\mathrm{d}v}{\mathrm{d}t}+\frac{\partial z}{\partial w}\frac{\mathrm{d}w}{\mathrm{d}t},$$

变量间的关系如图 7-7(b)所示，以上公式中的导数 $\frac{\mathrm{d}z}{\mathrm{d}t}$ 称为全导数.

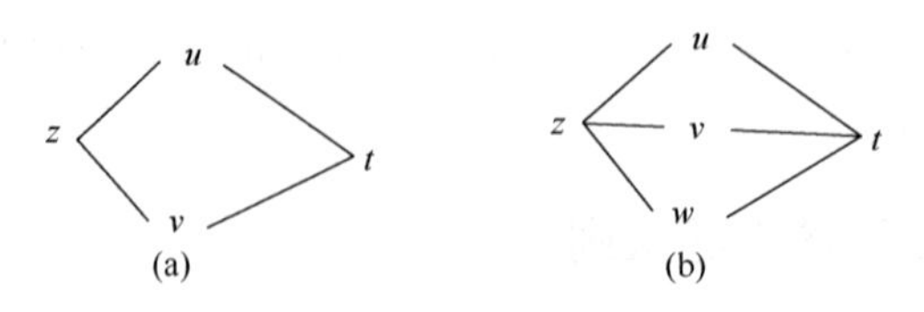

图 7-7

2. 复合函数的中间变量均为多元函数的情形

定理 1 还可推广到中间变量不是一元函数而是多元函数的情况：$z=f[u(x,y),v(x,y)]$.

定理 2　如果 $u=u(x,y)$ 及 $v=v(x,y)$ 都在点 (x,y) 具有对 x 和 y 的偏导数，且函数 $z=f(u,v)$ 在对应点 (u,v) 具有连续偏导数，则复合函数 $z=f[u(x,y),v(x,y)]$ 在对应点 (x,y) 的两个偏导数存在，且可用下列公式计算(图 7-8(a))

$$\frac{\partial z}{\partial x}=\frac{\partial z}{\partial u}\frac{\partial u}{\partial x}+\frac{\partial z}{\partial v}\frac{\partial v}{\partial x},\quad \frac{\partial z}{\partial y}=\frac{\partial z}{\partial u}\frac{\partial u}{\partial y}+\frac{\partial z}{\partial v}\frac{\partial v}{\partial y}.$$

定理 2 的特例，当 $v=0$ 时，即如果 $u=u(x,y)$ 在点 (x,y) 具有对 x 和 y 的偏导数，且函数 $z=f(u)$ 在对应点 u 具有连续导数，则复合函数 $z=f[u(x,y)]$ 在对应点 (x,y) 的两个偏导数存在，且可用下列公式计算(图 7-8(b))

$$\frac{\partial z}{\partial x}=\frac{\mathrm{d}z}{\mathrm{d}u}\frac{\partial u}{\partial x},\quad \frac{\partial z}{\partial y}=\frac{\mathrm{d}z}{\mathrm{d}u}\frac{\partial u}{\partial y}.$$

定理 2 的结论还可以推广.

(1) 中间变量多于 2 的情形．设 $u=u(x,y)$，$v=v(x,y)$ 及 $w=w(x,y)$ 都在点 (x,y) 具有对 x 和 y 的偏导数，且函数 $z=f(u,v,w)$ 在对应点 (u,v,w) 具有连续偏导数，则复合函数 $z=f[u(x,y),v(x,y),w(x,y)]$ 在对应点 (x,y) 的两个偏导数存在，且可用下列公式计算(图 7-8(c))

$$\frac{\partial z}{\partial x}=\frac{\partial z}{\partial u}\frac{\partial u}{\partial x}+\frac{\partial z}{\partial v}\frac{\partial v}{\partial x}+\frac{\partial z}{\partial w}\frac{\partial w}{\partial x},\quad \frac{\partial z}{\partial y}=\frac{\partial z}{\partial u}\frac{\partial u}{\partial y}+\frac{\partial z}{\partial v}\frac{\partial v}{\partial y}+\frac{\partial z}{\partial w}\frac{\partial w}{\partial y}$$

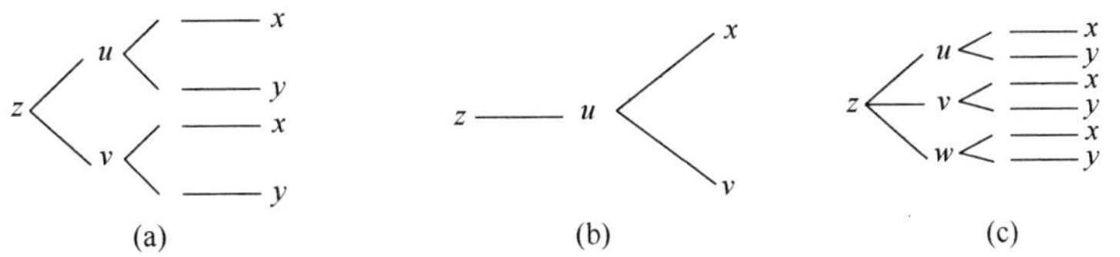

(a)　(b)　(c)

图 7-8

(2) 如果 $u=u(x,y)$ 在点 (x,y) 具有对 x 和 y 的偏导数，函数 $v=v(y)$ 在点 y 可导，函数 $z=f(u,v)$ 在对应点 (u,v) 具有连续偏导数，则复合函数 $z=f[u(x,y),v(y)]$ 在对应点 (x,y) 的两个偏导数存在，且可用下列公式计算(图 7-9(a))

$$\frac{\partial z}{\partial x}=\frac{\partial z}{\partial u}\cdot\frac{\partial u}{\partial x},\qquad \frac{\partial z}{\partial y}=\frac{\partial z}{\partial u}\cdot\frac{\partial u}{\partial y}+\frac{\partial z}{\partial v}\cdot\frac{\mathrm{d}v}{\mathrm{d}y}$$

(3) 复合函数的某些中间变量本身又是复合函数的自变量，如，设 $z=f(u,x,y)$ 具有连续偏导数，而 $u=u(x,y)$ 具有偏导数，则 $z=f[u(x,y),x,y]$ 可看成情形(1)中 $v=x,w=y$ 的特殊情形，因此

$$\frac{\partial v}{\partial x}=1\ ,\quad \frac{\partial w}{\partial x}=0,\quad \frac{\partial v}{\partial y}=0\ ,\quad \frac{\partial w}{\partial y}=1.$$

从而复合函数 $z=f[u(x,y),x,y]$ 具有对 x 及 y 的偏导数,且有如下公式(图 7-9(b)):

$$\frac{\partial z}{\partial x}=\frac{\partial f}{\partial u}\cdot\frac{\partial u}{\partial x}+\frac{\partial f}{\partial x},\quad \frac{\partial z}{\partial y}=\frac{\partial f}{\partial u}\cdot\frac{\partial u}{\partial y}+\frac{\partial f}{\partial y}$$

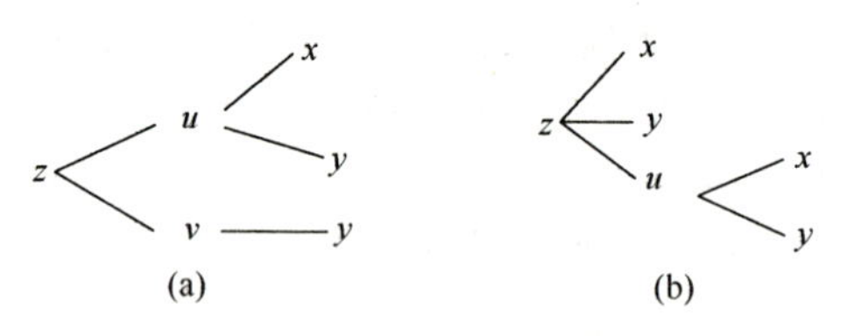

图 7-9

注意　$\frac{\partial z}{\partial x}$把复合函数 $z=f[u(x,y),x,y]$ 中的 y 看成不变而对 x 的偏导数;而$\frac{\partial f}{\partial x}$把 $z=f(u,x,y)$ 中的 u 及 y 看成不变而对 x 的偏导数;$\frac{\partial z}{\partial y}$和$\frac{\partial f}{\partial y}$的区别与上面相同.

例 1　设 $z=\sin\frac{x}{y}$,而 $x=\mathrm{e}^t,y=t^2$,求全导数$\frac{\mathrm{d}z}{\mathrm{d}t}$.

解　因为

$$\frac{\partial z}{\partial x}=\frac{1}{y}\cos\frac{x}{y},\quad \frac{\partial z}{\partial y}=-\frac{1}{y^2}\cos\frac{x}{y},\quad \frac{\mathrm{d}x}{\mathrm{d}t}=\mathrm{e}^t,\quad \frac{\mathrm{d}y}{\mathrm{d}t}=2t,$$

所以

$$\frac{\mathrm{d}z}{\mathrm{d}t}=\left(\frac{1}{y}\cos\frac{x}{y}\right)\mathrm{e}^t-\left(\frac{x}{y^2}\cos\frac{x}{y}\right)2t=\frac{(t-2)\mathrm{e}^t}{t^3}\cos\frac{\mathrm{e}^t}{t^2}.$$

例 2　设 $z=\mathrm{e}^u\sin v$,而 $u=xy,v=x+y$, 求 $\frac{\partial z}{\partial x}$和$\frac{\partial z}{\partial y}$.

解　$\frac{\partial z}{\partial x}=\frac{\partial z}{\partial u}\cdot\frac{\partial u}{\partial x}+\frac{\partial z}{\partial v}\cdot\frac{\partial v}{\partial x}=\mathrm{e}^u\sin v\cdot y+\mathrm{e}^u\cos v\cdot 1=\mathrm{e}^{xy}[y\sin(xy)+\cos(x+y)]$,

$$\frac{\partial z}{\partial y}=\frac{\partial z}{\partial u}\cdot\frac{\partial u}{\partial y}+\frac{\partial z}{\partial v}\cdot\frac{\partial v}{\partial y}=\mathrm{e}^u\sin v\cdot x+\mathrm{e}^u\cos v\cdot 1=\mathrm{e}^{xy}[x\sin(xy)+\cos(x+y)].$$

例 3　设 $z=uv+\sin xy$,而 $u=\mathrm{e}^{x+y},v=\cos(x-y)$,求偏导数$\frac{\partial z}{\partial x}$.

解　$\frac{\partial z}{\partial x}=\frac{\partial z}{\partial u}\cdot\frac{\partial u}{\partial x}+\frac{\partial z}{\partial v}\cdot\frac{\partial v}{\partial x}+\frac{\partial f}{\partial x}=v\mathrm{e}^{x+y}-u\sin(x-y)+y\cos xy$

$$=\mathrm{e}^{x+y}(\cos(x-y)-\sin(x-y))+y\cos xy.$$

计算复合函数的高阶偏导数时，只要重复前面的运算法则即可. 例如，$z=f(u,v)$，f 具有二阶连续偏导数，$u=u(x,y)$，$v=v(x,y)$的偏导数存在，则

$$\frac{\partial z}{\partial x}=\frac{\partial z}{\partial u}\cdot\frac{\partial u}{\partial x}+\frac{\partial z}{\partial v}\cdot\frac{\partial v}{\partial x},$$

$$\begin{aligned}\frac{\partial^2 z}{\partial x\partial y}&=\frac{\partial}{\partial y}\left(\frac{\partial z}{\partial x}\right)=\frac{\partial}{\partial y}\left(\frac{\partial z}{\partial u}\cdot\frac{\partial u}{\partial x}+\frac{\partial z}{\partial v}\cdot\frac{\partial v}{\partial x}\right)\\&=\frac{\partial}{\partial y}\left(\frac{\partial z}{\partial u}\right)\frac{\partial u}{\partial x}+\frac{\partial z}{\partial u}\frac{\partial^2 u}{\partial x\partial y}+\frac{\partial}{\partial y}\left(\frac{\partial z}{\partial v}\right)\frac{\partial v}{\partial x}+\frac{\partial z}{\partial v}\frac{\partial^2 v}{\partial x\partial y},\end{aligned}$$

这里要特别注意$\frac{\partial u}{\partial x}$和$\frac{\partial v}{\partial x}$仍是 x，y 的函数，$\frac{\partial z}{\partial u}$与$\frac{\partial z}{\partial v}$仍是以 u，v 为中间变量的 x，y 的复合函数. 因此有

$$\frac{\partial}{\partial y}\left(\frac{\partial z}{\partial u}\right)=\frac{\partial^2 z}{\partial u^2}\cdot\frac{\partial u}{\partial y}+\frac{\partial^2 z}{\partial u\partial v}\cdot\frac{\partial v}{\partial y},$$

$$\frac{\partial}{\partial y}\left(\frac{\partial z}{\partial v}\right)=\frac{\partial^2 z}{\partial u\partial v}\cdot\frac{\partial u}{\partial y}+\frac{\partial^2 z}{\partial v^2}\cdot\frac{\partial v}{\partial y}.$$

为了表示简便，引入下面的记号

$$f'_1=\frac{\partial f(u,v)}{\partial u},\quad f''_{12}=\frac{\partial^2 f(u,v)}{\partial u\partial v}.$$

这里下标 1 表示对第一个变量求偏导数，下标 2 表示对第二个变量求偏导数，同理有 f'_2，f''_{11}，f''_{22}等.

例 4　设 $w=f(x+y+z,xyz)$，f 具有二阶连续偏导数，求$\frac{\partial w}{\partial x}$和$\frac{\partial^2 w}{\partial x\partial z}$.

解　令 $u=x+y+z$，$v=xyz$. 先求一阶偏导数，并采用上面引入的简便记号，有

$$\frac{\partial w}{\partial x}=\frac{\partial f}{\partial u}\cdot\frac{\partial u}{\partial x}+\frac{\partial f}{\partial v}\cdot\frac{\partial v}{\partial x}=f'_1+yzf'_2;\ \frac{\partial^2 w}{\partial x\partial z}=\frac{\partial}{\partial z}(f'_1+yzf'_2)=\frac{\partial f'_1}{\partial z}+yf'_2+yz\frac{\partial f'_2}{\partial z},$$

$$\frac{\partial f'_1}{\partial z}=\frac{\partial f'_1}{\partial u}\cdot\frac{\partial u}{\partial z}+\frac{\partial f'_1}{\partial v}\cdot\frac{\partial v}{\partial z}=f''_{11}+xyf''_{12};\ \frac{\partial f'_2}{\partial z}=\frac{\partial f'_2}{\partial u}\cdot\frac{\partial u}{\partial z}+\frac{\partial f'_2}{\partial v}\cdot\frac{\partial v}{\partial z}=f''_{21}+xyf''_{22}.$$

于是

$$\begin{aligned}\frac{\partial^2 w}{\partial x\partial z}&=f''_{11}+xyf''_{12}+yf'_2+yz(f''_{21}+xyf''_{22})\\&=f''_{11}+y(x+z)f''_{12}+xy^2zf''_{22}+yf'_2.\end{aligned}$$

7.4.2　全微分形式不变性

设函数 $z=f(u,v)$具有连续偏导数，则有全微分 $\mathrm{d}z=\frac{\partial z}{\partial u}\mathrm{d}u+\frac{\partial z}{\partial v}\mathrm{d}v$，设

$$z=f(u,v),\quad u=u(x,y),\quad v=v(x,y)$$

是可微函数,则由全微分定义和链式法则,有

$$\begin{aligned}dz&=\frac{\partial z}{\partial x}dx+\frac{\partial z}{\partial y}dy=\left(\frac{\partial z}{\partial u}\cdot\frac{\partial u}{\partial x}+\frac{\partial z}{\partial v}\cdot\frac{\partial v}{\partial x}\right)dx+\left(\frac{\partial z}{\partial u}\cdot\frac{\partial u}{\partial y}+\frac{\partial z}{\partial v}\cdot\frac{\partial v}{\partial y}\right)dy\\&=\frac{\partial z}{\partial u}\left(\frac{\partial u}{\partial x}dx+\frac{\partial u}{\partial y}dy\right)+\frac{\partial z}{\partial v}\left(\frac{\partial v}{\partial x}dx+\frac{\partial v}{\partial y}dy\right)\\&=\frac{\partial z}{\partial u}du+\frac{\partial z}{\partial v}dv.\end{aligned}$$

由此可见,尽管现在的 u,v 是中间变量,但全微分 dz 与 u,v 是自变量时的表达式在形式上完全一致.这个性质称为**全微分形式不变性**.适当应用这个性质,会收到很好的效果.

全微分形式不变性的实质无论 z 是自变量 u,v 的函数或中间变量 u,v 的函数,它的全微分形式是一样的.

利用这一性质,可得多元函数全微分与一元函数微分相同的运算性质.

(1) $d(u\pm v)=du\pm dv$;

(2) $d(uv)=udv+vdu$;

(3) $d\left(\frac{u}{v}\right)=\frac{vdu-udv}{v^2}$ $(v\neq0)$.

恰当地利用这些结果,常会取得很好的结果.

从全微分的表达式 $dz=\frac{\partial z}{\partial x}dx+\frac{\partial z}{\partial y}dy$ 即可知,dx,dy 前面的系数分别是函数 $z=f(x,y)$ 的对 x,y 偏导数.利用全微分形式的不变性和微分的运算法则,可以同时求出 $z=f(x,y)$ 的两个偏导数.

例 5　已知 $z=\arctan\frac{y}{x}$,求$\frac{\partial z}{\partial x}$和$\frac{\partial z}{\partial y}$.

解　设 $u=\frac{y}{x}$,则 $z=\arctan u$,于是

$$dz=\frac{1}{1+u^2}du=\frac{1}{1+\left(\frac{y}{x}\right)^2}\frac{xdy-ydx}{x^2}=\frac{1}{x^2+y^2}(xdy-ydx),$$

所以

$$\frac{\partial z}{\partial x}=-\frac{y}{x^2+y^2},\quad\frac{\partial z}{\partial y}=\frac{x}{x^2+y^2}.$$

习题 7.4

1. 求下列函数的全导数:

(1) 设 $u=f(x,y,z)$,其中 f 具有一阶连续偏导数,且 $x=t,y=t^2,z=t^3$,求全

导数$\frac{du}{dt}$.

(2) 设 $z=e^{x-2y}$,而 $x=\sin t, y=t^2$,求全导数$\frac{dz}{dt}$.

(3) 设 $z=\int_{2u}^{v^2+u} e^{-t^2} dt, u=\sin x, v=e^x$,求全导数$\frac{dz}{dx}$.

2. 用链式法则求下列函数的偏导数:

(1) 设 $z=u^2\ln v$,而 $u=\frac{x}{y}, v=3x-2y$,求$\frac{\partial z}{\partial x},\frac{\partial z}{\partial y}$;

(2) 设 $u=f(\sqrt{x^2+y^2})$,$f(t)$可导,求$\frac{\partial u}{\partial x},\frac{\partial u}{\partial y}$;

(3) 设 $z=x^2y+xy^2, x=r\cos\theta, y=r\sin\theta$,求$\frac{\partial z}{\partial r},\frac{\partial z}{\partial \theta}$.

3. 求下列函数在指定点处的偏导数:

(1) $z=\arctan\frac{x}{1+y^2}$,求$\left.\frac{\partial z}{\partial x}\right|_{(1,1)},\left.\frac{\partial z}{\partial y}\right|_{(1,1)}$;

(2) $u=(x+y)\sin(x^2+y^2+z^2)$,求$\left.\frac{\partial u}{\partial x}\right|_{\left(0,0,\sqrt{\frac{\pi}{2}}\right)},\left.\frac{\partial u}{\partial y}\right|_{\left(0,0,\sqrt{\frac{\pi}{2}}\right)},\left.\frac{\partial u}{\partial z}\right|_{\left(0,0,\sqrt{\frac{\pi}{2}}\right)}$.

4. 求下列函数的偏导数:

(1) $z=f(x^2+y)+g(x-y^2)$,其中 f,g 可微,求$\frac{\partial z}{\partial x},\frac{\partial z}{\partial y}$;

(2) $z=f(\sin x,\cos y,e^{x+y})$,其中 f 具有一阶连续偏导数,求$\frac{\partial z}{\partial x},\frac{\partial z}{\partial y}$.

5. 设 φ 可微,验证:

(1) $\frac{1}{x}\frac{\partial z}{\partial x}+\frac{1}{y}\frac{\partial z}{\partial y}=\frac{z}{y^2}$,其中 $z=y\varphi(x^2-y^2)$;

(2) $x\frac{\partial z}{\partial x}-y\frac{\partial z}{\partial y}=x$,其中 $z=x+\varphi(xy)$;

(3) $\frac{1}{x}\frac{\partial z}{\partial x}+\frac{1}{y}\frac{\partial z}{\partial y}=\frac{z}{y^2}$,其中 $z=\frac{y}{\varphi(x^2-y^2)}$.

6. 求下列函数的混合二阶偏导数$\frac{\partial^2 u}{\partial x\partial y}$,其中 φ 有二阶连续偏导数:

(1) $u=\varphi(\xi,\eta), \xi=x+y, \eta=x-y$;

(2) $u=\varphi(\xi,\eta), \xi=\frac{x}{y}, \eta=\frac{y}{x}$;

(3) $u=\varphi(\xi,\eta), \xi=x^2+y^2, \eta=xy$.

7. 设函数 $f(x,t)=\int_0^{\frac{x}{2\sqrt{kt}}} e^{-u^2}\,du$，其中 k 为正常数，试证 $f(x,t)$ 满足方程

$$k\frac{\partial^2 f}{\partial x^2}=\frac{\partial f}{\partial t}.$$

思考题　设 $z=f(u,v,x)$，而 $u=\phi(x)$，$v=\psi(x)$，则 $\frac{dz}{dx}=\frac{\partial f}{\partial u}\frac{du}{dx}+\frac{\partial f}{\partial v}\frac{dv}{dx}+\frac{\partial f}{\partial x}$，试问 $\frac{dz}{dx}$ 与 $\frac{\partial f}{\partial x}$ 是否相同？为什么？

7.5　隐函数求导法则

在一元微分学中，我们曾引入了隐函数的概念，并介绍了不经过显化而直接由方程

$$F(x,y)=0$$

来求它所确定的隐函数的导数的方法. 例如，对于方程如 $x^2+y^2=1$，只需视 y 为 x 的函数，方程两边关于 x 求导，得 $2x+2yy'=0$，$y'=-\frac{x}{y}$. 那么什么时候隐函数存在呢？存在的话唯一吗？

本着从简单到复杂，从低维到高维的原则，讨论隐函数的存在性，唯一性及求导法则.

7.5.1　一个方程的情形

首先讨论最简单的二元方程确定一元函数的情形.

1. $F(x,y)=0$

定理 1(隐函数存在定理Ⅰ)　设函数 $F(x,y)$ 在点 $P(x_0,y_0)$ 的某一邻域内具有连续的一阶偏导数，且 $F(x_0,y_0)=0$，$F_y(x_0,y_0)\neq 0$，则方程 $F(x,y)=0$ 在点 $P(x_0,y_0)$ 的某一邻域内恒能唯一确定一个单值连续且具有连续导数的函数 $y=f(x)$，它满足条件 $y_0=f(x_0)$，并有

$$\frac{dy}{dx}=-\frac{F_x}{F_y}\ \text{(隐函数求导公式)}$$

上面定理中存在性证明从略．现仅就计算公式作如下推导.

将函数 $y=f(x)$ 代入方程 $F(x,y)=0$，得恒等式

$$F(x,y)\equiv 0,$$

将上式两端关于 x 求导，利用复合函数的链式法则得

$$F(x,f(x))\equiv 0.$$

由于 F_y 连续，且 $F_y(x_0,y_0)\neq 0$，所以存在 (x_0,y_0) 的一个邻域，在这个邻域内 $F_y\neq 0$，于是得

$$\frac{\mathrm{d}y}{\mathrm{d}x}=-\frac{F_x}{F_y}.$$

这个定理的结论是局部的，既包含存在性，又包含唯一性，即在点 (x_0,y_0) 的某个邻域内，由方程 $F(x,y)=0$ 可以唯一确定一个隐函数.

例 1　验证方程 $x^2+y^2-1=0$ 在点 $(0,1)$ 的某邻域内能唯一确定一个单值可导、且 $x=0$ 时 $y=1$ 的隐函数 $y=f(x)$，并求这函数的一阶和二阶导数在 $x=0$ 的值.

解　令 $F(x,y)=x^2+y^2-1$，则 $F_x=2x, F_y=2y, F(0,1)=0, F_y(0,1)=2\neq 0$，依定理知方程 $x^2+y^2-1=0$ 在点 $(0,1)$ 的某邻域内能唯一确定一个单值可导、且 $x=0$ 时 $y=1$ 的函数 $y=f(x)$. 函数的一阶和二阶导数为

$$\frac{\mathrm{d}y}{\mathrm{d}x}=-\frac{F_x}{F_y}=-\frac{x}{y},\quad \left.\frac{\mathrm{d}y}{\mathrm{d}x}\right|_{x=0}=0,$$

$$\frac{\mathrm{d}^2y}{\mathrm{d}x^2}=-\frac{y-xy'}{y^2}=-\frac{y-x\left(-\dfrac{x}{y}\right)}{y^2}=-\frac{1}{y^3},\quad \left.\frac{\mathrm{d}^2y}{\mathrm{d}x^2}\right|_{x=0}=-1.$$

例 2　已知 $\ln\sqrt{x^2+y^2}=\arctan\dfrac{y}{x}$，求 $\dfrac{\mathrm{d}y}{\mathrm{d}x}$.

解　令 $F(x,y)=\ln\sqrt{x^2+y^2}-\arctan\dfrac{y}{x}$，则

$$F_x(x,y)=\frac{x+y}{x^2+y^2},$$

$$F_y(x,y)=\frac{y-x}{x^2+y^2},$$

$$\frac{\mathrm{d}y}{\mathrm{d}x}=-\frac{F_x}{F_y}=-\frac{x+y}{y-x}.$$

2. $F(x,y,z)=0$

隐函数存在定理还可以推广到多元函数. 既然一个二元方程可以确定一个一元隐函数，那么一个三元方程

$$F(x,y,z)=0$$

就可能确定一个二元隐函数.

与定理 1 一样，同样可以由三元函数 $F(x,y,z)$ 的性质来判定由方程 $F(x,y,z)=0$ 所确定的二元函数 $z=f(x,y)$ 的存在性，以及这个函数的性质.

定理 2(隐函数存在定理Ⅱ)　设函数 $F(x,y,z)$ 在点 $P(x_0,y_0,z_0)$ 的某一邻域内有连续的偏导数,且 $F(x_0,y_0,z_0)=0$, $F_z(x_0,y_0,z_0)\neq 0$,则方程 $F(x,y,z)=0$ 在点 $P(x_0,y_0,z_0)$ 的某一邻域内恒能唯一确定一个单值连续且具有连续偏导数的函数 $z=f(x,y)$,它满足条件 $z_0=f(x_0,y_0)$,并有

$$\frac{\partial z}{\partial x}=-\frac{F_x}{F_z},\quad \frac{\partial z}{\partial y}=-\frac{F_y}{F_z}.$$

例 3　设 $x^2+y^2+z^2-4z=0$,求 $\frac{\partial^2 z}{\partial x^2}$.

解　令 $F(x,y,z)=x^2+y^2+z^2-4z$,则 $F_x=2x$, $F_z=2z-4$, $\frac{\partial z}{\partial x}=-\frac{F_x}{F_z}=\frac{x}{2-z}$,

$$\frac{\partial^2 z}{\partial x^2}=\frac{(2-z)+x\frac{\partial z}{\partial x}}{(2-z)^2}=\frac{(2-z)+x\cdot\frac{x}{2-z}}{(2-z)^2}=\frac{(2-z)^2+x^2}{(2-z)^3}.$$

例 4　设 $z=f(x+y+z,xyz)$,求 $\frac{\partial z}{\partial x},\frac{\partial x}{\partial y},\frac{\partial y}{\partial z}$.

解　令 $F(x,y,z)=z-f(x+y+z,xyz)$, $u=x+y+z$, $v=xyz$,则 $F_x=-f_u-yzf_v$, $F_y=-f_u-xzf_v$, $F_z=1-f_u-xyf_v$.

$$\frac{\partial z}{\partial x}=-\frac{F_x}{F_z}=\frac{f_u+yzf_v}{1-f_u-xyf_v},$$

$$\frac{\partial x}{\partial y}=-\frac{F_y}{F_x}=-\frac{f_u+xzf_v}{f_u+yzf_v},$$

$$\frac{\partial y}{\partial z}=-\frac{F_z}{F_y}=\frac{1-f_u-xyf_v}{f_u+xzf_v}.$$

7.5.2　方程组的情形

将隐函数推广,不仅增加方程中变量的个数,而且增加方程的个数. 例如,考虑方程组

$$\begin{cases}F(x,y,z)=0,\\G(x,y,z)=0.\end{cases}$$

这时,在三个变量中,一般只能有一个变量独立变化,因此方程组就有可能确定两个一元函数,在这种情况下,可以由 F,G 的性质来判定由方程组所确定的两个一元函数的存在性,以及它们的性质.

1. $\begin{cases}F(x,y,z)=0\\G(x,y,z)=0\end{cases}$

定理 3(隐函数存在定理Ⅲ)　设 $F(x,y,z)$, $G(x,y,z)$ 在点 $P(x_0,y_0,z_0)$ 的某

一邻域内有对各个变量的连续偏导数，且 $F(x_0,y_0,z_0)=0$，$G(x_0,y_0,z_0)=0$，且偏导数所组成的函数行列式(或称雅可比行列式)

$$J=\frac{\partial(F,G)}{\partial(y,z)}=\begin{vmatrix}\frac{\partial F}{\partial y} & \frac{\partial F}{\partial z}\\ \frac{\partial G}{\partial y} & \frac{\partial G}{\partial z}\end{vmatrix}$$

在点 $P(x_0,y_0,z_0)$ 不等于零，则方程组 $F(x,y,z)=0$，$G(x,y,z)=0$ 在点 $P(x_0,y_0,z_0)$ 的某一邻域内恒能唯一确定一组单值连续且具有连续导数的函数 $y=y(x)$，$z=z(x)$，它们满足条件 $y_0=y(x_0)$，$z_0=z(x_0)$，并有

$$\frac{\mathrm{d}y}{\mathrm{d}x}=-\frac{1}{J}\frac{\partial(F,G)}{\partial(x,z)}=-\frac{\begin{vmatrix}F_x & F_z\\ G_x & G_z\end{vmatrix}}{\begin{vmatrix}F_y & F_z\\ G_y & G_z\end{vmatrix}},\quad \frac{\mathrm{d}z}{\mathrm{d}x}=-\frac{1}{J}\frac{\partial(F,G)}{\partial(y,x)}=-\frac{\begin{vmatrix}F_y & F_x\\ G_y & G_x\end{vmatrix}}{\begin{vmatrix}F_y & F_z\\ G_y & G_z\end{vmatrix}}.$$

$\begin{cases}F(x,y,z)=0,\\ G(x,y,z)=0\end{cases}$ 表示曲线的一般方程，$\begin{cases}x=x,\\ y=y(x),\\ z=z(x)\end{cases}$ 表示曲线的参数方程.

这样我们可以把多元函数转化为一元函数计算，即将复杂问题简单化了(曲线积分的计算可看出参数方程的作用).

*2. $\begin{cases}F(x,y,u,v)=0\\ G(x,y,u,v)=0\end{cases}$

定理4(隐函数存在定理Ⅳ)　设 $F(x,y,u,v)$，$G(x,y,u,v)$ 在点 $P(x_0,y_0,u_0,v_0)$ 的某一邻域内有对各个变量的连续偏导数，且 $F(x_0,y_0,u_0,v_0)=0$，$G(x_0,y_0,u_0,v_0)=0$，且偏导数所组成的函数行列式(或称雅可比行列式)

$$J=\frac{\partial(F,G)}{\partial(u,v)}=\begin{vmatrix}\frac{\partial F}{\partial u} & \frac{\partial F}{\partial v}\\ \frac{\partial G}{\partial u} & \frac{\partial G}{\partial v}\end{vmatrix}$$

在点 $P(x_0,y_0,u_0,v_0)$ 不等于零，则方程组 $F(x,y,u,v)=0$，$G(x,y,u,v)=0$ 在点 $P(x_0,y_0,u_0,v_0)$ 的某一邻域内恒能唯一确定一组单值连续且具有连续偏导数的函数 $u=u(x,y)$，$v=v(x,y)$，它们满足条件 $u_0=u(x_0,y_0)$，$v_0=v(x_0,y_0)$，并有

$$\frac{\partial u}{\partial x}=-\frac{1}{J}\frac{\partial(F,G)}{\partial(x,v)}=-\frac{\begin{vmatrix}F_x & F_v\\ G_x & G_v\end{vmatrix}}{\begin{vmatrix}F_u & F_v\\ G_u & G_v\end{vmatrix}},$$

$$\frac{\partial v}{\partial x}=-\frac{1}{J}\frac{\partial(F,G)}{\partial(u,x)}=-\begin{vmatrix}F_u & F_x\\ G_u & G_x\end{vmatrix}\Bigg/\begin{vmatrix}F_u & F_v\\ G_u & G_v\end{vmatrix},$$

$$\frac{\partial u}{\partial y}=-\frac{1}{J}\frac{\partial(F,G)}{\partial(y,v)}=-\begin{vmatrix}F_y & F_v\\ G_y & G_v\end{vmatrix}\Bigg/\begin{vmatrix}F_u & F_v\\ G_u & G_v\end{vmatrix},$$

$$\frac{\partial v}{\partial y}=-\frac{1}{J}\frac{\partial(F,G)}{\partial(u,y)}=-\begin{vmatrix}F_u & F_y\\ G_u & G_y\end{vmatrix}\Bigg/\begin{vmatrix}F_u & F_v\\ G_u & G_v\end{vmatrix}.$$

例 5 设 $xu-yv=0, yu+xv=1$，求 $\frac{\partial u}{\partial x},\frac{\partial u}{\partial y},\frac{\partial v}{\partial x}$和$\frac{\partial v}{\partial y}$.

解法 1 直接代入公式.

解法 2 运用公式推导的方法，将所给方程的两边对 x 求导并移项得

$$\begin{cases}x\dfrac{\partial u}{\partial x}-y\dfrac{\partial v}{\partial x}=-u,\\ y\dfrac{\partial u}{\partial x}+x\dfrac{\partial v}{\partial x}=-v,\end{cases}\quad J=\begin{vmatrix}x & -y\\ y & x\end{vmatrix}=x^2+y^2,$$

在 $J\neq 0$ 的条件下，

$$\frac{\partial u}{\partial x}=\frac{\begin{vmatrix}-u & -y\\ -v & x\end{vmatrix}}{\begin{vmatrix}x & -y\\ y & x\end{vmatrix}}=-\frac{xu+yv}{x^2+y^2},\quad \frac{\partial v}{\partial x}=\frac{\begin{vmatrix}x & -u\\ y & -v\end{vmatrix}}{\begin{vmatrix}x & -y\\ y & x\end{vmatrix}}=\frac{yu-xv}{x^2+y^2},$$

将所给方程的两边对 y 求导，用同样的方法可得

$$\frac{\partial u}{\partial y}=\frac{xv-yu}{x^2+y^2},\quad \frac{\partial v}{\partial y}=-\frac{xu+yv}{x^2+y^2}.$$

***例 6** 设 $y=f(x,t)$，其中 t 是由方程 $F(x,y,t)=0$ 确定的 x,y 的函数，f,F 均满足一阶偏导数连续，证明：$\frac{\mathrm{d}y}{\mathrm{d}x}=\frac{f_xF_t-f_tF_x}{f_tF_y+F_t}$.

证明 因为 t 是由方程 $F(x,y,t)=0$ 确定的 x,y 的函数，即 $t=t(x,y)$ 由方程$F(x,y,t)=0$确定，且$\frac{\partial t}{\partial x}=-\frac{F_x}{F_t},\frac{\partial t}{\partial y}=-\frac{F_y}{F_t}$，或 $t_x=-\frac{F_x}{F_t},t_y=-\frac{F_y}{F_t}$.

又因为 $y=f(x,t)$，则 $y=f(x,t(x,y))$，或 $y-f(x,t(x,y))=0$，记 $G(x,y)=y-f(x,t(x,y))$. 由 $G(x,y)=y-f(x,t(x,y))=0$，有

$$\frac{\mathrm{d}y}{\mathrm{d}x}=-\frac{G_x}{G_y}=-\frac{-(f_x+f_t\cdot t_x)}{1-f_t\cdot t_y}=\frac{f_x+f_t\cdot\left(-\dfrac{F_x}{F_t}\right)}{1-f_t\cdot\left(-\dfrac{F_y}{F_t}\right)}=\frac{f_xF_t-f_tF_x}{f_tF_y+F_t}.$$

***例 7** 设 $z=f(u)$，u 是由方程 $u=y+x\varphi(u)$确定的 x,y 的函数，其中 f,φ

均可微,求$\frac{\partial z}{\partial x},\frac{\partial x}{\partial y},\frac{\partial y}{\partial z}$.

解　因为 u 是由方程 $u=y+x\varphi(u)$ 即 $u-y-x\varphi(u)=0$ 确定的 x,y 的函数,记 $F(u,x,y)=u-y-x\varphi(u)$,则 $F_u=1-x\varphi'(u)$,$F_x=-\varphi(u)$,$F_y=-1$,所以

$$\frac{\partial u}{\partial x}=-\frac{F_x}{F_u}=\frac{\varphi(u)}{1-x\varphi'(u)},\quad \frac{\partial u}{\partial y}=-\frac{F_y}{F_u}=\frac{1}{1-x\varphi'(u)}.$$

另外,由 $z=f(u)$,以及 u 是 x,y 的函数 $u=u(x,y)$,则 $z=f[u(x,y)]$,

$$\frac{\partial z}{\partial x}=f'(u)\cdot\frac{\partial u}{\partial x}=\frac{\varphi(u)f'(u)}{1-x\varphi'(u)},\quad \frac{\partial z}{\partial y}=f'(u)\cdot\frac{\partial u}{\partial y}=\frac{f'(u)}{1-x\varphi'(u)}.$$

课后拓展

$\begin{cases}F(x,y,z,u,v)=0,\\G(x,y,z,u,v)=0,\\H(x,y,z,u,v)=0\end{cases}$满足什么条件时可以确定几个几元函数,几何意义又是什么?

习题 7.5

1. 求由下列方程确定的隐函数的偏导数$\frac{\partial z}{\partial x},\frac{\partial z}{\partial y},\frac{\partial^2 z}{\partial x^2},\frac{\partial^2 z}{\partial y^2}$:

(1) $x^2+2y^2+z^2-4x+2z-5=0$;　　(2) $xy+yz-xz=0$;

(3) $xe^y+yz+ze^x=0$;　　(4) $z^3-3xyz=a^3$.

2. 若 $F(x-y,y-z,z-x)=0$,求$\frac{\partial z}{\partial x},\frac{\partial z}{\partial y}$,其中 F 具有连续偏导数.

3. 若 $F(x+y+z,x^2+y^2+z^2)=0$,求$\frac{\partial^2 z}{\partial x\partial y}$,其中 F 具有二阶连续偏导数.

4. 求由下列方程组确定的隐函数的导数或偏导数:$\begin{cases}x+y+z=0,\\x^2+y^2+z^2=1,\end{cases}$求$\frac{dy}{dz},\frac{dx}{dz}$.

7.6　多元函数的极值及其求法

在实际问题中,我们会大量遇到求多元函数的最大值、最小值的问题. 与一元函数的情形类似,多元函数的最大值、最小值与极大值、极小值有密切的联系. 下面以二元函数为例来讨论多元函数的极值问题.

7.6.1　二元函数极值的概念

定义 1　设函数 $z=f(x,y)$ 在点 (x_0,y_0) 的某一邻域内有定义,对于该邻域内

异于(x_0,y_0)的任意一点(x,y)，如果

$$f(x,y)<f(x_0,y_0),$$

则称函数在(x_0,y_0)取得**极大值**；如果

$$f(x,y)>f(x_0,y_0),$$

则称函数在(x_0,y_0)取得**极小值**；极大值、极小值统称为**极值**. 使函数取得极值的点称为**极值点**.

与一元函数类似，多元函数的极值是一个局部的概念. 如果和$z=f(x,y)$的图形联系起来，则函数的极大值和极小值分别对应着曲面的“高峰”和“低谷”.

例 1　函数$z=2x^2+3y^2$在点(0,0)处有极小值. 从几何上看，$z=2x^2+3y^2$表示一开口向上的椭圆抛物面，点(0,0,0)是它的顶点(图 7-10).

例 2　函数$z=-\sqrt{x^2+y^2}$在点(0,0)处有极大值. 从几何上看，$z=-\sqrt{x^2+y^2}$表示一开口向下的半圆锥面，点(0,0,0)是它的顶点(图 7-11).

例 3　函数$z=y^2-x^2$在点(0,0)处无极值. 从几何上看，它表示双曲抛物面(马鞍面)(图 7-12).

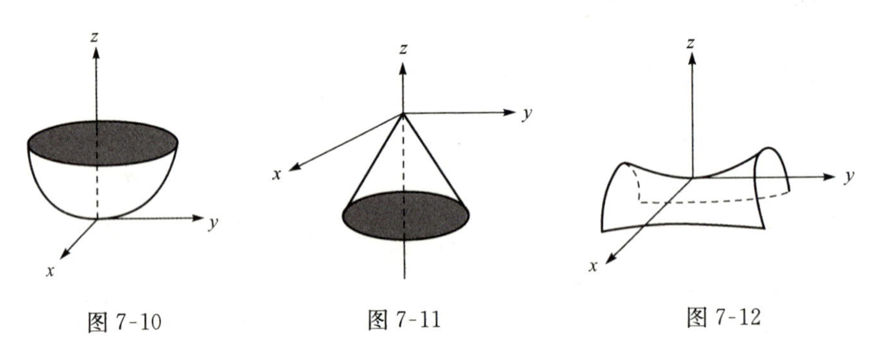

图 7-10　　图 7-11　　图 7-12

以上二元函数关于极值的概念，很容易推广到n元函数. 与导数在一元函数极值研究中的作用一样，偏导数也是研究多元函数极值的主要手段. 如果二元函数$z=f(x,y)$在点(x_0,y_0)处取得极值，那么固定$y=y_0$，一元函数$z=f(x,y_0)$在$x=x_0$点处必取得相同的极值；同理，固定$x=x_0$，一元函数$z=f(x_0,y)$在$y=y_0$处取得极值.

定理 1(必要条件)　设函数$z=f(x,y)$在点(x_0,y_0)具有偏导数，且在点(x_0,y_0)处有极值，则它在该点的偏导数必然为零，即

$$f_x(x_0,y_0)=0,\quad f_y(x_0,y_0)=0.$$

证明　设$z=f(x,y)$在点(x_0,y_0)取得极小值，则存在(x_0,y_0)的一个邻域，对此邻域内的任意点(x,y)，均有$f(x_0,y_0)<f(x,y)$.

特别地，对于邻域内的点(x,y_0)，也就有$f(x_0,y_0)<f(x,y_0)$，条件表明“一元函数$z=f(x,y_0)$”在“点$x=x_0$”取得极小值并且可导，从而“导数”等于零，即

$f'_x(x_0,y_0)=0$，同理可得 $f'_y(x_0,y_0)=0$.

注 1　对于 $z=f(x,y)$，称使得 $f_x=0,f_y=0$ 同时成立的点 (x,y) 为函数 $z=f(x,y)$ 的驻点；

注 2　由必要条件，在偏导数存在时，函数的极值点产生于驻点，但驻点不一定全都是极值点，如 $z=xy$，$(0,0)$ 是其驻点，但不是极值点；

注 3　但是偏导数不存在的点也有可能是极值点，如 $z=\sqrt{x^2+y^2}$，$(0,0)$ 是极小值点，但是 $z'_x(0,0)$，$z'_y(0,0)$ 均不存在；

注 4　此结论可以推广到其他的多元函数，如 $u=f(x,y,z)$ 在 (x_0,y_0,z_0) 偏导数存在，且在 (x_0,y_0,z_0) 取得极值，则

$$f'_x(x_0,y_0,z_0)=0,\quad f'_y(x_0,y_0,z_0)=0,\quad f'_z(x_0,y_0,z_0)=0.$$

问题　如何判定一个驻点是否为极值点？

定理 2(充分条件)　设函数 $z=f(x,y)$ 在点 (x_0,y_0) 的某邻域内有直到二阶的连续偏导数，又 $f_x(x_0,y_0)=0,f_y(x_0,y_0)=0$. 令

$$f_{xx}(x_0,y_0)=A,\quad f_{xy}(x_0,y_0)=B,\quad f_{yy}(x_0,y_0)=C.$$

(1) 当 $AC-B^2>0$ 时，函数 $f(x,y)$ 在 (x_0,y_0) 处有极值，且当 $A>0$ 时有极小值 $f(x_0,y_0)$；$A<0$ 时有极大值 $f(x_0,y_0)$；

(2) 当 $AC-B^2<0$ 时，函数 $f(x,y)$ 在 (x_0,y_0) 处没有极值；

(3) 当 $AC-B^2=0$ 时，函数 $f(x,y)$ 在 (x_0,y_0) 处可能有极值，也可能没有极值.

注　在一元函数中函数 $y=f(x)$ 在 x_0 取得极值需满足

$$f'(x_0)=0,$$

当 $f''(x_0)>0$ 时取得极小值；

当 $f''(x_0)<0$ 时取得极大值.

对于二元函数 $z=f(x,y)$ 在 (x_0,y_0) 处是否取得极值也可以类似理解，

$$f_x(x_0,y_0)=0,\quad f_y(x_0,y_0)=0,$$

当二阶导数矩阵 $\begin{bmatrix}A & B\\ B & C\end{bmatrix}$ 正定，即 $A>0$，$\begin{vmatrix}A & B\\ B & C\end{vmatrix}>0$ 时取得极小值；

当二阶导数矩阵 $\begin{bmatrix}A & B\\ B & C\end{bmatrix}$ 负定，即 $A<0$，$\begin{vmatrix}A & B\\ B & C\end{vmatrix}>0$ 时取得极大值.

根据定理 1 与定理 2，如果函数 $f(x,y)$ 具有二阶连续偏导数，则求 $z=f(x,y)$ 的极值的一般步骤可归纳如下.

第一步　确定函数 $z=f(x,y)$ 的定义域；

第二步　解方程组 $f_x(x,y)=0,f_y(x,y)=0$，求出 $f(x,y)$ 的所有驻点；

第三步　求出函数 $f(x,y)$ 的二阶偏导数，依次确定各驻点处 A,B,C 的值，并根据 $AC-B^2$ 的符号判定驻点是否为极值点. 最后求出函数 $f(x,y)$ 在极值点处的

极值.

例 4 求函数 $f(x,y)=x^3-y^3+3x^2+3y^2-9x$ 的极值.

解 令

$$\begin{cases} f_x=3x^2+6x-9=0, \\ f_y=-3y^2+6y=0. \end{cases}$$

得驻点:(1,0),(1,2),(−3,0),(−3,2).而

$$A=f_{xx}=6x+6,\quad B=f_{xy}=0,\quad C=f_{yy}=-6y+6,$$

$$D=AC-B^2=36(x+1)(1-y).$$

列表计算极值(表 7-1).

表 7-1

驻点	D	A	极值否	极值 $f(x,y)$
(1,0)	72	12	极小	$f(1,0)=-5$
(1,2)	−72	—	否	—
(−3,0)	−72	—	否	—
(−3,2)	72	−12	极大	$f(-3,2)=31$

7.6.2 二元函数的最大值与最小值

有界闭域 D 上的连续函数可以在 D 上取得最大值和最小值.

(1) 若最大或最小值在区域 D 的内部取得,则一定是极值;

(2) 若最大或最小值在区域 D 的边界曲线上取得,则属于条件极值问题.

因此,下面给出求最大值、最小值的一般方法.

(1) 求函数 $z=f(x,y)$ 在 D 内的所有驻点;求函数 $z=f(x,y)$ 在 D 的边界曲线上的所有条件驻点;计算所有点的函数值,比较大小即可.

(2) 在应用问题中,若已知 $z=f(x,y)$ 在 D 内有最大值或最小值,且在 D 内有唯一的驻点,则该驻点一定就是最大值或最小值点.

例 5 一厂商通过电视和报纸两种方式做销售某产品的广告,据统计资料,销售收入 R(单位:万元)与电视广告费用 x(万元)与报纸广告费用 y 万元之间,有如下的经验公式:

$$R=15+14x+32y-8xy-2x^2-10y^2,(x,y)\in\mathbf{R}^2$$

试在广告费用不限的前提下,求最优广告策略.

解 最优广告策略,是指如何分配两种不同传媒方式的广告费用,使产品的销售利润达到最大,设利润函数为 $f(x,y)$,则

$$f(x,y)=R-(x+y)=15+13x+31y-8xy-2x^2-10y^2,\quad (x,y)\in\mathbf{R}^2,$$

由

$$\begin{cases} f_x = 13 - 8y - 4x = 0, \\ f_y = 31 - 8x - 20y = 0, \end{cases}$$

解得唯一驻点(0.75,1.25)，根据实际意义知，利润 $f(x,y)$ 一定有最大值，且在定义域内有唯一的驻点，因此可以断定，该点就是利润的最大点，因此当 $x=0.75$(万元)，$y=1.25$(万元)时，厂商获得最大利润 $f(0.75,1.25)=39.25$(万元).

例6　有一宽为 24cm 的长方形铁板，把它两边折起来做成一截面为等腰梯形的水槽(图 7-13). 问怎样的折法才能使截面的面积最大？

解　设折起来的边长为 x cm，倾角为 α，那么梯形截面的下底长为 $24-2x$，上底长为 $24-2x+2x\cos\alpha$，高为 $x\sin\alpha$，所以截面面积

$$A = \frac{1}{2}(24 - 2x + 2x\cos\alpha + 24 - 2x) \cdot x \cdot \sin\alpha,$$

即

$$A = 24x\sin\alpha - 2x^2\sin\alpha + x^2\sin\alpha \cdot \cos, \quad 0 < x < 12,\ 0 < \alpha < \frac{\pi}{2},$$

$$\begin{cases} A_x = 24\sin\alpha - 4x\sin\alpha + 2x\sin\alpha \cdot \cos\alpha = 0, \\ A_\alpha = 24x\cos\alpha - 2x^2\cos\alpha + x^2(\cos^2\alpha - \sin^2\alpha) = 0. \end{cases}$$

由于 $\sin\alpha \neq 0, x \neq 0$. 所以上述方程组可化为

$$\begin{cases} 12 - 2x + x\cos\alpha = 0, \\ 24\cos\alpha - 2x\cos\alpha + x(\cos^2\alpha - \sin^2\alpha) = 0, \end{cases}$$

解方程组，得 $\alpha = \frac{\pi}{3}, x = 8$.

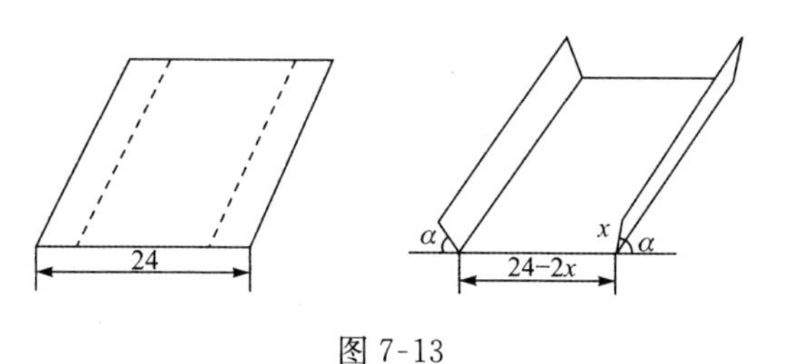

图 7-13

根据题意可知截面面积的最大值一定存在，并且在 $D = \left\{(x,\alpha) \mid 0 < x < 12, 0 < \alpha < \frac{\pi}{2}\right\}$ 内取得，又函数在 D 内只有一个驻点，因此可以断定，当 $\alpha = \frac{\pi}{3}, x = 8$cm 时，就能使截面的面积最大. 其最大截面面积是

$$A=96\times\frac{\sqrt{3}}{2}\approx 83\text{cm}^2.$$

7.6.3 条件极值、拉格朗日乘数法

前面所讨论的极值问题,对于函数的自变量一般只要求落在定义域内,并无其他限制条件,这类极值称为**无条件极值**. 但在实际问题中,常会遇到对函数的自变量还有附加条件的极值问题. 对自变量有附加条件的极值称为**条件极值**.

对于有些实际问题,可以把条件极值化为无条件极值. 但在许多情形下,将条件极值化为无条件极值并不这样简单. 有另一种直接寻求条件极值的方法,可以不必先把问题化到无条件极值的问题,这就是下面要介绍的拉格朗日乘数法.

为简单起见,以三元函数 $u=f(x,y,z)$ 为例,讨论其在约束条件 $\varphi(x,y,z)=0$ 下的极值.

设函数 $f(x,y,z)$,$\varphi(x,y,z)$ 均有连续的一阶偏导数,且 $\varphi_z(x,y,z)\neq 0$. 由隐函数存在定理可知,方程 $\varphi(x,y,z)=0$ 确定了一个具有连续偏导数的函数 $z=z(x,y)$,于是得到复合函数

$$u=f(x,y,z(x,y)).$$

由取得极值的必要条件可得

$$\begin{cases}\dfrac{\partial u}{\partial x}=f_x+f_z\cdot\dfrac{\partial z}{\partial x}=0,\\[2mm]\dfrac{\partial u}{\partial y}=f_y+f_z\cdot\dfrac{\partial z}{\partial y}=0,\end{cases}$$

而由隐函数的求导法则知

$$\frac{\partial z}{\partial x}=-\frac{\varphi_x}{\varphi_z},\quad \frac{\partial z}{\partial y}=-\frac{\varphi_y}{\varphi_z}.$$

将它们代入前一个方程组,连同约束条件 $\varphi(x,y,z)=0$,得

$$\begin{cases}f_x\varphi_z-f_z\varphi_x=0,\\ f_y\varphi_z-f_z\varphi_y=0,\\ \varphi(x,y,z)=0.\end{cases}$$

由此解出的 (x_0,y_0,z_0) 即为可能的极值点.

注意到 $\dfrac{f_x}{\varphi_x}=\dfrac{f_y}{\varphi_y}=\dfrac{f_z}{\varphi_z}$,记 $\lambda=-\dfrac{f_z}{\varphi_z}\Big|_{(x_0,y_0,z_0)}$,那么 x_0,y_0,z_0,λ 就满足方程组

$$\begin{cases}f_x+\lambda\varphi_x=0,\\ f_y+\lambda\varphi_y=0,\\ f_z+\lambda\varphi_z=0,\\ \varphi(x,y,z)=0.\end{cases}$$

若引入函数

$$L(x,y,z,\lambda)=f(x,y,z)+\lambda\varphi(x,y,z),$$

则这个方程组正是函数 $L(x,y,z,\lambda)$在点(x_0,y_0,z_0,λ)取得极值的必要条件.

函数 $L(x,y,z,\lambda)$称为拉格朗日函数,参数 λ 称为拉格朗日乘子(Lagrange multiplier).

拉格朗日乘数法　要求函数 $u=f(x,y,z)$在约束条件 $\varphi(x,y,z)=0$ 下的极值点,以下为其基本步骤.

(1) 写出拉格朗日函数:

$$L(x,y,z,\lambda)=f(x,y,z)+\lambda\varphi(x,y,z),$$

其中 λ 为参数.

(2) 求 $L(x,y,z,\lambda)=f(x,y,z)+\lambda\varphi(x,y,z)$对 x,y,z 及 λ 的一阶偏导数,并使之为零,得到

$$\begin{cases} f_x(x,y,z)+\lambda\varphi_x(x,y,z)=0, \\ f_y(x,y,z)+\lambda\varphi_y(x,y,z)=0, \\ f_z(x,y,z)+\lambda\varphi_z(x,y,z)=0, \\ \varphi(x,y,z)=0, \end{cases}$$

解出 x,y,z,λ,其中 x,y,z 就是 $u=f(x,y,z)$在约束条件 $\varphi(x,y,z)=0$ 下可能的极值点.

当 f,φ 为二元函数时,相应的拉格朗日函数

$$L(x,y,\lambda)=f(x,y)+\lambda\varphi(x,y)$$

(其中 λ 为某一常数)的无条件极值问题.

这方法还可以推广到自变量多于两个而条件多于一个的情形. 例如,要求函数 $u=f(x,y,z,t)$在附加条件

$$\phi(x,y,z,t)=0,\quad \varphi(x,y,z,t)=0$$

下的极值,可以先作拉格朗日函数

$$L(x,y,z,t)=f(x,y,z,t)+\lambda\phi(x,y,z,t)+\mu\varphi(x,y,z,t),$$

其中 λ,μ 均为参数,求其一阶偏导数,并使之为零,然后与 $\phi(x,y,z,t)=0,\varphi(x,y,z,t)=0$ 两个方程联立起来求解,这样得出的(x,y,z,t)就是函数 $u=f(x,y,z,t)$在 $\phi(x,y,z,t)=0,\varphi(x,y,z,t)=0$ 下的可能极值点.

至于如何确定所求的点是否是极值点,在实际问题中往往可根据问题本身的性质来确定.

注　拉格朗日乘数法只给出函数取极值的必要条件,因此按照这种方法求出来的点是否为极值点,还需要加以讨论. 不过在实际问题中,往往可以根据问题本身的性质来判定所求的点是不是极值点.

例 7　求表面积为 a^2 而体积为最大的长方体的体积.

解　设长方体的三棱长为 x,y,z,则问题就是在条件

$$\varphi(x,y,z)=2xy+2yz+2xz-a^2=0$$

下,求函数 $V=xyz(x>0,y>0,z>0)$ 的最大值.

作拉格朗日函数

$$L(x,y,z,\lambda)=xyz+\lambda(2xy+2yz+2xz-a^2),$$

由

$$\begin{cases}L_x=yz+2\lambda(y+z)=0\\L_y=xz+2\lambda(x+z)=0\\L_z=xy+2\lambda(y+x)=0\\\varphi(x,y,z)=2xy+2yz+2xz-a^2=0\end{cases}\Rightarrow x=y=z=\frac{\sqrt{6}}{6}a.$$

$(x,y,z)=\left(\frac{\sqrt{6}}{6}a,\frac{\sqrt{6}}{6}a,\frac{\sqrt{6}}{6}a\right)$是唯一可能的极值点,由问题本身意义知,此点就是所求最大值点. 即表面积为 a^2 的长方体中,以棱长为$\frac{\sqrt{6}a}{6}$的正方体的体积为最大,最大体积 $V=\frac{\sqrt{6}}{36}a^3$.

例 8　求函数 $z=x^3+y^3-3xy$ 在 $x^2+y^2\leqslant 4$ 上的最大值、最小值.

解　(1) 求 $z=x^3+y^3-3xy$ 在 $x^2+y^2<4$ 内的驻点:由$\begin{cases}z_x=3x^2-2y=0,\\z_y=3y^2-3x=0,\end{cases}$得$\begin{cases}y=x^2,\\x=y^2\end{cases}$在 $x^2+y^2<4$ 内的驻点:(0,0),(1,1);

(2) $z=x^3+y^3-3xy$ 在 $x^2+y^2=4$ 上的条件驻点:

$$F=x^3+y^3-3xy+\lambda(x^2+y^2-4),$$

$$\begin{cases}F_x=3x^2-3y+2\lambda x=0,\\F_y=3y^2-3x+2\lambda y=0,\\x^2+y^2=4,\end{cases}$$

解得 $x=y=\pm\sqrt{2}$;故条件驻点为$(\pm\sqrt{2},\pm\sqrt{2})$;

(3) 计算所得的驻点及条件驻点的函数值:

$$f(0,0)=0,f(1,1)=-1,f(\sqrt{2},\sqrt{2})=4\sqrt{2}-6,\ f(-\sqrt{2},-\sqrt{2})=-4\sqrt{2}-6.$$

比较可得 $f_{\max}=f(0,0)=0,f_{\min}=f(-\sqrt{2},-\sqrt{2})=-4\sqrt{2}-6$.

注　条件极值未必是无条件极值.

例9　设销售收入R(单位:万元)与花费在两种广告宣传的费用x,y(单位:万元)之间的关系为

$$R=\frac{200x}{x+5}+\frac{100y}{10+y},$$

利润额相当于五分之一的销售收入,并要扣除广告费用.已知广告费用总预算金是25万元,试问如何分配两种广告费用使利润最大?

解　设利润为z,有

$$z=\frac{1}{5}R-x-y=\frac{40x}{x+5}+\frac{20y}{10+y}-x-y,$$

限制条件为$x+y=25$. 这是条件极值问题. 令

$$L(x,y,\lambda)=\frac{40x}{x+5}+\frac{20y}{10+y}-x-y+\lambda(x+y-25),$$

由

$$\begin{cases}L_x=\dfrac{200}{(5+x)^2}-1+\lambda=0,\\[2ex] L_y=\dfrac{200}{(10+y)^2}-1+\lambda=0,\\[2ex] x+y=25,\end{cases}$$

解得$x=15,y=10$. 根据问题本身的意义及驻点的唯一性即知,当投入两种广告的费用分别为15万元和10万元时,可使利润最大.

注　此问题可化为无条件极值来解.

习题 7.6

1. 求下列函数的极值:

(1) $f(x,y)=4(x-y)-x^2-y^2$;　　(2) $f(x,y)=e^{2x}(x+y^2+2y)$;

(3) $f(x,y)=x^2+x^3+y^2-y^3$;　　(4) $f(x,y)=(x^2+y^2)^2-2(x^2-y^2)$.

2. 求有下列方程所确定的隐函数$z=z(x,y)$的极值;

(1) $x^2+y^2+z^2-2x+4y-6z-11=0$;

(2) $2x^2+2y^2+z^2-8xy-z-6=0$.

3. 证明函数$z=(1+e^y)\cos x-ye^y$有无穷多个极大值而无一极小值.

4. 求函数$f(x,y)=3x^2+3y^2-x^3$在区域$D:x^2+y^2\leqslant 16$上的最小值.

5. 某工厂生产两种产品A与B,出售单价分别为10元与9元,生产x单位的产品A与生产y单位的产品B的总费用是

$$400+2x+3y+0.01(3x^2+xy+3y^2)\text{(元)}$$

求取得最大利润时,两种产品的产量各多少?

7.7　数学建模举例

7.7.1　数学模型

数学建模是指对现实世界的某一特定对象，为了某特定目的，作出一些重要的简化 和假设，运用适当的数学工具得到一个数学结构，用它来解释特定现象的现实性态 ，预测对象的未来 状况，提供处理对象的优化决策和控制，设计满足某种需要的产品. 数学是在实际应用的需求中产生的，要解决实际问题就必须建立数学模型 ，从此意义上讲数学建模和数学一样有古老的历史.

今天，数学以空前的广度和深度向其他科学技术领域渗透，过去很少应用数学的领域现在迅速走向定量化、数量化，需建立大量的数学模型、特别是新技术、新工艺蓬勃兴起，计算机的普及和广泛应用，数学在许多高新技术上起着十分关键的作用. 因此数学建模被时代赋予更为重要的意义.

大学生数学建模竞赛自 1985 年由美国开始举办，竞赛以三名学生组成一个队，赛前由指导教师培训. 赛题来源于实际问题. 比赛时要求就选定的赛题每个队在连续三天的时间里写出论文，它包括：问题的适当阐述；合理的假设；模型的分析、建立、求解、验证；结果的分析；模型优缺点讨论等. 数学建模竞赛宗旨是鼓励大学师生对范围并不固定的各种实际问题予以阐明、分析并提出解法，通过这样一种方式鼓励师生积极参与并强调实现完整的模型构造的过程. 以竞赛的方式培养学生应用数学进行分析、推理、证明和计算的能力；用数学语言表达实际问题及用普通人能理解的语言表达数学结果的能力；应用计算机及相应数学软件的能力；独立查找文献，自学的能力，组织、协调、管理的能力；创造力、想象力、联想力和洞察力. 它还可以培养学生不怕吃苦、敢于战胜困难的坚强意志，培养自律、团结的优秀品质，培养正确的数学观.

7.7.2　最小二乘法

数理统计中常用到回归分析，也就是根据实际测量得到的一组数据来找出变量间的函数关系的近似表达式. 通常把这样得到的函数的近似表达式称为经验公式. 这是一种广泛采用的数据处理方法. 经验公式建立后，就可以把生产或实践中所积累的某些经验提高到理论上加以分析，并由此作出某些预测. 下面通过实例来介绍一种常用的建立经验公式的方法.

例 1　为测定刀具的磨损速度，按每隔一小时测量一次刀具厚度的方式，得到如下实测数据(表 7-2).

表 7-2

顺序编号 i	0	1	2	3	4	5	6	7
时间 t_i(h)	0	1	2	3	4	5	6	7
刀具厚度 y_i(mm)	27.0	26.8	26.5	26.3	26.1	25.7	25.3	24.8

试根据这组实测数据建立变量 y 和 t 之间的经验公式 $y=f(t)$.

解　观察散点图 7-14,易发现所求函数 $y=f(t)$ 可近似看成线性函数,因此可设 $f(t)=at+b$,其中 a 和 b 是待定常数,但因为图中各点并不在同一条直线上,因此希望要使偏差 $y_i-f(t_i)(i=0,1,2,\cdots,7)$ 都很小.为了保证每个偏差都很小,可考虑选取常数 a,b,使 $M=\sum_{i=0}^{7}[y_i-(at_i+b)]^2$ 最小.这种根据偏差的平方和为最小的条件来选择常数 a,b 的方法称为**最小二乘法**.

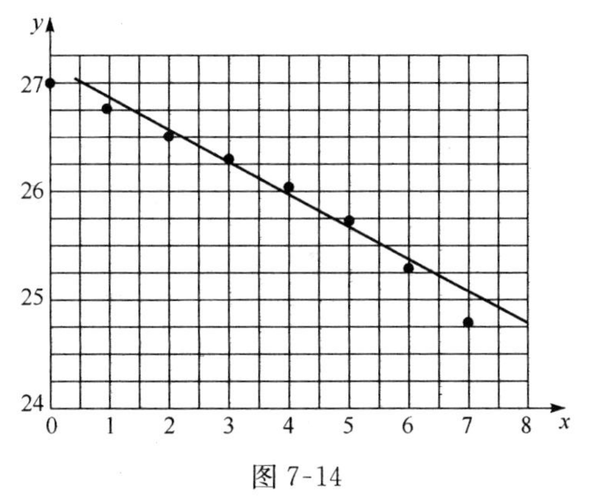

图 7-14

求解本例:可考虑选取常数 a,b,使 $M=\sum_{i=0}^{7}[y_i-(at_i+b)]^2$ 最小.把 M 看成自变量 a 和 b 的一个二元函数,那么问题就可归结为求函数 $M=M(a,b)$ 在哪些点处取得最小值.令

$$\begin{cases}\dfrac{\partial M}{\partial a}=-2\sum_{i=0}^{7}[y_i-(at_i+b)]t_i=0,\\ \dfrac{\partial M}{\partial b}=-2\sum_{i=0}^{7}[y_i-(at_i+b)]=0,\end{cases}$$

即

$$\begin{cases}\sum_{i=0}^{7}[y_i-(at_i+b)]t_i=0,\\ \sum_{i=0}^{7}[y_i-(at_i+b)]=0.\end{cases}$$

整理得

$$\begin{cases} a\sum_{i=1}^{7}t_i^2+b\sum_{i=1}^{7}t_i=\sum_{i=1}^{7}y_it_i, \\ a\sum_{i=1}^{7}t_i+8b=\sum_{i=1}^{7}y_i. \end{cases} \tag{7-7-1}$$

计算,得

$$\sum_{i=1}^{7}t_i=28,\sum_{i=1}^{7}t_i^2=140,\sum_{i=1}^{7}y_i=208.5,\sum_{i=1}^{7}y_it_i=717.0.$$

代入式(7-7-1),得$\begin{cases}140a+28b=717, \\ 28a+8b=208.5,\end{cases}$

解得

$$a=-0.3036,\quad b=27.125.$$

于是,所求经验公式为

$$y=f(t)=-0.3036t+27.125. \tag{7-7-2}$$

根据式(7-7-2)算出的 $f(t_i)$ 与实测的 y_i 有一定的偏差,见表 7-3.

表 7-3

t_i	0	1	2	3	4	5	6	7
实测 y_i	27.0	26.8	26.5	26.3	26.1	25.7	25.3	24.8
计算 $f(t_i)$	27.125	26.821	26.518	26.214	25.911	25.607	25.303	25.000
偏差	−0.125	−0.021	−0.018	−0.086	0.189	0.093	−0.003	−0.200

注 1 偏差的平方和 $M=0.108165$,其平方根 $\sqrt{M}=0.392$. $\sqrt{M}$称为**均方误差**,它的大小在一定程度上反映了用经验公式近似表达原来函数关系的近似程度的好坏.

注 2 本例中实测数据的图形近似为一条直线,因而认为所求函数关系可近似看成线性函数关系,这类问题的求解比较简便. 有些实际问题中,经验公式的类型虽然不是线性函数,但可以设法把它转化成线性函数的类型讨论.

7.7.3 线性规划问题

求多个自变量的线性函数在一组线性不等式约束条件下的最大值最小值问题,是一类完全不同的问题,这类问题称为**线性规划**问题. 下面通过实例来说明.

例 2 一份简化的食物由粮和肉两种食品做成,每份粮价值 30 分,其中含有 4 单位糖,5 单位维生素和 2 单位蛋白质; 每一份肉价值 50 分,其中含有 1 单位糖,4 单位维生素和 4 单位蛋白质. 对一份食物的最低要求是它至少要由 8 单位糖,20

单位维生素和 10 单位蛋白质组成,问应当选择什么样的食物,才能使价钱最便宜.

解　设食物由 x 份粮和 y 份肉组成,其价钱为 $C=30x+50y$. 由食物的最低要求得到三个不等式约束条件,即

为了有足够的糖,应有 $4x+y\geqslant 8$;

为了有足够的维生素,应有 $5x+4y\geqslant 20$;

为了有足够的蛋白质,应有 $2x+4y\geqslant 10$;并且还有 $x\geqslant 0, y\geqslant 0$.

上述五个不等式把问题的解限制在平面上如图 7-15 所示的阴影区域中,现在考虑直线族

$$C=30x+50y.$$

当 C 逐渐增加时,与阴影区域相交的第一条直线是通过顶点 S 的直线,S 是两条直线 $5x+4y=20$ 和 $2x+4y=10$ 的交点,所以点 S 对应于 C 的最小值的坐标是 $\left(\frac{10}{3},\frac{5}{6}\right)$,即这种食物是由 $3\frac{1}{3}$ 份粮和 $\frac{5}{6}$ 份肉组成. 代入 $C=30x+50y$ 即得到所要求的食物的最低价格

$$C_{\min}=30\times\frac{10}{3}+50\times\frac{5}{6}=141\frac{2}{3}\text{分}.$$

下面的例子是用几何方法解决的.

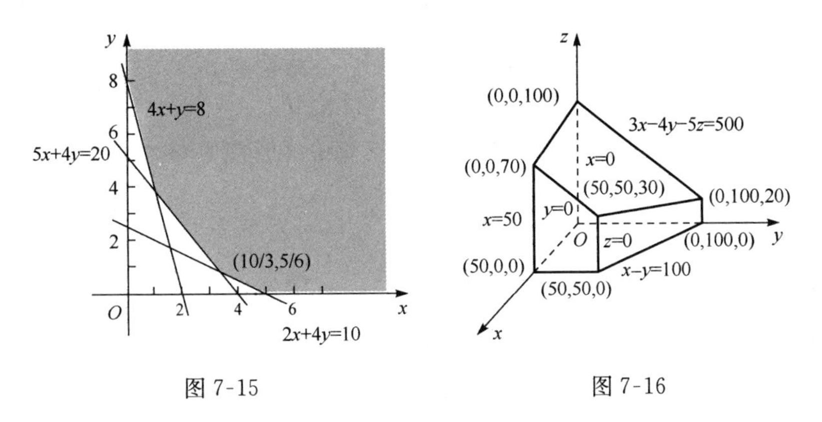

图 7-15　　　　图 7-16

例 3　一个糖果制造商有 500g 巧克力,100g 核桃和 50g 果料. 他用这些原料生产三种类型的糖果. A 类每盒用 3g 巧克力,1g 核桃和 1g 果料,售价 10 元. B 类每盒用 4g 巧克力和 1g 核桃,售价 6 元. C 类每盒是 5g 巧克力,售价 4 元. 问每类糖果各应做多少盒,才能使总收入最大?

解　设制造商出售 A,B,C 三类糖果各为 x,y,z 盒,总收入是 $R=10x+6y+4z$(元). 不等式约束条件由巧克力、核桃和果料的存货限额给出,依次为

$$3x+4y+5z\leqslant 500,\quad x+y\leqslant 100,\quad x\leqslant 50.$$

当然,由问题的性质知,x,y 和 z 也是非负的,所以 $x\geqslant 0, y\geqslant 0, z\geqslant 0$. 于是,问题化

为:求 R 的满足这些不等式的最大值.

上述不等式把允许的解限制在 xOy 空间中的一个多面体区域之内(图 7-16).在平行平面 $10x+6y+4z=R$ 中只有一部分平面和这个区域相交,随着 R 增大,平面离原点越来越远.显然,R 的最大值一定出现在这样的平面上,这种平面正好经过允许值所在多面体区域的一个顶点,所求的解对应于 R 取最大值的那个顶点,计算结果列在表 7-4 中.

表 7-4

顶点	(0,0,0)	(50,0,0)	(50,50,0)	(50,50,30)	(50,0,70)	(0,0,100)	(0,100,20)	(0,100,0)
R 值	0	500	800	920	780	400	680	600

由表 7-4 可见,R 的最大值是 920 元,相应的点是(50,50,30),所以 A 类 50 盒,B 类 30 盒,C 类 30 盒时收入最多.

复习题 7

1. 在"充分""必要""充分必要"三者中选择一个正确的填入下列空格内.

(1) $f(x,y)$ 在点 (x,y) 可微分是 $f(x,y)$ 在该点连续的________条件,$f(x,y)$ 在点 (x,y) 连续是 $f(x,y)$ 在该点可微分的________条件;

(2) $z=f(x,y)$ 在点 (x,y) 的偏导数 $\frac{\partial z}{\partial x}$ 及 $\frac{\partial z}{\partial y}$ 存在是 $f(x,y)$ 在该点可微分的________的条件,$z=f(x,y)$ 在点 (x,y) 可微分是函数在该点的偏导数 $\frac{\partial z}{\partial x}$ 及 $\frac{\partial z}{\partial y}$ 存在的________条件;

(3) $z=f(x,y)$ 的两个二阶混合偏导数 $\frac{\partial^2 z}{\partial x\partial y}$ 及 $\frac{\partial^2 z}{\partial y\partial x}$ 在区域 D 内连续是这两个二阶混合偏导数相等的________条件;

(4) 函数 $z=f(x,y)$ 在点 (x,y) 的偏导数 $\frac{\partial z}{\partial x}$ 及 $\frac{\partial z}{\partial y}$ 存在是 $f(x,y)$ 在该点可微分的________条件.

2. 求下列函数的一阶和二阶偏导数.

(1) $z=\ln(x+y^2)$;　　　　(2) $z=x^y$.

3. 设 $u=x^y$,而 $x=\varphi(t)$,$y=\psi(t)$ 都是可微函数,求 $\frac{\mathrm{d}u}{\mathrm{d}t}$.

4. 设 $z=f(u,x,y)$,$u=x\mathrm{e}^y$,其中 f 具有连续的二阶偏导数,求 $\frac{\partial^2 z}{\partial x\partial y}$.

5. 设 $z=F(u,v,w)$,$v=f(u,x)$,$x=g(u,w)$,其中 F,f,g 具有连续偏导数,

求$\frac{\partial z}{\partial u}$.

6. 设u是x,y,z的函数,由方程$u^2+z^2+y^2-x=0$决定,其中$z=xy^2+y\ln y-y$,求$\frac{\partial u}{\partial x},\frac{\partial^2 u}{\partial x^2}$.

7. 设z具有二阶连续偏导数,试利用变换$u=x-2\sqrt{y},v=x+2\sqrt{y}$简化方程

$$\frac{\partial^2 z}{\partial x^2}-y\frac{\partial^2 z}{\partial y^2}-\frac{1}{2}\frac{\partial z}{\partial y}=0.$$

8. 设$f(x,y)=\int_0^{xy}\mathrm{e}^{-t^2}\mathrm{d}t$,求$\frac{\partial^2 f}{\partial x^2}-2\frac{\partial^2 z}{\partial x\partial y}-\frac{y}{x}\frac{\partial^2 f}{\partial y^2}$.

9. 设$y=y(x),z=z(x)$是由方程$z=xf(x+y)$和$F(x,y,z)=0$所确定的函数,其中f和F分别具有一阶连续导数和一阶连续偏导数. 证明

$$\frac{\mathrm{d}z}{\mathrm{d}x}=\frac{(f+xf')F_y-xf'F_x}{F_y+xf'F_z}(F_y+xf'F_z\neq 0).$$

10. 设q_1为商品A的需求量,q_2为商品B的需求量,其需求函数分别为$q_1=16-2p_1+4p_2,q_2=20+4p_1-10p_2$,总成本函数为$C=3q_1+2q_2$,其中$p_1,p_2$为商品$A$和$B$的价格,试问价格$p_1,p_2$取何值时可使利润最大?

11. 在经济学中有个Cobb-Douglas生产函数模型$f(x,y)=cx^a y^{1-a}$,式中x代表劳动力的数量,y为资本数量(确切地说是y个单位资本),c与$a(0<a<1)$是常数,由各工厂的具体情形而定. 函数值表示生产量.

现在已知某制造商的Cobb-Douglas生产函数是$f(x,y)=100x^{\frac{3}{4}}y^{\frac{1}{4}}$,每个劳动力与每单位资本的成本分别是150元及250元. 该制造商的总预算是50000元. 问他该如何分配这笔钱用于雇用劳动力与资本,以使生产量最高.

12. 某公司通过报纸和电视传媒作某种产品的促销广告,根据统计资料,销售收入R与报纸广告费x及电视广告费y(单位:万元)之间的关系有如下经验公式:

$$R=15+14x+30y-8xy-2x^2-10y^2,$$

在限定广告费为1.5万元的情况下,求相应的最优广告策略.

第 8 章

重　积　分

Multiple Integral

定积分是研究在某一区间上一类一元函数和式的极限问题. 我们把建立定积分的思想和方法推广到定义在平面区域、空间区域上的多元函数,从而得到重积分. 本章介绍二重积分的概念、性质、计算方法及简单应用.

8.1　二重积分的概念与性质

8.1.1　引例

1. 曲顶柱体的体积

设有一立方体,它的底是 xOy 面上的闭区域 D,它的侧面是以 D 的边界曲线为准线而母线平行于 z 轴的柱面,它的顶是曲面 $z=f(x,y)$, $f(x,y)$满足在 D 上连续且 $f(x,y)\geqslant 0$,这种立体称为**曲顶柱体**(cylindrical body under the surface)(图 8-1). 下面求曲顶柱体的体积.

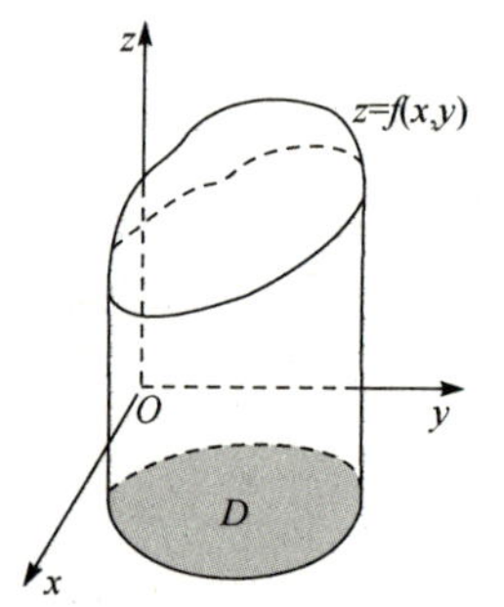

图 8-1

若构成曲顶柱体的曲顶是平顶的,即高 $f(x,y)$为一常数,则

平顶柱体的体积=底面积×高.

若构成曲顶柱体的曲顶 $z=f(x,y)$是曲面,即高 $f(x,y)$不为一常数而是变动的,上述公式就不能用. 但可以利用类似于定积分中求曲边梯形面积的方法(即分割、近似代替、求和、取极限的方法)求曲顶柱体的体积.

(1) 分割　用任意一组网线把区域 D 分割成 n 个小区域 $\Delta\sigma_1,\Delta\sigma_2,\cdots,\Delta\sigma_n$,其中 $\Delta\sigma_i$ 表示第 i 个小闭区域,也表示它的面积. 分别以这些小闭区域的边界曲线为准线,作母线平行于 z 轴的柱面,这些柱面把原来的曲顶柱体分为 n 个小曲顶柱体(图 8-2).

(2) 近似代替　由于 $f(x,y)$ 在 D 上连续，对于同一个小闭区域，$f(x,y)$ 变化很小，这时每个小曲顶柱体可以近似地看成平顶柱体. 记第 i 个小曲顶柱体的体积为 ΔV_i，在其底 $\Delta\sigma_i$ 上任取一点 (ξ_i,η_i)，ΔV_i 用底面积为 $\Delta\sigma_i$，高为 $f(\xi_i,\eta_i)$ 的平顶柱体的体积近似代替，即 $\Delta V_i \approx f(\xi_i,\eta_i)\Delta\sigma_i\ (i=1,2,\cdots,n)$.

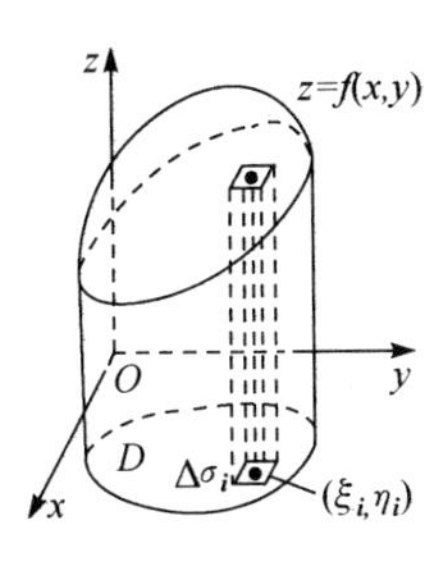

图 8-2

(3) 求和　把这些小平顶柱体的体积 $f(\xi_i,\eta_i)\Delta\sigma_i\ (i=1,2,\cdots,n)$ 相加，用其和式近似地表示曲顶柱体的体积 V，即

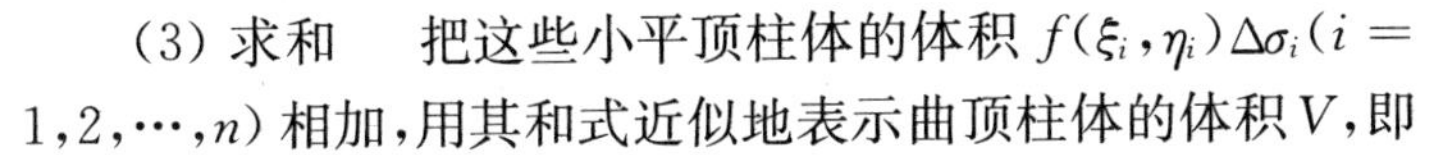

$$V=\sum_{i=1}^{n}\Delta V_i \approx \sum_{i=1}^{n} f(\xi_i,\eta_i)\Delta\sigma_i.$$

(4) 求极限　由于划分越细，用小平顶柱体的体积和 $\sum\limits_{i=1}^{n} f(\xi_i,\eta_i)\Delta\sigma_i$ 代替曲顶柱体的体积 V 就越精确. 如果把 $\Delta\sigma_i$ 中任意两点距离最大值称为 $\Delta\sigma_i$ 的直径，并记为 λ_i. 当 $\lambda=\max\limits_{1\leqslant i\leqslant n}\{\lambda_i\}\to 0$ 时，上式右端的极限值就为曲顶柱体的体积 V，即

$$V=\lim_{\lambda\to 0}\sum_{i=1}^{n} f(\xi_i,\eta_i)\Delta\sigma_i.$$

2. 求平面薄片的质量

设有一平面薄片，占有 xOy 面上的有界闭区域 D，在点 (x,y) 处的面密度为 $\rho(x,y)$，假定 $\rho(x,y)$ 在 D 上连续，且 $\rho(x,y)>0$. 现计算平面薄片的质量 m.

如果薄片是均匀，即面密度是常数，那么薄片的质量可以用公式

质量＝面密度×面积.

计算. 现在面密度 $\rho(x,y)$ 是变量，薄片的质量就不能直接用上式来计算. 但是仍然可以用解决曲顶柱体体积问题的思想方法来处理.

由于 $\rho(x,y)$ 在区域 D 上连续，所以将薄片分割成 n 个小块 $\Delta\sigma_i\ (i=1,2,\cdots,n)$，当每小块所占的闭区域的直径很小时，则每小块可近似地看成均质薄片(图 8-3). 即在第 i 个小块 $\Delta\sigma_i$ 上任取一点 (ξ_i,η_i)，以该点所对应的面密度 $\rho(\xi_i,\eta_i)$ 代替整个第 i 个小块薄片的面密度，则 $\rho(\xi_i,\eta_i)\Delta\sigma_i$ 可看作第 i 个小块薄片质量的近似值. 于是再通过求和、取极限，便可得出平面薄片的质量 $m=\lim\limits_{\lambda\to 0}\sum\limits_{i=1}^{n}\rho(\xi_i,\eta_i)\Delta\sigma_i$.

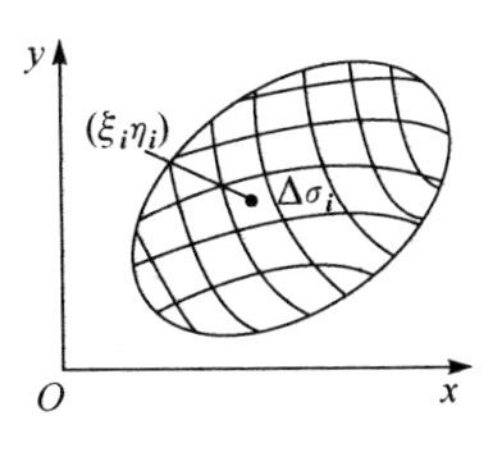

图 8-3

上面两个问题的实际意义虽然不同，但所求量都归结为同一形式和的极限. 在许多物理、数学、工程技术中的问题都可以归结为求形如和式 $\sum\limits_{i=1}^{n} f(\xi_i,\eta_i)\Delta\sigma_i$ 的极

限问题,由此引入二重积分的定义.

8.1.2　二重积分的概念

定义 1　设 $f(x,y)$ 是有界闭区域 D 上的有界函数,将闭区域 D 任意分成 n 个小闭区域 $\Delta\sigma_1,\Delta\sigma_2,\cdots,\Delta\sigma_n$,其中 $\Delta\sigma_i$ 表示第 i 个小闭区域,也表示它的面积.在每个 $\Delta\sigma_i$ 上任取一点 (ξ_i,η_i),作乘积 $f(\xi_i,\eta_i)\Delta\sigma_i(i=1,2,\cdots,n)$,并作和 $\sum\limits_{i=1}^{n}f(\xi_i,\eta_i)\Delta\sigma_i$.如果当各小闭区域的直径中的最大值 λ 趋于零时,和式的极限存在,则称此极限为函数 $f(x,y)$ 在闭区域 D 上的**二重积分**(double integral),记为 $\iint\limits_D f(x,y)\mathrm{d}\sigma$,即

$$\iint\limits_D f(x,y)\mathrm{d}\sigma=\lim_{\lambda\to 0}\sum_{i=1}^{n}f(\xi_i,\eta_i)\Delta\sigma_i,$$

其中,$f(x,y)$ 称为**被积函数**,$f(x,y)\mathrm{d}\sigma$ 称为**被积表达式**,$\mathrm{d}\sigma$ 称为**面积微元**,x 和 y 分别称为**积分变量**,D 称为**积分区域**,$\sum\limits_{i=1}^{n}f(\xi_i,\eta_i)\Delta\sigma_i$ 称为**积分和**.

$\iint\limits_D f(x,y)\mathrm{d}\sigma$ 存在,也称为 $f(x,y)$ 在区域 D 上可积.

注 1　在二重积分的定义中,积分和 $\sum\limits_{i=1}^{n}f(\xi_i,\eta_i)\Delta\sigma_i$ 的极限存在,是指对闭区域 D 的任意划分和点 (ξ_i,η_i) 的任意取法,只要 λ 趋于零时,积分和虽然形式不同,但极限是唯一的.即积分值与积分区域 D 的分割和 (ξ_i,η_i) 的取法无关.

注 2　二重积分是一个数值,这个值只与被积函数 $f(x,y)$ 和积分区域 D 有关,而与积分变量用什么字母表示无关,即

$$\iint\limits_D f(x,y)\mathrm{d}\sigma=\iint\limits_D f(u,v)\mathrm{d}\sigma.$$

注 3　当 $f(x,y)$ 在闭区域上连续时,定义中和式的极限必存在,即二重积分必存在.

根据二重积分的定义可知,曲顶柱体的体积是曲顶上点的竖坐标 $f(x,y)$ 在底 D 上的二重积分,即

$$V=\iint\limits_D f(x,y)\mathrm{d}\sigma.$$

平面薄片的质量是它的面密度 $\rho(x,y)$ 在薄片所占区域 D 上的二重积分,即

$$m=\iint\limits_D \rho(x,y)\mathrm{d}\sigma.$$

二重积分的几何意义　当被积函数 $f(x,y)\geqslant 0$ 时,$\iint\limits_D f(x,y)\mathrm{d}\sigma$ 表示曲顶柱体的体积;当被积函数 $f(x,y)<0$ 时,$\iint\limits_D f(x,y)\mathrm{d}\sigma$ 表示曲顶柱体体积的负值;当

被积函数 $f(x,y)$ 在区域 D 上有正有负时，$\iint\limits_D f(x,y)\mathrm{d}\sigma$ 表示在 xOy 面上、下曲顶柱体体积的代数和.

例 1 计算 $\iint\limits_D \sqrt{4-x^2-y^2}\mathrm{d}\sigma$，其中 $D=\{(x,y)\mid x^2+y^2\leqslant 4\}$.

解 由二重积分的几何意义知，$\iint\limits_D \sqrt{4-x^2-y^2}\mathrm{d}\sigma$ 等于球心在坐标原点，半径为 2 的上半球的体积，所以

$$\iint\limits_D \sqrt{4-x^2-y^2}\mathrm{d}\sigma=\frac{1}{2}\times\frac{4}{3}\pi\times 2^3=\frac{16\pi}{3}.$$

8.1.3 二重积分的性质

假设 $f(x,y)$，$g(x,y)$ 在闭区域 D 上可积，根据二重积分的定义，可证得二重积分与定积分有类似的性质：

性质 1 $\iint\limits_D[f(x,y)\pm g(x,y)]\mathrm{d}\sigma=\iint\limits_D f(x,y)\mathrm{d}\sigma\pm\iint\limits_D g(x,y)\mathrm{d}\sigma.$

性质 2 $\iint\limits_D kf(x,y)\mathrm{d}\sigma=k\iint\limits_D f(x,y)\mathrm{d}\sigma.$

性质 3 如果闭区域 D 可被曲线分为两个没有公共内点的闭子区域 D_1 和 D_2，则

$$\iint\limits_D f(x,y)\mathrm{d}\sigma=\iint\limits_{D_1} f(x,y)\mathrm{d}\sigma+\iint\limits_{D_2} f(x,y)\mathrm{d}\sigma.$$

这个性质表明**二重积分对积分区域具有可加性.**

性质 4 如果在闭区域 D 上，$f(x,y)=1$，σ 为 D 的面积，则

$$\iint\limits_D 1\cdot\mathrm{d}\sigma=\iint\limits_D \mathrm{d}\sigma=\sigma.$$

注 这个性质的几何意义是：以 D 为底、高为 1 的平顶柱体的体积在数值上等于柱体的底面积.

性质 5 如果在闭区域 D 上，有 $f(x,y)\leqslant g(x,y)$，则

$$\iint\limits_D f(x,y)\mathrm{d}\sigma\leqslant\iint\limits_D g(x,y)\mathrm{d}\sigma.$$

特别地，有 $\left|\iint\limits_D f(x,y)\mathrm{d}\sigma\right|\leqslant\iint\limits_D |f(x,y)|\mathrm{d}\sigma.$

例 2 比较 $\iint\limits_D (x+y)^2\mathrm{d}\sigma$ 与 $\iint\limits_D (x+y)^3\mathrm{d}\sigma$ 的大小，其中 D 是由 x 轴，y 轴以及 $x+y=1$ 所围成的三角形区域.

解 因为在 D 内有 $0\leqslant x+y\leqslant 1$,有 $(x+y)^2\geqslant (x+y)^3$,所以

$$\iint_D (x+y)^2 \mathrm{d}\sigma \geqslant \iint_D (x+y)^3 \mathrm{d}\sigma.$$

性质 6 设 M,m 分别是 $f(x,y)$ 在闭区域 D 上的最大值和最小值,σ 为 D 的面积,则

$$m\sigma \leqslant \iint_D f(x,y)\mathrm{d}\sigma \leqslant M\sigma.$$

这个不等式称为**二重积分的估值不等式**.

例 3 估计 $I=\iint_D \mathrm{e}^{(x^2+y^2)}\mathrm{d}\sigma$ 的值,其中 D 是椭圆闭区域:$\frac{x^2}{a^2}+\frac{y^2}{b^2}\leqslant 1\ (0<b<a)$.

解 区域 D 的面积 $\sigma=\pi ab$,因为在 D 上 $0\leqslant x^2+y^2\leqslant a^2$,所以 $1=\mathrm{e}^0\leqslant \mathrm{e}^{x^2+y^2}\leqslant \mathrm{e}^{a^2}$,由性质 6 知 $\sigma\leqslant \iint_D \mathrm{e}^{(x^2+y^2)}\mathrm{d}\sigma\leqslant \sigma\cdot\mathrm{e}^{a^2}$,即

$$\pi ab\leqslant \iint_D \mathrm{e}^{(x^2+y^2)}\mathrm{d}\sigma \leqslant \pi ab\mathrm{e}^{a^2}.$$

性质 7(积分中值定理) 设 $f(x,y)$ 在闭区域 D 上连续,σ 为 D 的面积,则至少存在一点 $(\xi,\eta)\in D$,使得

$$\iint_D f(x,y)\mathrm{d}\sigma = f(\xi,\eta)\sigma.$$

证明 由于 $f(x,y)$ 在闭区域 D 上连续,则 $f(x,y)$ 在闭区域 D 上一定有最小值和最大值,分别记为 m 和 M,再由性质 6 得

$$m\sigma \leqslant \iint_D f(x,y)\mathrm{d}\sigma \leqslant M\sigma.$$

于是

$$m\leqslant \frac{\iint_D f(x,y)\mathrm{d}\sigma}{\sigma}\leqslant M.$$

再由介值性定理,至少存在一点 $(\xi,\eta)\in D$,使得

$$\frac{\iint_D f(x,y)\mathrm{d}\sigma}{\sigma} = f(\xi,\eta).$$

即

$$\iint_D f(x,y)\mathrm{d}\sigma = f(\xi,\eta)\sigma.$$

习题 8.1

1. 用二重积分表示下列曲顶柱体的体积,并用不等式组表示曲顶柱体在 xOy

坐标面上的底：

(1) 由平面$\frac{x}{2}+\frac{y}{3}+\frac{z}{4}=1,x=0,y=0,z=0$所围成的立体体积$V$；

(2) 由椭圆抛物面$z=2-(4x^2+y^2)$及平面$z=0$所围成的立体体积V.

2. 利用二重积分的定义证明：

(1) $\iint\limits_D \mathrm{d}\sigma=\sigma$（其中$\sigma$为$D$的面积）；

(2) $\iint\limits_D kf(x,y)\mathrm{d}\sigma=k\iint\limits_D f(x,y)\mathrm{d}\sigma$.

3. 根据二重积分的几何意义求下列二重积分：

(1) $\iint\limits_D \sqrt{R^2-x^2-y^2}\mathrm{d}\sigma$,其中$D=\{(x,y)\mid x^2+y^2\leqslant R^2\}$；

(2) $\iint\limits_D (3-\sqrt{x^2+y^2})\mathrm{d}\sigma$,其中$D=\{(x,y)\mid x^2+y^2\leqslant 9\}$.

4. 比较下列积分值的大小：

(1) $\iint\limits_D \ln(x+y)\mathrm{d}\sigma$与$\iint\limits_D [\ln(x+y)]^2\mathrm{d}\sigma$,其中区域$D$是三角形闭区域,三顶点分别为(1,0),(1,1),(2,0)；

(2) $\iint\limits_D \mathrm{e}^{xy}\mathrm{d}\sigma$与$\iint\limits_D \mathrm{e}^{2xy}\mathrm{d}\sigma$,其中$D=\{(x,y)\mid 0\leqslant x\leqslant 1,0\leqslant y\leqslant 1\}$；

(3) $\iint\limits_D (x+y)^2\mathrm{d}\sigma$与$\iint\limits_D (x+y)^3\mathrm{d}\sigma$的大小,其中$D=\{(x,y)\mid (x-2)^2+(y-2)^2\leqslant 2\}$.

5. 利用二重积分的性质估计下列积分值：

(1) $I=\iint\limits_D \frac{\mathrm{d}\sigma}{\sqrt{x^2+y^2+2xy+16}}$的值,其中$D=\{(x,y)\mid 0\leqslant x\leqslant 1,0\leqslant y\leqslant 2\}$；

(2) $I=\iint\limits_D (x^2+4y^2+9)\mathrm{d}\sigma$,其中$D=\{(x,y)\mid x^2+y^2\leqslant 4\}$；

(3) $I=\iint\limits_D \frac{1}{100+\cos^2 x++\cos^2 y}\mathrm{d}\sigma$,其中$D=\{(x,y)\mid |x|+|y|\leqslant 10\}$.

6. 已知函数$F(x,y)=xy+\iint\limits_D f(x,y)\mathrm{d}\sigma$,其中$D$是有界闭区域,且$f(x,y)$在$D$上连续,求$F(x,y)$在点(1,1)处的全微分.

8.2 直角坐标系下二重积分的计算

利用二重积分的定义直接计算二重积分是十分困难.为此,介绍一种化二重积分为两个定积分的方法来计算二重积分.

8.2.1 直角坐标系下二重积分的计算

在二重积分的定义中对闭区域 D 的划分是任意的,如果在直角坐标系中用平行于坐标轴的直线网来划分区域 D(图 8-4),那么除一些小闭区域外,其余的小闭区域都是矩形闭区域.设矩形闭区域 $\Delta\sigma_i = \Delta x_j \cdot \Delta y_k$.因此在直角坐标系中,把面积元素 $d\sigma$ 记作 $dxdy$,而把二重积分记作 $\iint\limits_D f(x,y)dxdy$,其中 $dxdy$ 称为直角坐标系中**面积微元**.

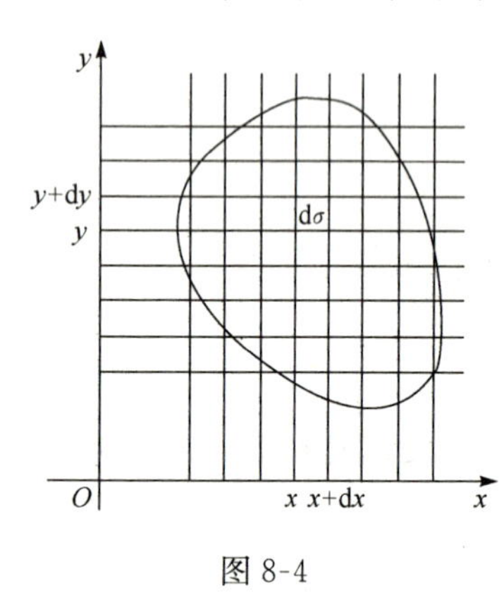

图 8-4

下面用几何的观点来讨论 $\iint\limits_D f(x,y)d\sigma$ 的计算问题.在讨论中假定 $f(x,y) \geqslant 0$.

1. X-型区域

设积分区域 $D=\{(x,y)\mid a\leqslant x\leqslant b,\varphi_1(x)\leqslant y\leqslant\varphi_2(x)\}$,其中函数 $\varphi_1(x)$,$\varphi_2(x)$分别在$[a,b]$上连续,且穿过区域内部,垂直于 x 轴的直线与区域的边界相交不多于两点(图 8-5).此区域称为 X-型区域.

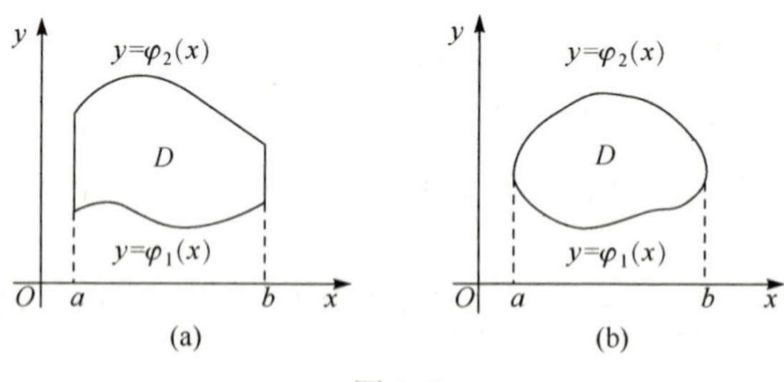

图 8-5

由二重积分的几何意义知,当 $f(x,y)$ 在闭区域 D 上连续且 $f(x,y)\geqslant 0$ 时,$\iint\limits_D f(x,y)d\sigma$ 表示以 D 为底,以曲面 $z=f(x,y)$ 为顶的曲顶柱体的体积.下面应用第 5 章计算"平行截面面积为已知的立体的体积"的方法来计算这个曲顶柱体的体积.

在$[a,b]$上取定一点 x_0,过 x_0 作平行于 yOz 面的平面 $x=x_0$,该平面截曲顶柱体所得的截面为 $A(x_0)$,而该截面是一个以区间$[\varphi_1(x),\varphi_2(x)]$为底边,以曲线 $z=f(x_0,y)$ 为曲边的曲边梯形(图 8-6),因此 $A(x_0)=\int_{\varphi_1(x_0)}^{\varphi_2(x_0)}f(x_0,y)\mathrm{d}y$.

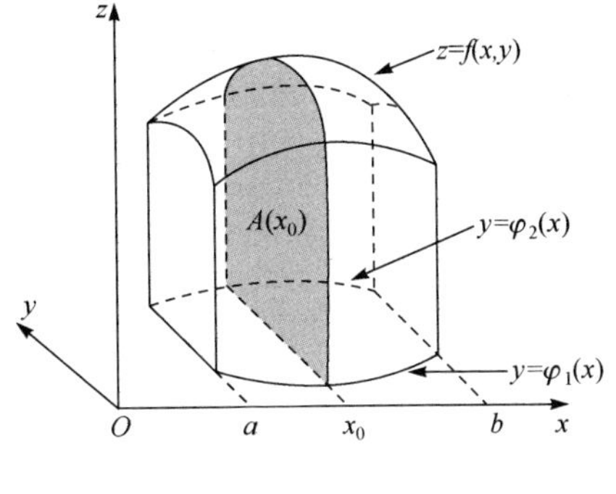

图 8-6

一般地,过区间$[a,b]$上任取一点 x 且平行于 yOz 面截曲顶柱体所得的截面为

$$A(x)=\int_{\varphi_1(x)}^{\varphi_2(x)}f(x,y)\mathrm{d}y.$$

于是,应用计算"平行截面面积为已知的立体的体积"的方法,得曲顶柱体体积为

$$V=\int_a^b A(x)\mathrm{d}x=\int_a^b\left[\int_{\varphi_1(x)}^{\varphi_2(x)}f(x,y)\mathrm{d}y\right]\mathrm{d}x,$$

这个体积也是二重积分的值,即有

$$\iint\limits_D f(x,y)\mathrm{d}\sigma=\int_a^b\left[\int_{\varphi_1(x)}^{\varphi_2(x)}f(x,y)\mathrm{d}y\right]\mathrm{d}x. \tag{8-2-1}$$

式(8-2-1)右端的积分称为先对 y 后对 x 的**二次积分或累次积分**(iterated integral).

就是说,先把 x 看成常数,把 $f(x,y)$只看成 y 的函数,并对 y 计算从 $\varphi_1(x)$到 $\varphi_2(x)$的定积分;然后再把计算结果(是 x 的函数)对 x 计算在$[a,b]$上的定积分.这个先对 y 后对 x 的二次积分也可以写成

$$\int_a^b\mathrm{d}x\int_{\varphi_1(x)}^{\varphi_2(x)}f(x,y)\mathrm{d}y.$$

因此等式(8-2-1)可写成

$$\iint\limits_D f(x,y)\mathrm{d}\sigma=\int_a^b\mathrm{d}x\int_{\varphi_1(x)}^{\varphi_2(x)}f(x,y)\mathrm{d}y. \tag{8-2-2}$$

这就是二重积分先对 y 后对 x 的二次积分公式.

2. Y-型区域

设积分区域 $D=\{(x,y)\,|\,c\leqslant y\leqslant d,\psi_1(y)\leqslant x\leqslant\psi_2(y)\}$,其中函数 $\psi_1(y)$,$\psi_2(y)$分别在$[c,d]$上连续,且穿过区域内部垂直于 y 轴的直线与区域的边界相交不多于两点(图 8-7).此区域称为 Y-型区域.

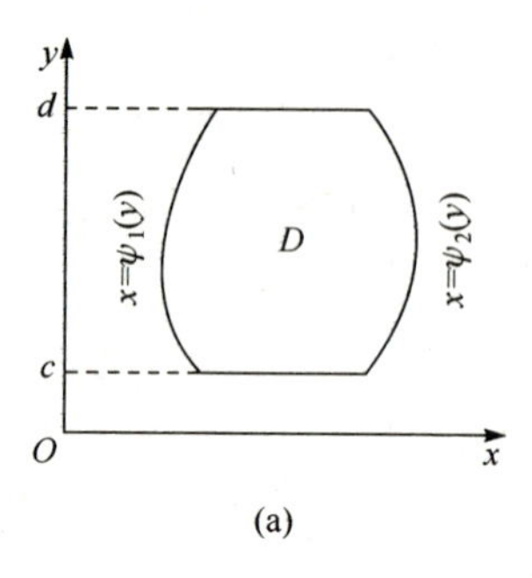

(a)

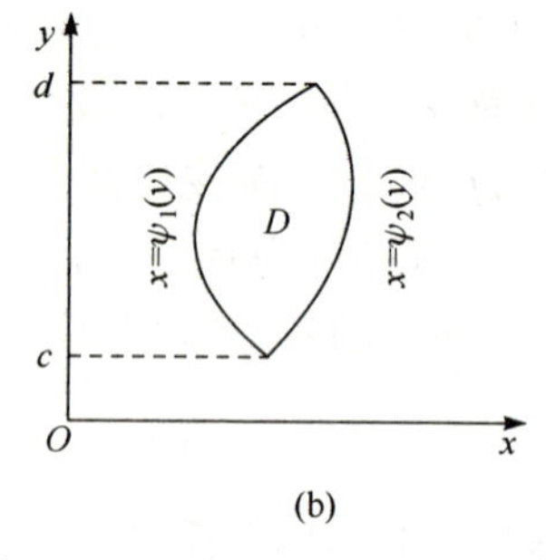

(b)

图 8-7

类似 X-型区域，在 Y-型区域上的二重积分的计算公式为

$$\iint_D f(x,y)\mathrm{d}\sigma=\int_c^d\left[\int_{\psi_1(y)}^{\psi_2(y)}f(x,y)\mathrm{d}x\right]\mathrm{d}y. \tag{8-2-3}$$

或

$$\iint_D f(x,y)\mathrm{d}\sigma=\int_c^d\mathrm{d}y\int_{\psi_1(y)}^{\psi_2(y)}f(x,y)\mathrm{d}x. \tag{8-2-4}$$

如果积分区域 D(图 8-8) 既是 X- 型区域 $D=\{(x,y)\mid a\leqslant x\leqslant b,\quad \varphi_1(x)\leqslant y\leqslant \varphi_2(x)\}$，又是 Y- 型区域 $D=\{(x,y)\mid c\leqslant y\leqslant d,\psi_1(y)\leqslant x\leqslant \psi_2(y)\}$ 时，则两个累次积分相同，即

$$\iint_D f(x,y)\mathrm{d}\sigma=\int_a^b\mathrm{d}x\int_{\varphi_1(x)}^{\varphi_2(x)}f(x,y)\mathrm{d}y=\int_c^d\mathrm{d}y\int_{\psi_1(y)}^{\psi_2(y)}f(x,y)\mathrm{d}x.$$

注 把上述假定 $f(x,y)\geqslant 0$ 的条件去掉后，式(8-2-1)～式(8-2-4)仍然成立.

3. 既非 X-型，又非 Y-型区域

当积分区域 D 既不是 X-型区域，又不是 Y-型区域(图 8-9)时，这时通常用平行于坐标轴的直线将 D 分成几个部分，使每一部分区域为 X-型区域，或为 Y-型区域，再利用二重积分区域的可加性，将这些小区域上的二重积分数值相加，可得在区域 D 上的二重积分. 若 $D=D_1+D_2+D_3$，则

$$\iint_D f(x,y)\mathrm{d}\sigma=\iint_{D_1} f(x,y)\mathrm{d}\sigma+\iint_{D_2} f(x,y)\mathrm{d}\sigma+\iint_{D_3} f(x,y)\mathrm{d}\sigma.$$

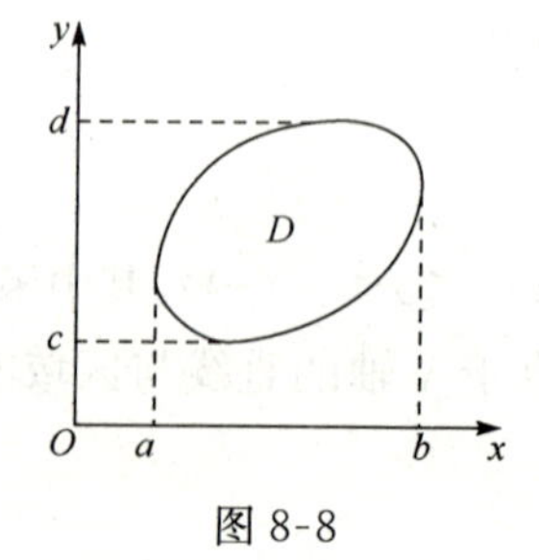

图 8-8

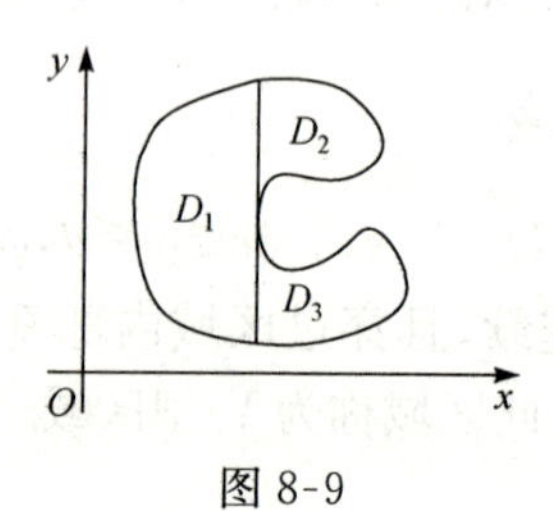

图 8-9

注1 当积分区域 D 既是 X-型区域,又是 Y-型区域时,应本着计算简单原则决定应采用的顺序.

注2 二重积分的计算主要是把二重积分化二次积分,而确定两个定积分的上下限是把一个二重积分化为两个二次积分的关键.具体做法是:先画出区域 D 的草图,假设区域 D 为 X-型区域(图8-10).在区间$[a,b]$上任取一点 x,过点 x 作平行于 y 轴的直线穿过区域 D,与区域 D 的边界有两个交点$(x,\varphi_1(x))$和$(x,\varphi_2(x))$,这里的 $\varphi_1(x)$,$\varphi_2(x)$就是将 x 看成常数而对 y 积分时的下限和上限;又因 x 是在区间$[a,b]$上任意取的,所以再将 x 看成变量而对 x 积分时,a,b 分别为积分的下限和上限.

例1 计算二重积分$\iint\limits_D x^2y\mathrm{d}\sigma$,其中 D 是由抛物线 $y^2=x$ 及直线 $y=x$ 所围成的闭区域.

解 先画出积分区域 D(图8-11),D 既是 X-型,也是 Y-型.如果将 D 看成 X-型,则 D 可表示为 $x\leqslant y\leqslant\sqrt{x}$,$0\leqslant x\leqslant 1$,于是得先对 y 后对 x 的二次积分,

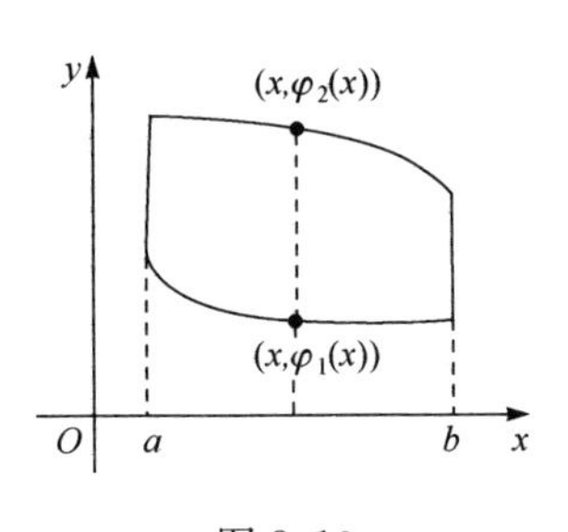

图8-10

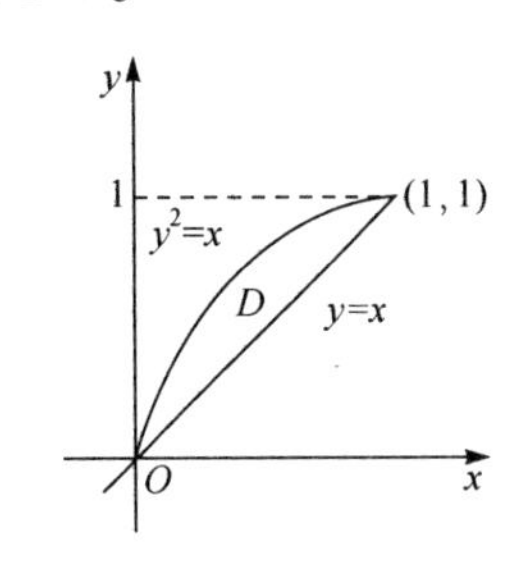

图8-11

$$\iint\limits_D x^2y\mathrm{d}\sigma=\int_0^1\mathrm{d}x\int_x^{\sqrt{x}}x^2y\mathrm{d}y=\int_0^1 x^2\frac{y^2}{2}\bigg|_x^{\sqrt{x}}\mathrm{d}x$$
$$=\frac{1}{2}\int_0^1(x^3-x^4)\mathrm{d}x=\frac{1}{2}\left(\frac{x^4}{4}-\frac{x^5}{5}\right)\bigg|_0^1=\frac{1}{40}.$$

如果将 D 看成 Y-型,则 D 可表示为 $y^2\leqslant x\leqslant y$,$0\leqslant y\leqslant 1$,于是得先对 x 后对 y 的二次积分,

$$\iint\limits_D x^2y\mathrm{d}\sigma=\int_0^1\mathrm{d}y\int_{y^2}^{y}x^2y\mathrm{d}x=\int_0^1 y\frac{x^3}{3}\Big|_{y^2}^{y}\mathrm{d}y=\frac{1}{3}\int_0^1(y^4-y^7)\mathrm{d}y$$
$$=\frac{1}{3}\left(\frac{y^5}{5}-\frac{y^8}{8}\right)\bigg|_0^1=\frac{1}{40}.$$

注 本题积分中选择两种不同的积分次序的计算繁简程度差不多.

例2 计算二重积分$\iint\limits_D\frac{x^2}{y^2}\mathrm{d}\sigma$,其中 D 是由双曲线 $xy=1$ 及直线 $y=x$,$x=2$

所围成的闭区域.

解 先画积分区域 D, D 既是 X-型,也是 Y-型. 如果将 D 看成 X-型,则 D 可表示为 $\frac{1}{x}\leqslant y\leqslant x,1\leqslant x\leqslant 2$(图 8-12(a)),于是得先对 y 后对 x 的二次积分,

$$\iint_D \frac{x^2}{y^2}\mathrm{d}\sigma=\int_1^2\mathrm{d}x\int_{\frac{1}{x}}^{x}\frac{x^2}{y^2}\mathrm{d}y=\int_1^2 x^2\left(-\frac{1}{y}\right)\Bigg|_{\frac{1}{x}}^{x}\mathrm{d}x=\int_1^2(x^3-x)\mathrm{d}x=\frac{9}{4}.$$

如果将 D 看成 Y-型,由于 D 的左侧边界是由 $xy=1$ 和 $y=x$ 两条曲线组成,故 D 不能用同一组不等式表示. 为此,用直线 $y=1$ 将 D 分成两部分 D_1 和 D_2(图 8-12(b))表示为

$$D_1:\frac{1}{y}\leqslant x\leqslant 2,\frac{1}{2}\leqslant y\leqslant 1;D_2:y\leqslant x\leqslant 2,1\leqslant y\leqslant 2,$$

于是得先对 x 后对 y 的二次积分,

$$\iint_D \frac{x^2}{y^2}\mathrm{d}\sigma=\int_{\frac{1}{2}}^{1}\mathrm{d}y\int_{\frac{1}{y}}^{2}\frac{x^2}{y^2}\mathrm{d}x+\int_1^2\mathrm{d}y\int_y^2\frac{x^2}{y^2}\mathrm{d}x=\frac{9}{4}.$$

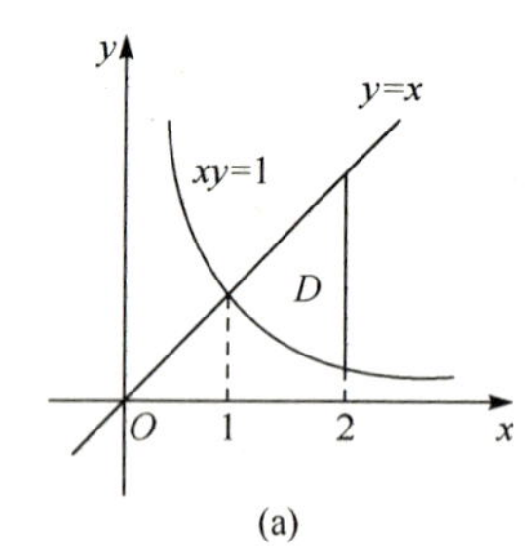

(a)

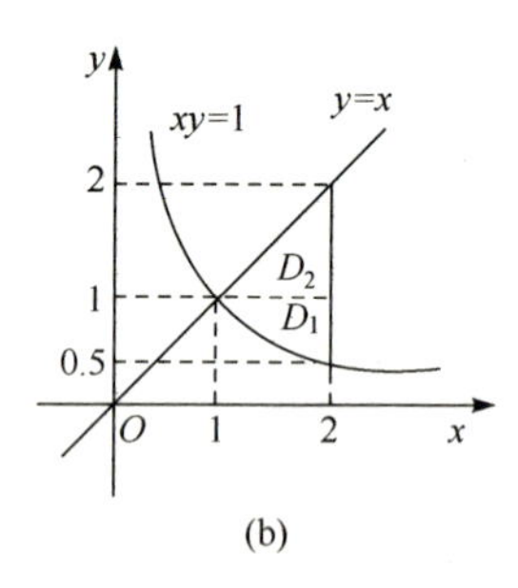

(b)

图 8-12

注 本题积分中选择两种不同的积分次序的计算繁简程度差别很大,即先对 y 后对 x 的二次积分较简单.

例 3 计算 $\iint_D \sin y^2\mathrm{d}x\mathrm{d}y$, 其中 D 由 $y=x,y=1$ 及 y 轴所围成.

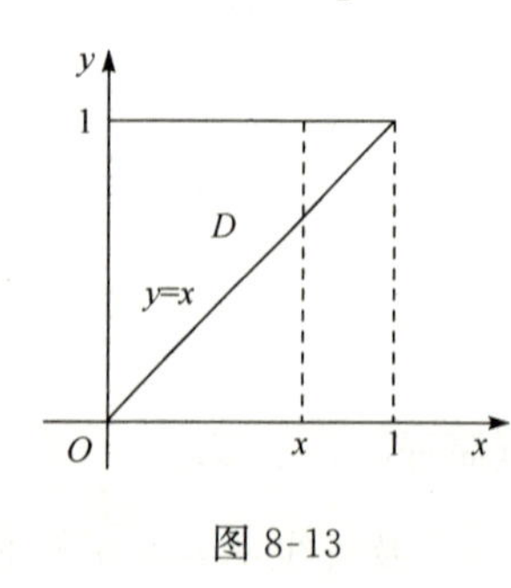

图 8-13

解 画出区域 D 的图形(图 8-13). 将 D 看成 X-型区域,得 $D:x\leqslant y\leqslant 1,0\leqslant x\leqslant 1$,

$$\iint_D \sin y^2\mathrm{d}x\mathrm{d}y=\int_0^1\mathrm{d}x\int_x^1\sin y^2\mathrm{d}y.$$

因为 $\int\sin y^2\mathrm{d}y$ 的原函数不能用初等函数表示. 所以要变换积分次序. 将 D 看成 Y-型区域,得 $D:0\leqslant x\leqslant y,0\leqslant y\leqslant 1$,则

$$\iint_D \sin y^2 \mathrm{d}x\mathrm{d}y = \int_0^1 \mathrm{d}y \int_0^y \sin y^2 \mathrm{d}x = \int_0^1 \sin y^2 \cdot x\Big|_0^y \mathrm{d}y$$

$$= \int_0^1 y\sin y^2 \mathrm{d}y = \frac{1}{2}\int_0^1 \sin y^2 \mathrm{d}(y^2) = \frac{1}{2}(1-\cos 1).$$

注 本题中只有选择先对 x 后对 y 的二次积分，才能计算出积分值.

例 4 计算 $I = \int_0^1 \mathrm{d}y \int_{\sqrt{y}}^1 \mathrm{e}^{\frac{y}{x}} \mathrm{d}x$.

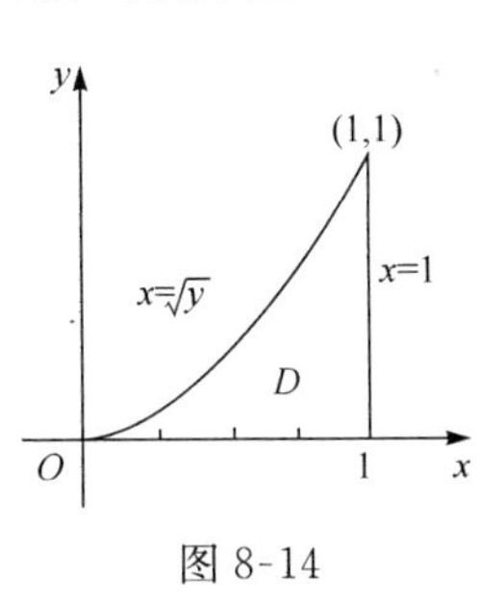

图 8-14

解 由于积分 $\int \mathrm{e}^{\frac{y}{x}} \mathrm{d}x$ 无法求出，故考虑交换积分次序. 根据所给二次积分，可写出区域 D 的不等式，$D:\sqrt{y} \leqslant x \leqslant 1, 0 \leqslant y \leqslant 1$，于是画出 D(图 8-14)，再将 D 按另一种次序表示为

$$D: 0 \leqslant y \leqslant x^2, 0 \leqslant x \leqslant 1,$$

于是

$$I = \int_0^1 \mathrm{d}x \int_0^{x^2} \mathrm{e}^{\frac{y}{x}} \mathrm{d}y = \int_0^1 (x\mathrm{e}^{\frac{y}{x}})\Big|_0^{x^2} \mathrm{d}x = \int_0^1 (x\mathrm{e}^x - x)\mathrm{d}x = \left(x\mathrm{e}^x - \mathrm{e}^x - \frac{x^2}{2}\right)\Bigg|_0^1 = \frac{1}{2}.$$

注 由以上几个例子看到，在计算二重积分时要注意以下三个问题.

(1) 考虑积分区域 D 的类型，应优先考虑使 D 划分的块数较少的二重积分次序的类型.

(2) 考虑被积函数的特点，选择的二重积分的次序应是第一次积分容易积分，并能为第二次积分的计算创造条件.

(3) 当计算一个二次积分时，第一次积分原函数找不到时，应考虑更换积分次序.

与定积分一样，二重积分也有对称性. 利用二重积分的对称性，可以简化二重积分的计算.

8.2.2 二重积分的对称性质

利用积分区域的对称性与被积函数关于单个变量的奇偶性，有时可以简化积分甚至可以直接得到结果.

对称性 1 如果积分区域 D 关于 x 轴对称，设 $D_1 = \{(x,y) \mid (x,y) \in D, y \geqslant 0\}$，则

$$\iint_D f(x,y)\mathrm{d}\sigma = \begin{cases} 0, & f(x,y) \text{ 关于 } y \text{ 为奇函数}, \\ 2\iint_{D_1} f(x,y)\mathrm{d}\sigma, & f(x,y) \text{ 关于 } y \text{ 为偶函数}. \end{cases}$$

对称性 2 如果积分区域 D 关于 y 轴对称，设 $D_1 = \{(x,y) \mid (x,y) \in D, x \geqslant 0\}$，则

$$\iint_D f(x,y)\mathrm{d}\sigma=\begin{cases}0, & f(x,y)\text{ 关于 } x \text{ 为奇函数},\\ 2\iint_{D_1} f(x,y)\mathrm{d}\sigma, & f(x,y)\text{ 关于 } x \text{ 为偶函数}.\end{cases}$$

对称性 3 如果积分区域 D 关于坐标原点对称,设 $D_1=\{(x,y)\mid(x,y)\in D, x\geqslant 0\}$,则

$$\iint_D f(x,y)\mathrm{d}\sigma=\begin{cases}0, & f(-x,-y)=-f(x,y),\\ 2\iint_{D_1} f(x,y)\mathrm{d}\sigma, & f(-x,-y)=f(x,y).\end{cases}$$

对称性 4 如果积分区域 D 关于直线 $y=x$ 对称,则 $\iint_D f(x,y)\mathrm{d}\sigma=\iint_D f(y,x)\mathrm{d}\sigma$.

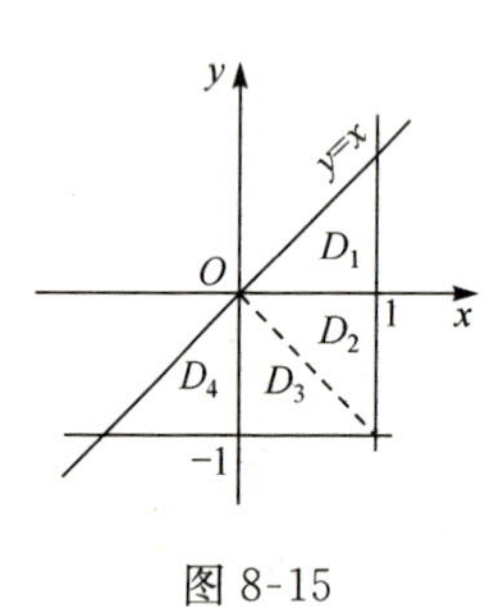

图 8-15

例 5 计算 $I=\iint_D y[1+x\mathrm{e}^{\frac{1}{2}(x^2+y^2)}]\mathrm{d}x\mathrm{d}y$,其中 D 是由直线 $y=x,y=-1,x=1$ 围成的平面区域.

解 积分区域 D(图 8-15),并作辅助线,将 D 分成 D_1,D_2,D_3,D_4. 由于 D_1+D_2 关于 x 轴对称,且在 D_1+D_2 上,$f(x,y)=y[1+x\mathrm{e}^{\frac{1}{2}(x^2+y^2)}]$关于 y 为奇函数,于是 $\iint_{D_1+D_2} y[1+x\mathrm{e}^{\frac{1}{2}(x^2+y^2)}]\mathrm{d}x\mathrm{d}y=0$. 故

$$\begin{aligned}I&=\iint_D y[1+x\mathrm{e}^{\frac{1}{2}(x^2+y^2)}]\mathrm{d}x\mathrm{d}y=\iint_{D_3+D_4} y[1+x\mathrm{e}^{\frac{1}{2}(x^2+y^2)}]\mathrm{d}x\mathrm{d}y\\&=\iint_{D_3+D_4} y\mathrm{d}x\mathrm{d}y+\iint_{D_3+D_4} xy\mathrm{e}^{\frac{1}{2}(x^2+y^2)}\mathrm{d}x\mathrm{d}y,\end{aligned}$$

而 D_3+D_4 关于 y 轴对称,且在 D_3+D_4 上,$f_1(x,y)=y$,$f_2(x,y)=xy\mathrm{e}^{\frac{1}{2}(x^2+y^2)}$分别关于 x 为偶函数、奇函数,于是

$$\iint_{D_3+D_4} y\mathrm{d}x\mathrm{d}y=2\iint_{D_3} y\mathrm{d}x\mathrm{d}y,\ \iint_{D_3+D_4} xy\mathrm{e}^{\frac{1}{2}(x^2+y^2)}\mathrm{d}x\mathrm{d}y=0,$$

因此 $I=2\iint_{D_3} y\mathrm{d}x\mathrm{d}y=2\int_{-1}^{0}\mathrm{d}y\int_{0}^{-y} y\mathrm{d}x=-\dfrac{2}{3}$.

例 6 求两个底圆半径都等于 R 的直交圆柱面所围成的立体的体积.

解 设两圆柱面分别为 $x^2+y^2=R^2$ 及 $x^2+z^2=R^2$. 利用立体关于坐标平面的对称性,只要算出它在第一卦限部分的体积 V_1,然后再乘以 8 即可. 画出立体在第一卦限的图形及此图形在 xOy 面上的投影区域 D 如图 8-16 所示.

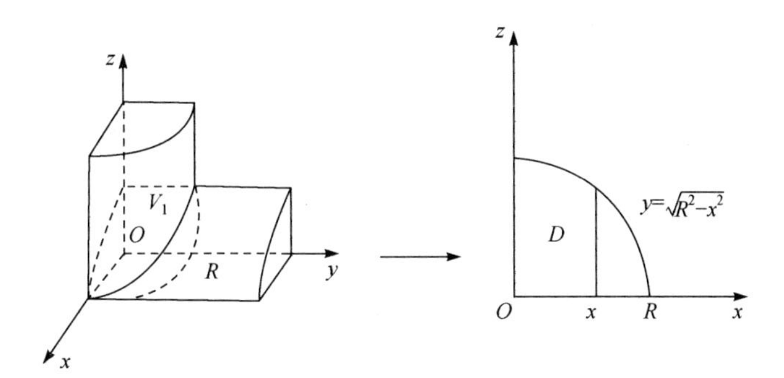

图 8-16

易见，所求立体在第一卦限部分可以看成是一个曲顶柱体，它的底为

$$D=\{(x,y)\mid 0\leqslant y\leqslant \sqrt{R^2-x^2},0\leqslant x\leqslant R\},$$

它的顶是柱面 $z=\sqrt{R^2-x^2}$. 于是，有

$$\begin{aligned}V_1&=\iint\limits_D \sqrt{R^2-x^2}\,\mathrm{d}\sigma=\int_0^R\left[\int_0^{\sqrt{R^2-x^2}}\sqrt{R^2-x^2}\,\mathrm{d}y\right]\mathrm{d}x\\&=\int_0^R\left[\sqrt{R^2-x^2}\,y\Big|_0^{\sqrt{R^2-x^2}}\mathrm{d}x\right]=\int_0^R(R^2-x^2)\mathrm{d}x=\frac{2}{3}R^3.\end{aligned}$$

故所求体积为 $V=8V_1=\dfrac{16}{3}R^3$.

习题 8.2

1. 在直角坐标系下，将二重积分 $\iint\limits_D f(x,y)\mathrm{d}\sigma$ 化为两种不同次序的二次积分，其中积分区域分别为以下形式：

(1) D 是由 $y=x^2$ 与 $y=1$ 围成的闭区域；

(2) D 是由 $y=\sin x$ 与 $y=0(0\leqslant x\leqslant\pi)$ 围成的闭区域；

(3) D 是由 $x^2+y^2=4x$ 围成的闭区域；

(4) D 是由 $x+y=1,x-y=1$ 以及 $x=0$ 围成的闭区域.

2. 计算下列二重积分：

(1) $\iint\limits_D \mathrm{e}^{x+y}\mathrm{d}x\mathrm{d}y$，其中 D 是由 $x=0,x=2,y=0,\ y=1$ 所围成的矩形；

(2) $\iint\limits_D xy\,\mathrm{d}\sigma$，其中 D 是由直线 $y=1,x=2$ 及 $y=x$ 所围成的闭区域；

(3) $\iint\limits_D (x^2-y^2)\mathrm{d}\sigma$，其中 D 是由直线 $y=x,y=2x$ 及 $x=1$ 所围成的闭区域；

(4) $\iint\limits_D xy\,d\sigma$,其中 D 是由抛物线 $y^2=x$ 及直线 $y=x-2$ 所围成的闭区域;

(5) $\iint\limits_D x\sin\dfrac{y}{x}\,d\sigma$,其中 D 是由 $y=x,x=1,y=0$ 所围成的闭区域;

(6) $\iint\limits_D \dfrac{\sin y}{y}\,d\sigma$,其中 D 是由 $y=x,x=0,y=\dfrac{\pi}{2},y=\pi$ 所围成的区域;

(7) $\iint\limits_D y\sqrt{1+x^2-y^2}\,d\sigma$, 其中 D 是由直线 $y=x,x=-1$ 和 $y=1$ 所围成的闭区域;

(8) $\iint\limits_D |y-x^2|\,dxdy$,其中 D 为 $-1\leqslant x\leqslant 1,0\leqslant y\leqslant 1$.

3. 改变积分次序:

(1) $\int_0^1 dy\int_0^{y^2} f(x,y)dx$;　(2) $\int_0^2 dy\int_{\frac{y}{2}}^{y} f(x,y)dx$;

(3) $\int_1^e dx\int_0^{\ln x} f(x,y)dy$;　(4) $\int_0^1 dx\int_0^{\sqrt{2x-x^2}} f(x,y)dy+\int_1^2 dx\int_0^{2-x} f(x,y)dy$.

4. 计算积分 $I=\int_{1/4}^{1/2}dy\int_{1/2}^{\sqrt{y}} e^{\frac{y}{x}}dx+\int_{1/2}^{1}dy\int_{y}^{\sqrt{y}} e^{\frac{y}{x}}dx$.

5. 计算下列二重积分:

(1) $\iint\limits_D x^2y^2\,dxdy$, 其中 D: $|x|+|y|\leqslant 1$;

(2) 计算 $I=\iint\limits_D (xy+1)dxdy$, 其中 D:$4x^2+y^2\leqslant 4$;

(3) $\iint\limits_D y[1+xf(x^2+y^2)]dxdy$,其中积分区域 D 由曲线 $y=x^2$ 与直线 $y=1$ 所围成.

6. 证明

$$\int_0^a dy\int_0^y e^{b(x-a)}f(x)dx=\int_0^a (a-x)e^{b(x-a)}f(x)dx,$$

其中 a,b 均为常数, 且 $a>0$.

7. 设平面薄片所占的闭区域 D 由直线 $x+y=2,y=x$ 和 x 轴所围成,它的面密度 $\rho(x,y)=x^2+y^2$,求该薄片的质量.

8.3 二重积分的换元法

在计算二重积分时,当积分区域的边界曲线在极坐标下表示比较方便,被积函数用极坐标变量表示比较简单时，可以考虑使用极坐标形式计算二重积分.

8.3.1 极坐标系下二重积分的计算

极坐标与直角坐标之间的关系为

$$\begin{cases} x=r\cos\theta, \\ y=r\sin\theta. \end{cases}$$

下面用几何的观点讨论$\iint\limits_D f(x,y)\mathrm{d}\sigma$的计算问题. 在讨论中假定 $f(x,y)\geqslant 0$.

由二重积分的几何意义知，当 $f(x,y)$ 在闭区域 D 上连续且 $f(x,y)\geqslant 0$ 时，$\iint\limits_D f(x,y)\mathrm{d}\sigma$ 表示以 D 为底，以曲面 $z=f(x,y)$ 为顶的曲顶柱体的体积.

在极坐标系下计算二重积分，需将被积函数 $f(x,y)$，积分区域 D 以及面积元素 $\mathrm{d}\sigma$ 都用极坐标来表示. 为了得到极坐标形式下的面积元素 $\mathrm{d}\sigma$，用如下的曲线网划分区域 D，即以极点为圆心，用 $r=$常数的一族同心圆和从 O 点出发，$\theta=$常数的一族射线把积分区域 D 分成 n 个小区域（图 8-17）. 设 $\Delta\sigma_i$ 是介于 r_i 与 $r_i+\Delta r_i$ 以及 θ_i 与 $\theta_i+\Delta\theta_i$ 之间的小闭区域，$\Delta\sigma_i$ 也表示小闭区域的面积. 除包含边界点的一些小闭区域外，小闭区域的面积 $\Delta\sigma_i$ 可计算如下：

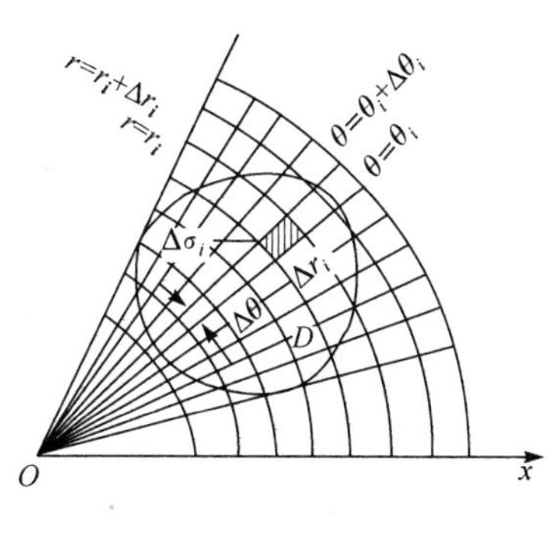

图 8-17

$$\Delta\sigma_i=\frac{1}{2}(r_i+\Delta r_i)^2\Delta\theta_i-\frac{1}{2}r_i^2\Delta\theta_i$$

$$=r_i\Delta r_i\Delta\theta_i+\frac{1}{2}\Delta r_i^2\Delta\theta_i.$$

当 $\Delta r_i,\Delta\theta_i$ 充分小时，即当 $\Delta r_i\to 0,\Delta\theta_i\to 0$ 时，忽略其中比 $\Delta r_i\Delta\theta_i$ 更高阶的无穷小$\frac{1}{2}\Delta r_i^2\Delta\theta_i$，有

$$\Delta\sigma_i\approx r_i\Delta r_i\Delta\theta_i.$$

记 $\xi_i=r_i\cos\theta_i,\eta_i=r_i\sin\theta_i$，点$(\xi_i,\eta_i)\in\Delta\sigma_i$. 又假定 $f(x,y)$在闭区域 D 上连续，那么以小闭区域 $\Delta\sigma_i$ 为底的小曲顶柱体的高变化不大，就取 $f(r_i\cos\theta_i,r_i\sin\theta_i)$ 作为这个小曲顶柱体的高，于是第 i 个小曲顶柱体的体积近似地表示为

$$f(r_i\cos\theta_i,r_i\sin\theta_i)r_i\Delta r_i\Delta\theta_i,$$

从而整个曲顶柱体的体积近似地表示为

$$V\approx\sum_{i=1}^{n}f(r_i\cos\theta_i,r_i\sin\theta_i)r_i\Delta r_i\Delta\theta_i.$$

最后，当 $\lambda\to 0$ 时，

$$V=\iint_D f(x,y)\mathrm{d}x\mathrm{d}y=\lim_{\lambda\to 0}\sum_{i=1}^{n} f(r_i\cos\theta_i,r_i\sin\theta_i)r_i\Delta r_i\Delta\theta_i.$$

于是极坐标系下二重积分的计算公式

$$\iint_D f(x,y)\mathrm{d}x\mathrm{d}y=\iint_D f(r\cos\theta,r\sin\theta)r\mathrm{d}r\mathrm{d}\theta. \tag{8-3-1}$$

计算极坐标系下的二重积分，同样将它化为二次积分，我们按下面三种情况予以说明.

(1) 设积分区域 D (图 8-18)可表示为 $D:\alpha\leqslant\theta\leqslant\beta,r_1(\theta)\leqslant r\leqslant r_2(\theta)$，于是

$$\iint_D f(r\cos\theta,r\sin\theta)r\mathrm{d}r\mathrm{d}\theta=\int_\alpha^\beta\mathrm{d}\theta\int_{r_1(\theta)}^{r_2(\theta)} f(r\cos\theta,r\sin\theta)r\mathrm{d}r. \tag{8-3-2}$$

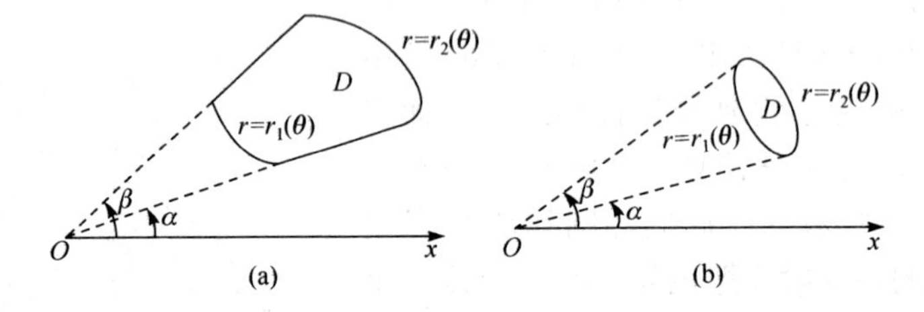

图 8-18

(2) 设积分区域 D (图 8-19)可表示为 $D:\alpha\leqslant\theta\leqslant\beta,0\leqslant r\leqslant r(\theta)$，于是

$$\iint_D f(r\cos\theta,r\sin\theta)r\mathrm{d}r\mathrm{d}\theta=\int_\alpha^\beta\mathrm{d}\theta\int_0^{r(\theta)} f(r\cos\theta,r\sin\theta)r\mathrm{d}r. \tag{8-3-3}$$

(3) 设积分区域 D (图 8-20)可表示为 $D:0\leqslant\theta\leqslant 2\pi,0\leqslant r\leqslant r(\theta)$，于是

$$\iint_D f(r\cos\theta,r\sin\theta)r\mathrm{d}r\mathrm{d}\theta=\int_0^{2\pi}\mathrm{d}\theta\int_0^{r(\theta)} f(r\cos\theta,r\sin\theta)r\mathrm{d}r. \tag{8-3-4}$$

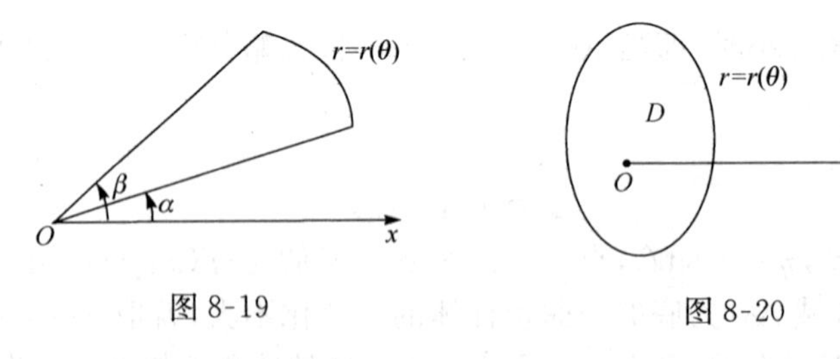

图 8-19　　　　图 8-20

例 1　计算二重积分 $\iint_D \dfrac{\mathrm{d}x\mathrm{d}y}{1+x^2+y^2}$，其中 D 是由 $1\leqslant x^2+y^2\leqslant 4$ 所确定的闭区域.

解　画区域 D(图 8-21),极坐标下可表示为 $1\leqslant r\leqslant 2,0\leqslant\theta\leqslant 2\pi$,故

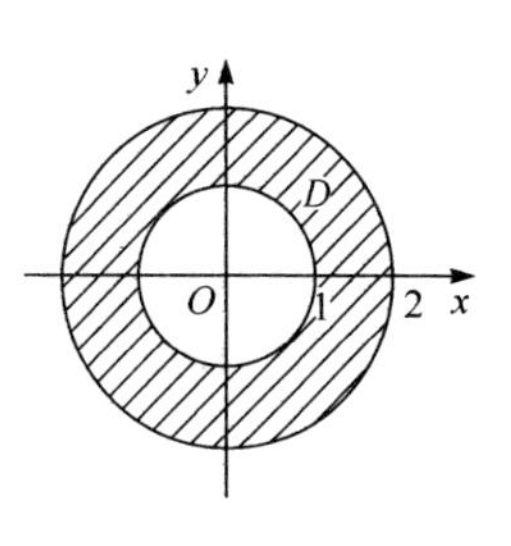

图 8-21

$$\iint\limits_D \frac{\mathrm{d}x\mathrm{d}y}{1+x^2+y^2}=\int_0^{2\pi}\mathrm{d}\theta\int_1^2\frac{r\mathrm{d}r}{1+r^2}=2\pi\times\frac{1}{2}\int_1^2\frac{\mathrm{d}(1+r^2)}{1+r^2}$$
$$=\pi\ln(1+r^2)\Big|_1^2=\pi\ln\frac{5}{2}.$$

例 2　计算 $I=\iint\limits_D|xy|\mathrm{d}\sigma$,其中 D 是由圆 $x^2+y^2=a^2(a>0)$ 所围成的闭区域.

解　设 $D_1=\{(x,y)\mid x^2+y^2\leqslant a^2,x\geqslant 0,y\geqslant 0\}$,根据区域的对称性,利用极坐标计算

$$I=\iint\limits_D|xy|\mathrm{d}\sigma=4\iint\limits_{D_1}xy\mathrm{d}\sigma=4\iint\limits_{D_1}r^3\sin\theta\cos\theta\mathrm{d}r\mathrm{d}\theta$$
$$=4\int_0^{\frac{\pi}{2}}\sin\theta\cos\theta\mathrm{d}\theta\int_0^a r^3\mathrm{d}r=\frac{1}{2}a^4.$$

例 3　(1) 计算 $\iint\limits_D \mathrm{e}^{-(x^2+y^2)}\mathrm{d}\sigma$,其中 D 是由圆 $x^2+y^2=R^2$ 所围成的区域;

(2) 求概率积分 $I=\int_0^{+\infty}\mathrm{e}^{-x^2}\mathrm{d}x$.

解　(1) 在极坐标系下,积分区域 D 的积分限为 $0\leqslant\theta\leqslant 2\pi,0\leqslant r\leqslant R$,于是

$$\iint\limits_D \mathrm{e}^{-(x^2+y^2)}\mathrm{d}\sigma=\int_0^{2\pi}\mathrm{d}\theta\int_0^R\mathrm{e}^{-r^2}r\mathrm{d}r=2\pi\int_0^R\mathrm{e}^{-r^2}r\mathrm{d}r$$
$$=-\pi\int_0^R\mathrm{e}^{-r^2}\mathrm{d}(-r^2)=-\pi\mathrm{e}^{-r^2}\Big|_0^R=\pi(1-\mathrm{e}^{-R^2}).$$

本题如果用直角坐标来计算,由于积分 $\int\mathrm{e}^{-x^2}\mathrm{d}x$ 不能用初等函数表示,所以积不出来.

下面利用本题结论计算一个在概率论中常常用到的反常积分.

(2) 设

$$D_1=\{(x,y)\mid x^2+y^2\leqslant R^2,x\geqslant 0,y\geqslant 0\},$$
$$D_2=\{(x,y)\mid x^2+y^2\leqslant 2R^2,x\geqslant 0,y\geqslant 0\},$$
$$S=\{(x,y)\mid 0\leqslant x\leqslant R,0\leqslant y\leqslant R\}.$$

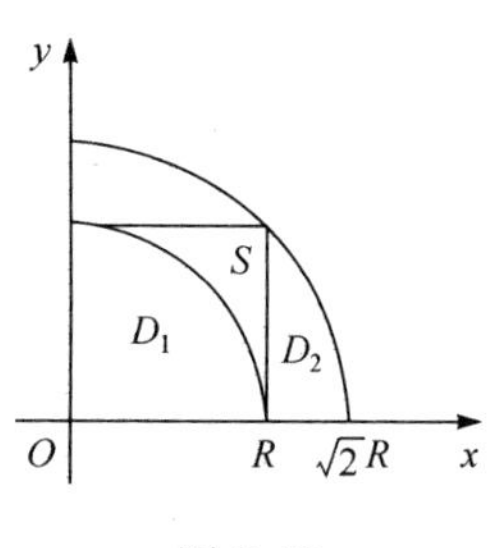

图 8-22

显然,$D_1\subset S\subset D_2$(图 8-22),由于 $\mathrm{e}^{-(x^2+y^2)}>0$,所以

$$\iint\limits_{D_1}\mathrm{e}^{-(x^2+y^2)}\mathrm{d}x\mathrm{d}y<\iint\limits_S\mathrm{e}^{-(x^2+y^2)}\mathrm{d}x\mathrm{d}y<\iint\limits_{D_2}\mathrm{e}^{-(x^2+y^2)}\mathrm{d}x\mathrm{d}y.$$

根据(1)的结果,即有

$$\frac{\pi}{4}(1-e^{-R^2})<\iint\limits_S e^{-(x^2+y^2)}dxdy<\frac{\pi}{4}(1-e^{-2R^2}),$$

而

$$\iint\limits_S e^{-(x^2+y^2)}dxdy=\int_0^R e^{-x^2}dx\int_0^R e^{-y^2}dy=\left(\int_0^R e^{-x^2}dx\right)\left(\int_0^R e^{-y^2}dy\right)=\left(\int_0^R e^{-x^2}dx\right)^2,$$

又由于

$$\lim_{R\to+\infty}\frac{\pi}{4}(1-e^{-R^2})=\frac{\pi}{4},\lim_{R\to+\infty}\frac{\pi}{4}(1-e^{-2R^2})=\frac{\pi}{4}.$$

利用夹逼定理,得

$$\left(\int_0^{+\infty}e^{-x^2}dx\right)^2=\frac{\pi}{4},$$

故所求概率积分

$$I=\int_0^{+\infty}e^{-x^2}dx=\frac{\sqrt{\pi}}{2}.$$

例 4 求球体 $x^2+y^2+z^2\leqslant 4a^2$ 被圆柱面 $x^2+y^2=2ax(a>0)$ 所截得的(含在圆柱面内的部分)立体的体积.

解 如图 8-23 所示,由对称性,有

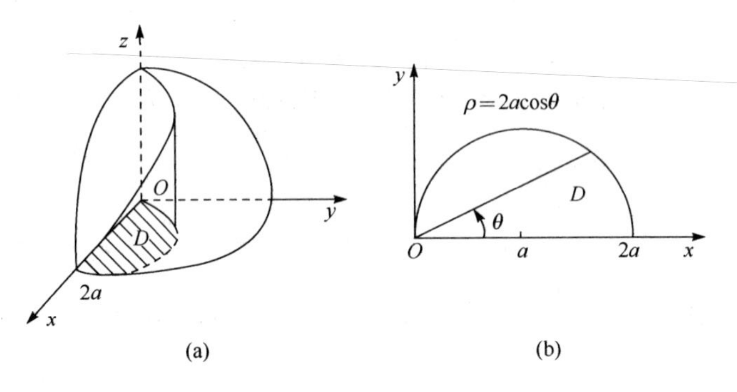

图 8-23

$$V=4\iint\limits_D\sqrt{4a^2-x^2-y^2}\,dxdy,$$

其中 D 为半圆周 $y=\sqrt{2ax-x^2}$ 及 x 轴所围成的闭区域.

在极坐标系中,积分区域 D:$0\leqslant\theta\leqslant\frac{\pi}{2}$,$0\leqslant r\leqslant 2a\cos\theta$,则有

$$V=4\iint\limits_D\sqrt{4a^2-r^2}\,r\mathrm{d}r\mathrm{d}\theta=4\int_0^{\frac{\pi}{2}}d\theta\int_0^{2a\cos\theta}\sqrt{4a^2-r^2}\,r\mathrm{d}r$$

$$=\frac{32}{3}a^3\int_0^{\frac{\pi}{2}}(1-\sin^3\theta)d\theta=\frac{32}{3}a^3\left(\frac{\pi}{2}-\frac{2}{3}\right).$$

*8.3.2 二重积分的换元法

在定积分的计算中,换元积分法是一种十分有效的方法.在二重积分的计算中,同样可以通过变量代换,使某些二重积分得到简化.如上面的极坐标变换,$x=r\cos\theta, y=r\sin\theta$,就是二重积分换元法的一种特殊形式.在实际中,有时还需要对二重积分作其他的变量代换来化简计算.下面的定理给出作一般变量代换时二重积分的计算公式.

定理 设 $f(x,y)$ 在 xOy 平面上的有界闭区域 D 上连续,如果变换

$$T: x=x(u,v), y=y(u,v)$$

将 uOv 平面上的闭区域 D' 变为 xOy 平面上的闭区域 D,函数 $x=x(u,v), y=y(u,v)$ 在 D' 上具有一阶连续偏导数,并且雅可比行列式

$$J=\frac{\partial(x,y)}{\partial(u,v)}=\begin{vmatrix}\dfrac{\partial x}{\partial u} & \dfrac{\partial x}{\partial v}\\ \dfrac{\partial y}{\partial u} & \dfrac{\partial y}{\partial v}\end{vmatrix}\neq 0,$$

则有

$$\iint\limits_D f(x,y)\mathrm{d}x\mathrm{d}y=\iint\limits_{D'} f[x(u,v),y(u,v)]\,|J(u,v)|\,\mathrm{d}u\mathrm{d}v, \tag{8-3-5}$$

此公式称为二重积分的换元公式,这个定理的证明比较烦琐,证明从略.

注 如果雅可比行列式只在 D' 内个别点处,或一条曲线上为零,而在其他点上均不为零,那么换元公式依然成立.

一般地,使用二重积分的换元公式的原则有两条:

(1) 变换后的积分区域比较简单;

(2) 变换后的被积函数容易积分.

作为二重积分换元法的一种应用,可以验证,在极坐标变换 $x=r\cos\theta$, $y=r\sin\theta$ 下,其雅可比行列式为 $J=\dfrac{\partial(x,y)}{\partial(r,\theta)}=\begin{vmatrix}\dfrac{\partial x}{\partial r} & \dfrac{\partial x}{\partial \theta}\\ \dfrac{\partial y}{\partial r} & \dfrac{\partial y}{\partial \theta}\end{vmatrix}=\begin{vmatrix}\cos\theta & -r\sin\theta\\ \sin\theta & r\cos\theta\end{vmatrix}=r$,

因此,由二重积分的换元公式,立即可得极坐标下的二重积分的计算公式.

例 5 计算 $\iint\limits_D xy\,\mathrm{d}\sigma$,其中 D 为由曲线 $xy=1, xy=2, y=x, y=4x\ (x>0, y>0)$ 所围成的闭区域.

解 由图 8-24 可见,如果采用直角坐标直接计算这个积分,必须将积分区域 D 分成三个部分区域来进行,不是很简便.为了将积分区域变化为一种简单区域,采用下列变换:

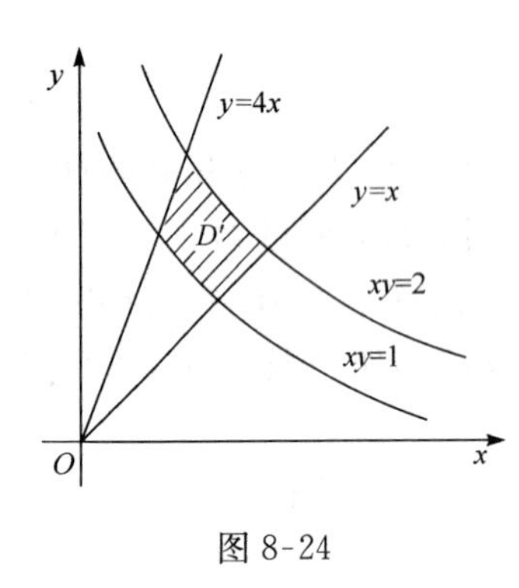

图 8-24

$$u=xy,\quad v=\frac{y}{x}$$

在此变换下,积分区域 D 的边界曲线变成了 $u=1$, $u=2$, $v=1$, $v=4$,新的积分域为

$$D'=\{(u,v)\mid 1\leqslant u\leqslant 2, 1\leqslant v\leqslant 4\},$$

其雅可比行列式

$$\frac{\partial(x,y)}{\partial(u,v)}=\frac{1}{\dfrac{\partial(u,v)}{\partial(x,y)}}=\frac{1}{\begin{vmatrix} y & x \\ -\dfrac{y}{x^2} & \dfrac{1}{x}\end{vmatrix}}=\frac{x}{2y}=\frac{1}{2v},$$

从而,由换元公式有 $\iint\limits_D xy\,\mathrm{d}\sigma=\iint\limits_D u\cdot\frac{1}{2v}\mathrm{d}u\mathrm{d}v=\frac{1}{2}\int_1^4\frac{1}{v}\mathrm{d}v\int_1^2 u\mathrm{d}u=\frac{3}{2}\ln 2.$

例 6　计算 $\iint\limits_D\sqrt{1-\frac{x^2}{a^2}-\frac{y^2}{b^2}}\mathrm{d}\sigma$,其中 D 为椭圆 $\frac{x^2}{a^2}+\frac{y^2}{b^2}=1$ 所围成的闭区域.

解　作广义极坐标变换

$$\begin{cases} x=ar\cos\theta, \\ y=br\sin\theta. \end{cases}$$

在这种变换下,变换后与 D 对应的闭区域是 D': $0\leqslant r\leqslant 1$, $0\leqslant\theta\leqslant 2\pi$,其雅可比行列式

$$J=\frac{\partial(x,y)}{\partial(r,\theta)}=abr,$$

雅可比行列式 J 在 D' 内仅在 $r=0$ 处为零,故换元公式仍然成立,从而有

$$\iint\limits_D\sqrt{1-\frac{x^2}{a^2}-\frac{y^2}{b^2}}\mathrm{d}\sigma=\iint\limits_D\sqrt{1-r^2}\cdot abr\,\mathrm{d}r\mathrm{d}\theta=\frac{2}{3}\pi ab.$$

注　$\iint\limits_D\sqrt{1-\frac{x^2}{a^2}-\frac{y^2}{b^2}}\mathrm{d}\sigma$ 表示椭球体 $\frac{x^2}{a^2}+\frac{y^2}{b^2}+z^2=1$ 上半部分的体积.

习题 8.3

1. 把下列二次积分化为极坐标形式,并计算积分值:

(1) $\int_0^a\mathrm{d}y\int_0^{\sqrt{a^2-y^2}}\sqrt{x^2+y^2}\mathrm{d}x$;　　(2) $\int_0^1\mathrm{d}x\int_{x^2}^x\frac{1}{\sqrt{x^2+y^2}}\mathrm{d}y$.

2. 计算下列二重积分:

(1) $\iint\limits_D\sqrt{x^2+y^2}\mathrm{d}x\mathrm{d}y$,其中 D 是由 $a^2\leqslant x^2+y^2\leqslant b^2(0<a<b)$ 所确定的圆环域;

(2) $\iint\limits_{D}\frac{\sin(\pi\sqrt{x^2+y^2})}{\sqrt{x^2+y^2}}\mathrm{d}\sigma$，其中 D 是由 $1\leqslant x^2+y^2\leqslant 4$ 所确定的圆环域；

(3) $\iint\limits_{D}\ln(1+x^2+y^2)\mathrm{d}\sigma$，其中 D 是由 $x^2+y^2=1$ 及坐标轴围成的第一象限的闭区域；

(4) $\iint\limits_{D}\arctan\frac{y}{x}\mathrm{d}\sigma$，其中 D 是由 $x^2+y^2=1, x^2+y^2=4$ 与直线 $y=0, y=x$ 围成的在第一象限内的闭区域.

3. 选用适当的坐标计算二重积分：

(1) $\iint\limits_{D}x^2\mathrm{d}\sigma$，其中 D 是由曲线 $y=x^2$ 及 $y=2-x^2$ 所围成的平面区域；

(2) $\iint\limits_{D}x\cos(x+y)\mathrm{d}\sigma$，其中 D 是以 $(0,0)$，$(\pi,0)$，(π,π) 为顶点的三角形闭区域；

(3) $\iint\limits_{D}\frac{y^2}{x^2}\mathrm{d}\sigma$，其中 D 是由曲线 $x^2+y^2=2x$ 所围成的平面区域；

(4) $\iint\limits_{D}(x^2+y^2)\mathrm{d}\sigma$，其中 D 是由圆 $x^2+y^2=2x$，$x^2+y^2=4x$ 所围成的两圆之间的平面闭区域.

*4. 用适当的变量代换，计算下列二重积分：

(1) $\iint\limits_{D}\sqrt{xy}\,\mathrm{d}x\mathrm{d}y$，其中 D 是由曲线 $xy=1, xy=2, y=x, y=4x(x>0, y>0)$ 所围成的区域；

(2) $\iint\limits_{D}\mathrm{e}^{\frac{y-x}{y+x}}\mathrm{d}x\mathrm{d}y$，其中 D 是由 x 轴、y 轴和直线 $x+y=2$ 所围成的闭区域；

(3) $\iint\limits_{D}\sin(9x^2+4y^2)\mathrm{d}x\mathrm{d}y$，其中 D 是椭圆形闭区域 $9x^2+4y^2\leqslant 1$ 位于第一象限的部分.

复习题 8

1. 填空题.

(1) 设 $D: a\leqslant x\leqslant b, 0\leqslant y\leqslant 1$，且 $\iint\limits_{D}yf(x)\mathrm{d}x\mathrm{d}y=1$，则 $\int_a^b f(x)\mathrm{d}x=$ ________.

(2) 积分 $\iint\limits_{|x|+|y|\leqslant 1}(x+y)^2\mathrm{d}x\mathrm{d}y=$ ________.

(3) 设 $D:|x|\leqslant\pi|y|\leqslant 1$. 则 $\iint\limits_D(x-\sin y)\mathrm{d}\sigma$ 等于__________.

(4) 设 $f(x)$ 为连续函数, $F(t)=\int_1^t\mathrm{d}y\int_y^t f(x)\mathrm{d}x$, 则 $F'(2)$ __________.

(5) 设 D 为中心在原点, 以为 r 半径的圆域, 则 $\lim\limits_{r\to 0}\frac{1}{\pi r^2}\iint\limits_D \mathrm{e}^{x^2-y^2}\cos(x+y)\mathrm{d}x\mathrm{d}y=$ __________.

2. 选择题.

(1) 设 $f(x,y)$ 是连续函数, 则 $\int_0^a\mathrm{d}x\int_0^x f(x,y)\mathrm{d}y=$ (　　).

(A) $\int_0^a\mathrm{d}y\int_0^y f(x,y)\mathrm{d}x$　　(B) $\int_0^a\mathrm{d}y\int_y^a f(x,y)\mathrm{d}x$

(C) $\int_0^a\mathrm{d}y\int_a^y f(x,y)\mathrm{d}x$　　(D) $\int_0^a\mathrm{d}y\int_x^a f(x,y)\mathrm{d}x$

(2) 二次积分 $\int_0^2\mathrm{d}x\int_0^{x^2} f(x,y)\mathrm{d}y$ 写成另一种次序的积分是(　　).

(A) $\int_0^4\mathrm{d}y\int_{\sqrt{y}}^2 f(x,y)\mathrm{d}x$　　(B) $\int_0^4\mathrm{d}y\int_0^{\sqrt{y}} f(x,y)\mathrm{d}x$

(C) $\int_0^4\mathrm{d}y\int_{x^2}^2 f(x,y)\mathrm{d}x$　　(D) $\int_0^4\mathrm{d}y\int_2^{\sqrt{y}} f(x,y)\mathrm{d}x$

(3) 设 $D:1\leqslant x^2+y^2\leqslant 2^2$, f 是 D 上的连续函数, 则二重积分 $\iint\limits_D f(\sqrt{x^2+y^2})\mathrm{d}x\mathrm{d}y$ 在极坐标下等于(　　).

(A) $2\pi\int_1^2 rf(r^2)\mathrm{d}r$　　(B) $2\pi\left[\int_0^2 rf(r)\mathrm{d}r-\int_0^1 rf(r)\mathrm{d}r\right]$

(C) $2\pi\int_1^2 rf(r)\mathrm{d}r$　　(D) $2\pi\left[\int_0^2 rf(r)\mathrm{d}r-\int_0^1 rf(r^2)\mathrm{d}r\right]$

(4) $\iint\limits_{1\leqslant x^2+y^2\leqslant 4}\frac{\sin\pi\sqrt{x^2+y^2}}{\sqrt{x^2+y^2}}\mathrm{d}x\mathrm{d}y$ 的值(　　).

(A) 为正　　(B) 为负　　(C) 等于0　　(D) 不能确定

(5) $f(u)$ 连续且严格单调递减, $I_1=\iint\limits_{x^2+y^2\leqslant 1} f\left(\frac{1}{1+\sqrt{x^2+y^2}}\right)\mathrm{d}\sigma$, $I_2=\iint\limits_{x^2+y^2\leqslant 1} f\left(\frac{1}{1+\sqrt[3]{x^2+y^2}}\right)\mathrm{d}\sigma$, 则有(　　).

(A) $I_1>I_2$　　(B) $I_1<I_2$　　(C) $I_1=\frac{2}{3}I_2$　　(D) I_1 与 I_2 大小不确定

3. 交换积分次序：

(1) $\int_0^1 dx\int_0^{1-x} f(x,y)dy$；　　(2) $\int_0^1 dx\int_{x^2}^{x} f(x,y)dy$；

(3) $\int_0^{2a} dx\int_{\sqrt{2ax-x^2}}^{\sqrt{2ax}} f(x,y)dy\ (a>0)$.

4. 求下列二重积分：

(1) $\iint\limits_D \frac{y}{x}dxdy$，其中 D 是由 $y=2x,y=x,x=2,x=4$ 所围成平面区域；

(2) $\iint\limits_D \frac{x}{y+1}dxdy$，其中 D 是由 $y=x^2+1,y=2x,x=0$ 所围成的平面区域；

(3) $\iint\limits_D \sin\sqrt{x^2+y^2}d\sigma$，其中 D：$\pi\leqslant x^2+y^2\leqslant 4\pi^2$；

(4) $\iint\limits_D |x^2+y^2-4|d\sigma$，其中 D：$x^2+y^2\leqslant 9$.

5. 计算二次积分 $I=\int_0^{\frac{R}{\sqrt{2}}} e^{-y^2}dy\int_0^y e^{-x^2}dx+\int_{\frac{R}{\sqrt{2}}}^{R} e^{-y^2}dy\int_0^{\sqrt{R^2-y^2}} e^{-x^2}dx$.

6. 计算$\iint\limits_D e^{y^2}dxdy$，其中 D 是由 $y=x,y=1$ 及 y 轴所围的闭区域.

7. 计算二重积分$\iint\limits_D e^{\max\{x^2,y^2\}}dxdy$ 其中 $D=\{(x,y)\,|\,0\leqslant x\leqslant 1,0\leqslant y\leqslant 1\}$.

8. 设 $f(x)$ 在区间$[0,1]$上连续，证明：$\int_0^1 dy\int_0^{\sqrt{y}} e^y f(x)dx=\int_0^1 (e-e^{x^2})f(x)dx$.

9. 设函数 $f(x)$ 在区间$[0,1]$上连续，并设$\int_0^1 f(x)dx=A$，求$\int_0^1 dx\int_x^1 f(x)f(y)dy$.

10. 设 $f(x,y)$ 连续，且 $f(x,y)=xy+\iint\limits_D f(u,v)dudv$，其中 D 是由 $y=0$，$y=x^2,x=1$ 围成的区域，求 $f(x,y)$.

11. 求$\iint\limits_D(\sqrt{x^2+y^2}+y)d\sigma$ 其中 D 是由 $x^2+y^2=4$ 和 $(x+1)^2+y^2=1$ 围成的平面区域.

12. 计算二重积分$\iint\limits_D \frac{1-x^2-y^2}{1+x^2+y^2}d\sigma$ 其中 $D=\{(x,y)\,|\,x^2+y^2\leqslant 1,x\geqslant 0,y\geqslant 0\}$.

13. 设 $f(x)$ 在区间$[a,b]$上连续，且 $f(x)>0$，试证明

$$\int_a^b f(x)dx\int_a^b \frac{1}{f(x)}dx\geqslant(b-a)^2.$$

第9章

无穷级数

Infinite Series

微积分的发展与无穷级数的研究密不可分，它们在方法和理论上是共同发展和成熟起来的. 作为高等数学的重要内容之一，无穷级数在自然科学及工程技术中有着重要而广泛的应用. 本章首先介绍常数项级数及其收敛问题；然后讨论幂级数及其收敛半径、收敛区间的求法；最后讨论函数的幂级数的展开问题.

9.1 数项级数的概念和性质

9.1.1 数项级数及其敛散性

定义 1 给定数列$\{u_n\}$，则表达式

$$u_1 + u_2 + \cdots + u_n + \cdots = \sum_{n=1}^{\infty} u_n \tag{9-1-1}$$

称为一个无穷级数，简称为级数. 其中 u_n 称为该级数的通项或一般项 (general term). 若级数(9-1-1) 的每一项 u_n 都为常数，则称该级数为常数项级数(series with constant terms)，或称数项级数；若级数(9-1-1) 的每一项 $u_n = u_n(x)$，则称 $\sum\limits_{n=1}^{\infty} u_n(x)$ 为函数项级数. 记 $s_n = u_1 + u_2 + \cdots + u_n = \sum\limits_{k=1}^{n} u_k, n = 1,2,\cdots$，称 s_n 为级数(9-1-1) 的前 n 项部分和(sum)，称数列$\{s_n\}$ 为级数(9-1-1) 的部分和数列。

定义 2 若级数$\sum\limits_{n=1}^{\infty} u_n$ 的部分和数列$\{s_n\}$ 的极限存在，且等于 s，即

$$\lim_{n\to\infty} s_n = s,$$

则称级数$\sum\limits_{n=1}^{+\infty} u_n$ 收敛 (convergence)，s 称为级数的和. 并记为 $s = \sum\limits_{n=1}^{\infty} u_n$，这时也称该级数收敛于 s. 若部分和数列的极限不存在，就称级数$\sum\limits_{n=1}^{\infty} u_n$ 发散(divergence).

例 1　试讨论等比级数(或几何级数)

$$\sum_{n=1}^{\infty} ar^{n-1} = a + ar + ar^2 + \cdots + ar^n + \cdots \ (a \neq 0)$$

的敛散性,其中 r 称为该级数的公比.

解　根据等比数列的求和公式可知,当 $r\neq 1$ 时,所给级数的部分和

$$s_n = \frac{a(1-r^n)}{1-r}.$$

于是,当 $|r|<1$ 时,

$$\lim_{n\to\infty} s_n = \lim_{n\to\infty}\frac{a(1-r^n)}{1-r} = \frac{a}{1-r}.$$

由定义 2 知,该等比级数收敛,其和 $s=\frac{a}{1-r}$. 即

$$\sum_{n=1}^{\infty} ar^{n-1} = \frac{a}{1-r},\quad |r|<1.$$

当 $|r|>1$ 时,

$$\lim_{n\to\infty} s_n = \lim_{n\to\infty}\frac{a(1-r^n)}{1-r} = \infty,$$

所以该等比级数发散.

当 $r=1$ 时,

$$s_n = na \to \infty \ (n\to\infty),$$

因此该等比级数发散.

当 $r=-1$ 时,

$$s_n = a - a + a - \cdots + (-1)^{n+1}a = \begin{cases} 0, & n\text{ 为偶数}, \\ a, & n\text{ 为奇数}. \end{cases}$$

部分和数列的极限不存在,故该等比级数发散.

综上所述可知:等比级数 $\sum_{n=1}^{\infty} ar^{n-1}$,当公比 $|r|<1$ 时收敛;当公比 $|r|\geqslant 1$ 时发散.

例 2　证明调和级数 $\sum_{n=1}^{\infty}\frac{1}{n} = 1+\frac{1}{2}+\frac{1}{3}+\cdots+\frac{1}{n}+\cdots$ 发散.

证明　对任意自然数 n,有

$$\begin{aligned} s_{2n} - s_n &= \frac{1}{n+1}+\frac{1}{n+2}+\cdots+\frac{1}{2n} \\ &\geqslant \underbrace{\frac{1}{2n}+\frac{1}{2n}+\cdots+\frac{1}{2n}}_{n\text{个}} \\ &= \frac{1}{2}. \end{aligned}$$

于是

$$s_2-s_1\geqslant\frac{1}{2},$$

$$s_4-s_2\geqslant\frac{1}{2},$$

$$s_8-s_4\geqslant\frac{1}{2},$$

$$\cdots\cdots$$

$$s_{2^n}-s_{2^{n-1}}\geqslant\frac{1}{2},$$

将上面 n 个不等式左右两端分别相加,得

$$s_{2^n}-s_1\geqslant\frac{n}{2},$$

这样,$\lim\limits_{n\to\infty}s_{2^n}$ 不存在,从而$\lim\limits_{n\to\infty}s_n$ 也不存在. 即调和级数$\sum\limits_{n=1}^{\infty}\frac{1}{n}$ 发散.

例 3 判别无穷级数 $\frac{1}{1\cdot 2}+\frac{1}{2\cdot 3}+\cdots+\frac{1}{n\cdot(n+1)}+\cdots$ 的敛散性.

解 由于 $u_n=\frac{1}{n(n+1)}=\frac{1}{n}-\frac{1}{n+1}$, 因此

$$s_n=u_1+u_2+\cdots+u_n=\left(\frac{1}{1}-\frac{1}{2}\right)+\left(\frac{1}{2}-\frac{1}{3}\right)+\cdots+\left(\frac{1}{n}-\frac{1}{n+1}\right)=1-\frac{1}{n+1},$$

因 $\lim\limits_{n\to\infty}s_n=\lim\limits_{n\to\infty}\left(1-\frac{1}{n+1}\right)=1$, 故级数$\sum\limits_{n=1}^{\infty}u_n$ 收敛.

9.1.2 数项级数的基本性质

根据数项级数收敛性的概念,可以得出如下的基本性质.

性质 1(级数收敛的必要条件) 若$\sum\limits_{n=1}^{\infty}u_n$ 收敛, 则$\lim\limits_{n\to\infty}u_n=0$.

证明 由于$\sum\limits_{n=1}^{\infty}u_n$ 收敛,所以部分和数列$\{s_n\}$收敛,故

$$u_n=s_n-s_{n-1}\to s-s=0,\quad n\to\infty.$$

注 1 $\lim\limits_{n\to\infty}u_n=0$ 仅是级数收敛的必要条件. 例如, $u_n=\frac{1}{n}\to 0(n\to\infty)$,但调和级数$\sum\limits_{n=1}^{\infty}\frac{1}{n}$ 是发散的(见例 2).

注 2 由级数收敛的必要条件可知:若$\lim\limits_{n\to\infty}u_n\neq 0$, 则级数$\sum\limits_{n=1}^{\infty}u_n$ 发散. 例如,级数

$$\sum_{n=1}^{\infty} u_n = 1+1+1+1+\cdots$$

是发散的.

性质 2　若 $\sum\limits_{n=1}^{\infty} u_n$ 收敛，λ 为常数，则 $\sum\limits_{n=1}^{\infty} \lambda u_n$ 收敛，且

$$\sum_{n=1}^{\infty} \lambda u_n = \lambda \sum_{n=1}^{\infty} u_n.$$

证明　$w_n = \sum\limits_{k=1}^{n} \lambda u_k = \lambda \sum\limits_{k=1}^{n} u_k = \lambda s_n \to \lambda s,\ n \to \infty.$

性质 3　若 $\sum\limits_{n=1}^{\infty} u_n$ 与 $\sum\limits_{n=1}^{\infty} v_n$ 收敛，则 $\sum\limits_{n=1}^{\infty} (u_n \pm v_n)$ 收敛，且

$$\sum_{n=1}^{\infty} (u_n \pm v_n) = \sum_{n=1}^{\infty} u_n \pm \sum_{n=1}^{\infty} v_n.$$

证明　设 $\sum\limits_{k=1}^{n} u_k = s_n$，$\sum\limits_{k=1}^{n} v_k = t_n$，则

$$w_n = \sum_{k=1}^{n} (u_k \pm v_k) = \sum_{k=1}^{n} u_k \pm \sum_{k=1}^{n} v_k = s_n \pm t_n \to s \pm t,\ n \to \infty.$$

性质 4　若 $\sum\limits_{n=1}^{\infty} u_n = s$，则将级数的项任意加括号后所成的级数 $\sum\limits_{n=1}^{\infty} \sigma_n = s$. 反之不然.

性质 5　在一个级数中增加或删去有限项不改变该级数的敛散性.

例 4　判断级数 $\sum\limits_{n=1}^{\infty} \left(1+\dfrac{1}{n}\right)^n$ 的敛散性.

证明　由于 $\lim\limits_{n\to\infty} \left(\dfrac{n+1}{n}\right)^n = \mathrm{e}$，

所以该级数发散.

例 5　证明级数 $\sum\limits_{n=1}^{\infty} \dfrac{2n-1}{2^n}$ 收敛，并求其和.

证明　注意到

$$\frac{2n-1}{2^n} = \frac{2n+1}{2^{n-1}} - \frac{2n+3}{2^n},$$

所以

$$\begin{aligned} s_n &= \sum_{k=1}^{n} \frac{2n-1}{2^n} = \sum_{k=1}^{n} \left(\frac{2n+1}{2^{n-1}} - \frac{2n+3}{2^n} \right) \\ &= 3 - \frac{2n+3}{2^n}, \end{aligned}$$

由于$\frac{2n+3}{2^n}\to 0(n\to\infty)$,因此$s_n\to 3(n\to\infty)$. 故原级数收敛，和为3.

习题9.1

1. 写出下列级数的前五项：

(1) $\sum_{n=1}^{\infty}\frac{1}{n(n+1)}$；　　(2) $\sum_{n=1}^{\infty}(-1)^{n-1}\frac{1}{n}$；

(3) $\sum_{n=1}^{\infty}\frac{n!}{n^n}$；　　(4) $\sum_{n=1}^{\infty}\frac{1\cdot 3\cdot\cdots\cdot(2n-1)}{2\cdot 4\cdot\cdots\cdot(2n)}$.

2. 写出下列级数的一般项：

(1) $1+\frac{1}{3}+\frac{1}{5}+\frac{1}{7}+\cdots$；　　(2) $-\frac{1}{2}+0+\frac{1}{4}+\frac{2}{5}+\frac{3}{6}+\cdots$；

(3) $\frac{\sqrt{x}}{2}+\frac{x}{2\cdot 4}+\frac{x\sqrt{x}}{2\cdot 4\cdot 6}+\frac{x^2}{2\cdot 4\cdot 6\cdot 8}+\cdots$；　(4) $\frac{a^2}{3}-\frac{a^3}{5}+\frac{a^4}{7}-\frac{a^5}{9}+\cdots$.

3. 已知级数$\sum_{n=1}^{\infty}u_n$的前n项的部分和$s_n=\frac{8^n-1}{7\times 8^{n-1}}$，求这个级数.

4. 证明级数$1+2+3+\cdots+n+\cdots$是发散的.

5. 利用无穷级数收敛与发散的定义,判别下列级数的敛散性：

(1) $\sum_{n=1}^{\infty}(\sqrt[2n+1]{a}-\sqrt[2n-1]{a})$,其中$a>0$；

(2) $\sum_{n=1}^{\infty}\frac{1}{n(n+1)(n+2)}$；

(3) $\sum_{n=1}^{\infty}(\sqrt{n+1}-\sqrt{n})$；

(4) $\sum_{n=1}^{\infty}\frac{1}{(2n-1)(2n+1)}$.

6. 利用无穷级数的基本性质,以及几何级数、调和级数的敛散性,判别下列级数的敛散性：

(1) $\frac{1}{3}+\frac{1}{\sqrt{3}}+\frac{1}{\sqrt[3]{3}}+\frac{1}{\sqrt[4]{3}}+\cdots$；　　(2) $\frac{1}{3}+\frac{1}{6}+\frac{1}{9}+\frac{1}{12}+\cdots$；

(3) $\frac{3}{2}+\frac{3^2}{2^2}+\frac{3^3}{2^3}+\cdots$；　　(4) $\frac{1}{4}+\frac{1}{5}+\frac{1}{6}+\frac{1}{7}+\cdots$；

(5) $-\frac{8}{9}+\frac{8^2}{9^2}-\frac{8^3}{9^3}+\cdots$；

(6) $\left(\frac{1}{2}+\frac{1}{3}\right)+\left(\frac{1}{2^2}+\frac{1}{3^2}\right)+\left(\frac{1}{2^3}+\frac{1}{3^3}\right)+\cdots$.

7. 判别下列级数的敛散性：

(1) $\sum\limits_{n=1}^{\infty}\frac{1}{2^n}$；　(2) $\sum\limits_{n=1}^{\infty}\frac{1}{\left(1+\frac{1}{n}\right)^n}$；　(3) $\sum\limits_{n=1}^{\infty}n\sin\frac{\pi}{n}$；　(4) $\sum\limits_{n=1}^{\infty}\frac{1}{4n}$；

(5) $1+\frac{1}{2}+\cdots+\frac{1}{100}+\frac{1}{2}+\frac{1}{2^2}+\cdots+\frac{1}{2^n}+\cdots$；

(6) $\left(1+\frac{1}{2}\right)+\left(\frac{1}{2}+\frac{1}{2^2}\right)+\left(\frac{1}{3}+\frac{1}{2^3}\right)+\cdots+\left(\frac{1}{n}+\frac{1}{2^n}\right)+\cdots$.

8. 设级数 $\sum\limits_{n=1}^{\infty}u_n$ 收敛，$\sum\limits_{n=1}^{\infty}v_n$ 发散，证明级数 $\sum\limits_{n=1}^{\infty}(u_n+v_n)$ 发散.

9. 一皮球从距离地面 6m 处垂直下落，假设每次从地面反弹后所达到的高度是前一次高度的 $\frac{1}{3}$，求皮球所经过的路程.

9.2　正项级数及其敛散性判别法

定义 1　若 $u_n \geqslant 0(n=1,2,\cdots)$，则称级数 $\sum\limits_{n=1}^{\infty}u_n$ 为正项级数 (series of positive terms).

正项级数是数项级数中比较简单，但又很重要的一种类型，是研究其他级数的基础. 显然，如果一个数项级数是正项级数，则正项级数的部分和数列 $\{s_n\}$ 是一个单调增加数列，利用单调有界原理可得到判定正项级数收敛性的一个充分必要条件.

定理 1　正项级数 $\sum\limits_{n=1}^{\infty}u_n$ 收敛的充要条件是部分和数列 $\{s_n\}$ 有界.

例 1　试判定正项级数 $\sum\limits_{n=1}^{\infty}\frac{|\cos n|}{2^n}$ 的敛散性.

解　该级数为正项级数. 由

$$s_n=\frac{|\cos 1|}{2}+\frac{|\cos 2|}{4}+\cdots+\frac{|\cos n|}{2^n}$$

$$<\frac{1}{2}+\frac{1}{4}+\cdots+\frac{1}{2^n}=\frac{\frac{1}{2}\left(1-\frac{1}{2^n}\right)}{1-\frac{1}{2}}<1,$$

即其部分和数列$\{s_n\}$有界,因此正项级数$\sum\limits_{n=1}^{\infty}\frac{|\cos n|}{2^n}$收敛.

判断正项级数收敛或发散的一种有效方法是如下的比较判别法.

定理2（比较判别法）　设有两个正项级数$\sum\limits_{n=1}^{\infty}u_n$和$\sum\limits_{n=1}^{\infty}v_n$,如果存在正整数$N$,使当$n\geqslant N$时,$u_n\leqslant v_n$成立,那么

(1) 若级数$\sum\limits_{n=1}^{\infty}v_n$收敛,则级数$\sum\limits_{n=1}^{\infty}u_n$也收敛;

(2) 若级数$\sum\limits_{n=1}^{\infty}u_n$发散,则级数$\sum\limits_{n=1}^{\infty}v_n$也发散.

证明　仅证明结论(1). 结论的(2)的证明可类似完成. 不妨设$N=1$,设$\sum\limits_{n=1}^{\infty}u_n$的前$n$项和为$s_n$,$\sum\limits_{n=1}^{\infty}v_n$的前$n$项和为$t_n$,于是$s_n\leqslant t_n$.

因为$\sum\limits_{n=1}^{\infty}v_n$收敛,由定理1,就有常数$M$存在,使得$t_n\leqslant M,\forall n\geqslant 1$. 于是$s_n\leqslant M,\forall n\geqslant 1$,即级数$\sum\limits_{n=1}^{\infty}u_n$的部分和数列有界,依定理1级数$\sum\limits_{n=1}^{\infty}u_n$收敛.

例2　讨论p-级数$1+\frac{1}{2^p}+\frac{1}{3^p}+\frac{1}{4^p}+\cdots+\frac{1}{n^p}+\cdots$的收敛性,其中$p>0$.

解　(1) 若$p\leqslant 1$,由于$\frac{1}{n^p}\geqslant\frac{1}{n}$,而调和级数发散,故由定理2知,此时$p$-级数发散.

(2) 若$p>1$,对$\forall n\geqslant 2$,由于$\frac{1}{n^p}=\int_{n-1}^{n}\frac{\mathrm{d}x}{n^p}\leqslant\int_{n-1}^{n}\frac{\mathrm{d}x}{x^p}$,　那么

$$\begin{aligned}s_n&=1+\frac{1}{2^p}+\frac{1}{3^p}+\cdots+\frac{1}{n^p}\\&\leqslant 1+\int_1^2\frac{\mathrm{d}x}{x^p}+\int_2^3\frac{\mathrm{d}x}{x^p}+\cdots+\int_{n-1}^{n}\frac{\mathrm{d}x}{x^p}\\&=1+\int_1^n\frac{\mathrm{d}x}{x^p}\\&\leqslant 1+\int_1^{+\infty}\frac{\mathrm{d}x}{x^p}\\&=1+\frac{1}{1-p}\frac{1}{x^{p-1}}\bigg|_1^{+\infty}\end{aligned}$$

$$= 1 + \frac{1}{p-1} = \frac{p}{p-1}.$$

可见$\{s_n\}$有界，由定理1知，此时p-级数收敛.

总之，当$p > 1$时，p-级数$\sum_{n=1}^{\infty} \frac{1}{n^p}$收敛.

例3　证明级数$\sum_{n=1}^{\infty} \frac{1}{\sqrt{n^2+1}}$是发散的.

证明　由于

$$\frac{1}{\sqrt{n^2+1}} > \frac{1}{\sqrt{n^2+2n+1}} = \frac{1}{n+1},$$

而级数$\sum_{n=1}^{\infty} \frac{1}{n+1}$发散，所以，级数$\sum_{n=1}^{\infty} \frac{1}{\sqrt{n^2+1}}$发散.

推论1（比较判别法的极限形式）　若正项级数$\sum_{n=1}^{\infty} u_n$与$\sum_{n=1}^{\infty} v_n$满足$\lim_{n\to\infty} \frac{u_n}{v_n} = \rho$，则

(1) 当$0 < \rho < +\infty$时，$\sum_{n=1}^{\infty} u_n$与$\sum_{n=1}^{\infty} v_n$具有相同的敛散性；

(2) 当$\rho = 0$时，若$\sum_{n=1}^{\infty} v_n$收敛，则$\sum_{n=1}^{\infty} u_n$也收敛；

(3) 当$\rho = +\infty$时，若$\sum_{n=1}^{\infty} v_n$发散，则$\sum_{n=1}^{\infty} u_n$也发散.

证明　(1) 由于$\lim_{n\to\infty} \frac{u_n}{v_n} = \rho > 0$，取$\varepsilon = \frac{\rho}{2} > 0$，则存在$N > 0$，当$n > N$时，有

$$\left| \frac{u_n}{v_n} - \rho \right| < \frac{\rho}{2},$$

即

$$\frac{\rho}{2} v_n < u_n < \frac{3\rho}{2} v_n.$$

由比较判别法，知结论成立.

类似地，可完成结论(2)和结论(3)的证明.

例 4 判别级数$\sum\limits_{n=1}^{\infty}\sin\frac{1}{n}$的敛散性.

解 由于

$$\lim_{n\to\infty}\frac{\sin\frac{1}{n}}{\frac{1}{n}}=1,$$

由于调和级数$\sum\limits_{n=1}^{\infty}\frac{1}{n}$发散,所以级数$\sum\limits_{n=1}^{\infty}\sin\frac{1}{n}$发散.

例 5 判别级数$\sum\limits_{n=1}^{\infty}\ln\left(1+\frac{1}{n^3}\right)$的敛散性.

解 由于

$$\lim_{n\to\infty}\frac{\ln\left(1+\frac{1}{n^3}\right)}{\frac{1}{n^3}}=1,$$

而级数$\sum\limits_{n=1}^{\infty}\frac{1}{n^3}$收敛,所以级数$\sum\limits_{n=1}^{\infty}\ln\left(1+\frac{1}{n^3}\right)$收敛.

利用比较判别法,把要判定的级数与等比级数比较,可建立两个很有用的判别法,即达朗贝尔判别法(比值判别法)和柯西判别法(根式判别法).

定理 3(比值判别法) 设有正项级数$\sum\limits_{n=1}^{\infty}u_n$,如果极限

$$\lim_{n\to\infty}\frac{u_{n+1}}{u_n}=\rho,$$

那么

(1) 当$\rho<1$时,级数收敛;

(2) 当$\rho>1$(包括$\rho=+\infty$)时,级数发散.

证明 (1) 由于$\lim\limits_{n\to\infty}\frac{u_{n+1}}{u_n}=\rho<1$,因此总可找到一个小正数$\varepsilon_0>0$,使得$\rho+\varepsilon_0=q<1$. 而对此给定的$\varepsilon_0$,必有正整数$N$存在,当$n\geqslant N$时,有

$$\left|\frac{u_{n+1}}{u_n}-\rho\right|<\varepsilon_0,$$

于是

$$\frac{u_{n+1}}{u_n}<\rho+\varepsilon_0=q.$$

所以,当$n\geqslant N$时,有

$$u_{n+1}\leqslant qu_n\leqslant q^2u_{n-1}\leqslant\cdots\leqslant q^{n-N}u_{N+1}.$$

注意到$\sum\limits_{n=N}^{\infty}q^{n-N}u_{N+1}$是收敛的几何级数，所以由比较判别法可知，级数$\sum\limits_{n=1}^{\infty}u_n$收敛.

(2) 由于$\lim\limits_{n\to\infty}\frac{u_{n+1}}{u_n}=\rho>1$，可取$\varepsilon_0>0$，使得$\rho-\varepsilon_0>1$. 对此$\varepsilon_0$，存在$N>0$，当$n>N$时，有

$$\left|\frac{u_{n+1}}{u_n}-\rho\right|<\varepsilon_0$$

恒成立. 得

$$\frac{u_{n+1}}{u_n}>\rho-\varepsilon_0>1,$$

即正项级数$\sum\limits_{n=1}^{\infty}u_n$从第$N$项开始，后项总比前项大，这表明$\lim\limits_{n\to\infty}u_n\neq 0$，因此，由级数收敛的必要条件可知，正项级数$\sum\limits_{n=1}^{\infty}u_n$发散.

注　当$\rho=1$时，正项级数$\sum\limits_{n=1}^{\infty}u_n$可能收敛，也可能发散. 这个结论从$p$-级数就可以看出. 事实上，若$\sum\limits_{n=1}^{\infty}u_n$为$p$-级数，则对于$\forall p>0$，有

$$\lim_{n\to\infty}\frac{u_{n+1}}{u_n}=\lim_{n\to\infty}\frac{\frac{1}{(n+1)^p}}{\frac{1}{n^p}}=1,$$

但当$p\leqslant 1$时，p-级数发散；$p>1$时，p-级数收敛.

例6　证明正项级数$\sum\limits_{n=1}^{\infty}2^n\sin\frac{\pi}{3^n}$收敛.

证明　因为

$$\lim_{n\to\infty}\frac{u_{n+1}}{u_n}=\lim_{n\to\infty}\frac{2^{n+1}\cdot\sin\frac{\pi}{3^{n+1}}}{2^n\cdot\sin\frac{\pi}{3^n}}=\frac{2}{3}<1,$$

所以由比值判别法知，级数收敛.

例7　讨论级数$\sum\limits_{n=1}^{\infty}\frac{a^n}{n^2}$的收敛性，其中$a>0$.

解　因为

$$\lim_{n\to\infty}\frac{u_{n+1}}{u_n}=\lim_{n\to\infty}\frac{\frac{a^{n+1}}{(n+1)^2}}{\frac{a^n}{n^2}}=a,$$

所以,当 $a<1$ 时,级数收敛;当 $a>1$ 时,级数发散. 当 $a=1$ 时,原级数为 p-级数,且 $p=2>1$,故级数收敛.

例 8 求$\lim\limits_{n\to\infty}\dfrac{5^n}{n!}$.

解 由于 $\rho=\lim\limits_{n\to+\infty}\dfrac{u_{n+1}}{u_n}=\lim\limits_{n\to+\infty}\dfrac{5^{n+1}}{(n+1)!}\dfrac{n!}{5^n}=\lim\limits_{n\to+\infty}\dfrac{5}{n+1}=0<1$.

依级数收敛的比值判别法知,级数$\sum\limits_{n=1}^{\infty}\dfrac{5^n}{n!}$收敛,于是$\lim\limits_{n\to\infty}\dfrac{5^n}{n!}=0$.

定理 4(根值判别法) 设正项级数$\sum\limits_{n=1}^{\infty}u_n$满足

$$\lim_{n\to\infty}\sqrt[n]{u_n}=\rho,$$

那么

(1) 当 $\rho<1$ 时,$\sum\limits_{n=1}^{\infty}u_n$ 收敛;

(2) 当 $\rho>1$(包括 $\rho=+\infty$)时,$\sum\limits_{n=1}^{\infty}u_n$ 发散;

证明 (1) 由于$\lim\limits_{n\to\infty}\sqrt[n]{u_n}=\rho<1$,因此对 $\varepsilon_0=\dfrac{1-\rho}{2}$,必有正整数 N 存在,当 $n\geqslant N$ 时,有

$$\left|\sqrt[n]{u_n}-\rho\right|<\varepsilon_0=\frac{1-\rho}{2},$$

于是

$$\sqrt[n]{u_n}<\rho+\varepsilon_0=\frac{1+\rho}{2}<1.$$

所以,当 $n\geqslant N$ 时,有

$$u_n<\left(\frac{1+\rho}{2}\right)^n.$$

注意到$\sum\limits_{n=N}^{\infty}\left(\dfrac{1+\rho}{2}\right)^n$是收敛的几何级数,所以由比较判别法可知,级数$\sum\limits_{n=1}^{\infty}u_n$收敛.

(2) 由于$\lim\limits_{n\to\infty}\sqrt[n]{u_n}=\rho>1$,则存在 $N>0$,当 $n>N$ 时,有

$$\left|\sqrt[n]{u_n}-\rho\right|<\frac{\rho-1}{2},$$

于是

$$\sqrt[n]{u_n}>\frac{\rho+1}{2}>1.$$

这表明$\lim\limits_{n\to\infty}u_n\neq 0$,因此,由级数收敛的必要条件可知,正项级数$\sum\limits_{n=1}^{\infty}u_n$发散.

例 9 讨论下列正项级数的敛散性：

(1) $\sum\limits_{n=1}^{\infty}\left(\frac{n}{5n+1}\right)^n$； (2) $\sum\limits_{n=1}^{\infty}\frac{3+(-1)^n}{2^n}$ 收敛.

解 (1) 因为

$$\lim_{n\to\infty}\sqrt[n]{\left(\frac{n}{5n+1}\right)^n}=\lim_{n\to\infty}\frac{n}{5n+1}=\frac{1}{5}<1,$$

故由根值判别法知级数 $\sum\limits_{n=1}^{\infty}\left(\frac{n}{5n+1}\right)^n$ 收敛.

(2) 由于 $\lim\limits_{n\to\infty}\sqrt[n]{u_n}=\lim\limits_{n\to\infty}\left(\frac{3+(-1)^n}{2^n}\right)^{\frac{1}{n}}=\frac{1}{2}<1$，故由根值判别法知，原级数收敛.

例 10 证明级数 $\sum\limits_{n=1}^{\infty}\frac{1}{n^n}$ 是收敛的.

证明 由于 $\rho=\lim\limits_{n\to\infty}\sqrt[n]{u_n}=\lim\limits_{n\to\infty}\frac{1}{n}=0<1$，故级数收敛.

人物介绍

◎ **达朗贝尔**(D' Alember Jean Le Rond，1717～1783)是法国物理学家、数学家.

达朗贝尔少年时被父亲送入一所教会学校，主要学习古典文学、修辞学和数学.他对数学特别有兴趣，为后来成为著名数理科学家打下了基础.达朗贝尔没有受过正规的大学教育，靠自学掌握了牛顿等当时著名数理科学家的著作.1739 年 7 月，他完成第一篇学术论文，以后两年内又向巴黎科学院提交了 5 篇学术报告，这些报告由 A.C. 克莱洛院士回复.经过几次联系后，达朗贝尔于 1746 年提升为数学副院士；1754 年提升为终身院士.

达朗贝尔的研究工作和论文写作得以快速闻名.他进入科学院后，就以克莱洛作为竞争对手，克莱洛研究的每一个课题，达朗贝尔几乎都要研究，而且尽快发表.多数情况下，达朗贝尔胜过克莱洛.这种竞争一直到克莱洛去世(1765)为止.

达朗贝尔终生未婚，但长期与沙龙女主人勒皮纳斯在一起.他的生活与当时哲学家一样，上午到下午工作，晚上去沙龙活动.1765 年，达朗贝尔因病离开养父母的家，住到勒皮纳斯小姐处.在她的精心照料下恢复了健康，以后就继续住在那里.1776 年，勒皮纳斯小姐去世，达朗贝尔非常悲痛；再加上工作的不顺利，他的晚年是在失望中度过的，达朗贝尔去世后被安葬在巴黎市郊的墓地，由于他的反宗教表现,巴黎市政府拒绝为他举行葬礼.

达朗贝尔是一位多产的科学家,他对力学、数学和天文学的大量课题进行了研究;论文和专著很多,还有大量学术通信.仅1805年和1821年在巴黎出版的《达朗贝尔文集》就有23卷.

同18世纪其他数学家一样,他认为求解物理问题是数学的目标.正如他在《百科全书》序言中所说:科学处于从17世纪的数学时代到18世纪的力学时代的转变,力学应该是数学家的主要兴趣.他对力学的发展作出了重大贡献,也是数学分析中一些重要分支的开拓者.

习题 9.2

1. 判别下列级数的敛散性:

(1) $1+\frac{1}{3}+\frac{1}{5}+\frac{1}{7}+\cdots$;

(2) $\frac{1}{1\cdot 2}+\frac{1}{2\cdot 3}+\frac{1}{3\cdot 4}+\cdots$;

(3) $1+\frac{1+2}{1+2^2}+\frac{1+3}{1+3^2}+\cdots$;

(4) $\sin\frac{\pi}{2}+\sin\frac{\pi}{2^2}+\sin\frac{\pi}{2^3}+\cdots$;

(5) $\sum\limits_{n=1}^{\infty}\frac{1}{n^n}$;

(6) $\sum\limits_{n=1}^{\infty}\frac{n+1}{n^2+5n+2}$;

(7) $\sum\limits_{n=1}^{\infty}\tan\frac{1}{n^2}$;

(8) $\sum\limits_{n=1}^{\infty}\ln\left(1+\frac{1}{n}\right)$;

(9) $\sum\limits_{n=1}^{\infty}\frac{1}{1+\alpha^n}\ (\alpha>0)$;

(10) $\sum\limits_{n=1}^{\infty}\frac{2n+1}{(n+1)^2\ (n+2)^2}$.

2. 用比值法判别下列级数的敛散性:

(1) $\sum\limits_{n=1}^{\infty}\frac{n+2}{2^n}$;

(2) $\sum\limits_{n=1}^{\infty}\frac{n^2}{3^n}$;

(3) $\sum\limits_{n=1}^{\infty}\frac{2^n n!}{n^n}$;

(4) $\sum\limits_{n=1}^{\infty}n\tan\frac{\pi}{2^{n+1}}$;

(5) $\sum\limits_{n=1}^{\infty}\frac{(2n)!}{(n!)^2}$;

(6) $\sum\limits_{n=1}^{\infty}\frac{n^2}{\left(2+\frac{1}{n}\right)^n}$;

(7) $\sum\limits_{n=1}^{\infty}\frac{n!}{10^n}$;

(8) $\sum\limits_{n=1}^{\infty}\frac{1}{(2n-1)\cdot 2n}$.

3. 判别下列级数的敛散性:

(1) $\sum\limits_{n=1}^{\infty}\left(\frac{n}{2n+1}\right)^n$;

(2) $\sum\limits_{n=1}^{\infty}\left(\frac{n}{3n-1}\right)^{2n-1}$;

(3) $\sum\limits_{n=1}^{\infty}\left(1-\frac{1}{n}\right)^{n^2}$.

4. 用适当的方法,判别下列正项级数的敛散性:

(1) $\sum_{n=1}^{\infty} n\left(\frac{3}{4}\right)^n$;　　(2) $\sum_{n=1}^{\infty} \frac{1}{na+b}\ (a>0,b>0)$;

(3) $\sum_{n=1}^{\infty} \frac{n-\sqrt{n}}{2n-1}$;　　(4) $\sum_{n=1}^{\infty} \frac{2+(-1)^n}{2^n}$;

(5) $\sum_{n=1}^{\infty} \frac{2n+3}{\sqrt{(n^2+1)(n^3+2)}}$;　　(6) $\sum_{n=1}^{\infty} n^n \sin^n \frac{2}{n}$;

(7) $\sum_{n=1}^{\infty} \frac{\ln\left(1+\frac{1}{n}\right)}{\sqrt{n}}$;　　(8) $\sum_{n=1}^{\infty} 2^{-n-(-1)^n}$.

5. 设 $a_n \leqslant c_n \leqslant b_n (n=1,2,\cdots)$,且 $\sum_{n=1}^{\infty} a_n$ 及 $\sum_{n=1}^{\infty} b_n$ 均收敛,证明级数 $\sum_{n=1}^{\infty} c_n$ 收敛.

9.3 任意项级数

任意项级数是指在级数 $\sum_{n=1}^{\infty} u_n$ 中,总含有无穷多个正项和负项. 例如,数项级数 $\sum_{n=1}^{\infty} (-1)^n \frac{1}{2^n}$ 是任意项级数(series of any terms).

9.3.1 交错级数

如果在任意项级数 $\sum_{n=1}^{\infty} u_n$ 中,正负号相间出现,这样的任意项级数称为**交错级数**. 例如,$\sum_{n=1}^{\infty} (-1)^{n-1} \frac{1}{n} = 1-\frac{1}{2}+\frac{1}{3}-\frac{1}{4}+\cdots$. 它的一般形式为

$$\sum_{n=1}^{\infty} (-1)^{n-1} u_n \quad 或者 \quad \sum_{n=1}^{\infty} (-1)^n u_n,$$

其中 $u_n>0(n=1,2,3,\cdots)$. 不失一般性,仅研究前者. 对于交错级数,有如下判定收敛性的方法.

定理 1 (莱布尼茨(Leibniz)判别法) 若交错级数 $\sum_{n=1}^{\infty} (-1)^{n-1} u_n$ 满足

(1) $u_n \geqslant u_{n+1}(n=1,2,3,\cdots)$,

(2) $\lim\limits_{n\to\infty} u_n = 0$,

则级数$\sum\limits_{n=1}^{\infty}(-1)^{n-1}u_n$收敛,且其和$s\leqslant u_1$.

证明　根据项数n是奇数或偶数分别考察s_n.

设n为偶数,于是

$$s_n = s_{2m} = u_1 - u_2 + u_3 - \cdots + u_{2m-1} - u_{2m},$$

将其每两项括在一起

$$s_{2m} = (u_1 - u_2) + (u_3 - u_4) + \cdots + (u_{2m-1} - u_{2m}).$$

由条件(1)可知,每个括号内的值都是非负的.如果把每个括号看成是一项,这就是一个正项级数的前m项部分和.显然,它是随着m的增加而单调增加的.

另外,如果把部分和s_{2m}改写为

$$s_{2m} = u_1 - (u_2 - u_3) - \cdots - (u_{2m-2} - u_{2m-1}) - u_{2m},$$

由条件(1)可知,$s_{2m}\leqslant u_1$,即部分和数列有界.于是

$$\lim_{m\to\infty} s_{2m} = s.$$

当n为奇数时,总可把部分和写为

$$s_n = s_{2m+1} = s_{2m} + u_{2m+1},$$

再由条件(2)可得

$$\lim_{n\to\infty} s_n = \lim_{m\to\infty} s_{2m+1} = \lim_{m\to\infty}(s_{2m} + u_{2m+1}) = \lim_{m\to\infty} s_{2m} + \lim_{m\to\infty} u_{2m+1} = s.$$

这就说明,不管n为奇数还是偶数,都有

$$\lim_{n\to\infty} s_n = s.$$

故交错级数$\sum\limits_{n=1}^{\infty}(-1)^{n-1}u_n$收敛.

$s_{2m}\leqslant u_1$,而$\lim\limits_{m\to\infty} s_{2m} = s$,因此根据极限的保号性可知,有$s\leqslant u_1$.

例 1　判定级数$\sum\limits_{n=1}^{\infty}(-1)^{n-1}\dfrac{1}{n}$的敛散性.

解　这是一个交错级数,

$$u_n = \frac{1}{n} > u_{n+1} = \frac{1}{n+1},\quad \lim_{n\to\infty} u_n = \lim_{n\to\infty}\frac{1}{n} = 0.$$

由莱布尼茨判别法知$\sum\limits_{n=1}^{\infty}(-1)^{n-1}\dfrac{1}{n}$收敛.

例 2　判定交错级数$\sum\limits_{n=1}^{\infty}(-1)^{n-1}\dfrac{n}{2^n}$的敛散性.

解 设 $u_n=\frac{n}{2^n}$，而

$$u_n-u_{n+1}=\frac{n}{2^n}-\frac{n+1}{2^{n+1}}=\frac{n-1}{2^{n+1}}\geqslant 0\ (n=1,2,3,\cdots),$$

即

$$u_n\geqslant u_{n+1}(n=1,2,3,\cdots),$$

又

$$\lim_{n\to\infty}u_n=\lim_{n\to\infty}\frac{n}{2^n}=0,$$

所以由交错级数判别法可知，$\sum\limits_{n=1}^{\infty}(-1)^{n-1}\frac{n}{2^n}$ 收敛.

9.3.2 任意项级数及其敛散性判别法

首先引入绝对收敛和条件收敛的概念.

定义 1 若 $\sum\limits_{n=1}^{\infty}|u_n|$ 收敛，则称级数 $\sum\limits_{n=1}^{\infty}u_n$ **绝对收敛**；如果 $\sum\limits_{n=1}^{\infty}u_n$ 收敛，但 $\sum\limits_{n=1}^{\infty}|u_n|$ 发散，则称级数 $\sum\limits_{n=1}^{\infty}u_n$ **条件收敛**.

条件收敛的级数是存在的，如级数 $\sum\limits_{n=1}^{\infty}(-1)^{n-1}\frac{1}{n}$ 就是条件收敛的.

绝对收敛与收敛之间有着下面的重要关系：

定理 2 若 $\sum\limits_{n=1}^{\infty}|u_n|$ 收敛，则 $\sum\limits_{n=1}^{\infty}u_n$ 收敛.

证明 因为

$$u_n\leqslant|u_n|,$$

所以

$$0\leqslant|u_n|+u_n\leqslant 2|u_n|.$$

已知 $\sum\limits_{n=1}^{\infty}|u_n|$ 收敛，由正项级数的比较判别法知 $\sum\limits_{n=1}^{\infty}(|u_n|+u_n)$ 收敛，从而 $\sum\limits_{n=1}^{\infty}u_n=\sum\limits_{n=1}^{\infty}\big((|u_n|+u_n)-|u_n|\big)$ 收敛.

注 1 当 $\sum\limits_{n=1}^{\infty}|u_n|$ 发散时，只能判定 $\sum\limits_{n=1}^{\infty}u_n$ 非绝对收敛，而不能判定 $\sum\limits_{n=1}^{\infty}u_n$ 本身也是发散的. 例如，$\sum\limits_{n=1}^{\infty}\left|(-1)^{n-1}\frac{1}{n}\right|=\sum\limits_{n=1}^{\infty}\frac{1}{n}$ 虽然发散，但 $\sum\limits_{n=1}^{\infty}(-1)^{n-1}\frac{1}{n}$ 却是收敛的.

注 2 **绝对收敛**概念给出了一种判定任意项级数 $\sum_{n=1}^{\infty} u_n$ 收敛的方法，其本质是把任意项级数转化为正项级数，也就是把较复杂的任意项级数转化为简单级数来处理，这是数学中最朴素的思想.

例 3 判别级数 $\sum_{n=1}^{\infty} \frac{\sin n^2}{n^2}$ 的敛散性.

解 由于 $|u_n| = \left|\frac{\sin n^2}{n^2}\right| \leqslant \frac{1}{n^2}$，故由比较判别法知 $\sum_{n=1}^{\infty} |u_n|$ 收敛，从而 $\sum_{n=1}^{\infty} \frac{\sin n^2}{n^2}$ 收敛.

例 4 讨论级数 $\sum_{n=1}^{\infty} \frac{(-\alpha)^n}{n^s}$ $(s>0,\alpha>0)$ 的敛散性.

解 因为

$$\lim_{n\to\infty}\left|\frac{u_{n+1}}{u_n}\right| = \lim_{n\to\infty} \alpha \cdot \left(\frac{n}{n+1}\right)^s = \alpha.$$

根据比值判别法知，当 $\alpha<1$ 时，级数绝对收敛，所以收敛；当 $\alpha>1$ 时，通项不收敛于零，故发散.

当 $\alpha=1$ 时，级数 $\sum_{n=1}^{\infty} (-1)^n \frac{1}{n^s}$ 是交错级数，由 p- 级数的收敛性知，此时当 $s>1$ 时级数绝对收敛，当 $s\leqslant 1$ 时级数条件收敛.

习题 9.3

1. 判定下列级数是否收敛，若收敛，是绝对收敛还是条件收敛？

(1) $1-\frac{1}{\sqrt{2}}+\frac{1}{\sqrt{3}}-\frac{1}{\sqrt{4}}+\cdots$；

(2) $1-\frac{1}{3^2}+\frac{1}{5^2}-\frac{1}{7^2}+\cdots$；

(3) $\frac{1}{\ln 2}-\frac{1}{\ln 3}+\frac{1}{\ln 4}-\frac{1}{\ln 5}+\cdots$；

(4) $\sum_{n=1}^{\infty} (-1)^{n-1} \frac{n}{3^{n-1}}$；

(5) $\frac{1}{\pi^2}\sin\frac{\pi}{2}-\frac{1}{\pi^3}\sin\frac{\pi}{3}+\frac{1}{\pi^4}\sin\frac{\pi}{4}-\cdots$；

(6) $\sum_{n=1}^{\infty} \frac{(-1)^n}{n-\ln n}$；

(7) $\sum_{n=1}^{\infty} (-1)^{n-1} \frac{n}{3^{n-1}}$；

(8) $\frac{1}{3}\cdot\frac{1}{2}-\frac{1}{3}\cdot\frac{1}{2^2}+\frac{1}{3}\cdot\frac{1}{2^3}-\cdots$；

(9) $\sum_{n=1}^{\infty} (-1)^{n+1} \frac{2^{n^2}}{n!}$；

(10) $\sum_{n=1}^{\infty} (-1)^n \frac{1}{2^n}\left(1+\frac{1}{n}\right)^{n^2}$；

(11) $\sum_{n=1}^{\infty} (-1)^n \frac{n^{n+1}}{(n+1)!}$；

(12) $\sum_{n=1}^{\infty} (-1)^{n-1} \frac{n}{n^2+1}$.

2. 试证交错级数 $\sum_{n=1}^{\infty}(-1)^{n-1}\frac{1}{(2n-1)\cdot(2n-1)!}$ 收敛，若用 S_3 近似代替 S，试估计误差.

3. 试证交错级数 $\sum_{n=1}^{\infty}(-1)^{n-1}\frac{\sqrt{n}}{n+1}$ 收敛.

4. 设正项数列 $\{a_n\}$ 单调减少，且 $\sum_{n=1}^{\infty}(-1)^n a_n$ 发散，试问级数 $\sum_{n=1}^{\infty}\left(\frac{1}{a_n+1}\right)^n$ 是否收敛？并说明理由.

9.4 幂 级 数

幂级数是一类形式简单而应用广泛的函数项级数，也是本课程重点研究的一种无穷级数，它的数学理论相对比较完美. 幂级数的收敛域与求和问题是两个基本问题，但后者较难，往往需要较高的分析技巧.

9.4.1 函数项级数

定义 1　设 $u_1(x),u_2(x),\cdots,u_n(x),\cdots$ 是定义在 I 上的函数，则

$$\sum_{n=1}^{\infty}u_n(x)=u_1(x)+u_2(x)+\cdots+u_n(x)+\cdots \tag{9-4-1}$$

称为定义在区间 I 上的函数项级数 (series of function terms). 在函数项级数 (9-4-1) 中，若令 x 取定义区间中某一确定值 x_0，则得到一个数项级数

$$\sum_{n=1}^{\infty}u_n(x_0)=u_1(x_0)+u_2(x_0)+\cdots+u_n(x_0)+\cdots. \tag{9-4-2}$$

若数项级数(9-4-2)收敛，则称点 x_0 为函数项级数(9-4-1)的一个**收敛点** (convergent point). 反之，若数项级数(9-4-2)发散，则称点 x_0 为函数项级数(9-4-1)的发散点. 收敛点的全体构成的集合，称为函数项级数的**收敛域** (convergent domain).

若 x_0 是收敛域内的一个值，则必有一个和 $s(x_0)$ 与之对应，即

$$s(x_0)=\sum_{n=1}^{\infty}u_n(x_0)=u_1(x_0)+u_2(x_0)+\cdots+u_n(x_0)+\cdots.$$

当 x_0 在收敛域内变动时，由对应关系，就得到一个定义在收敛域上的函数 $s(x)$，使得

$$s(x)=\sum_{n=1}^{\infty}u_n(x)=u_1(x)+u_2(x)+\cdots+u_n(x)+\cdots.$$

这个函数 $s(x)$ 称为函数项级数的和函数.

记

$$s_n(x)=\sum_{k=1}^{n}u_k(x)=u_1(x)+u_2(x)+\cdots+u_n(x),$$

称为**部分和函数**. 那么,在函数项级数的收敛域内有

$$\lim_{n\to\infty}s_n(x)=s(x).$$

例 1　试求函数项级数 $\sum_{n=1}^{\infty}x^{n-1}$ 的收敛域.

解　因为

$$s_n(x)=1+x+x^2+\cdots+x^{n-1}=\frac{1-x^n}{1-x},$$

所以,当 $|x|<1$ 时,

$$\lim_{n\to\infty}s_n(x)=\lim_{n\to\infty}\frac{1-x^n}{1-x}=\frac{1}{1-x}.$$

级数在区间 $(-1,1)$ 内收敛. 当 $|x|\geqslant 1$ 时,由于通项不收敛于零,所以级数发散. 故级数的收敛域为 $(-1,1)$.

9.4.2　幂级数及其敛散性

在函数项级数中,比较简单的是幂级数.

定义 2　形如

$$\sum_{n=0}^{\infty}a_n(x-x_0)^n=a_0+a_1(x-x_0)+a_2(x-x_0)^2+\cdots+a_n(x-x_0)^n+\cdots$$

的级数称为在 $x=x_0$ 处的幂级数,其中 $a_0,a_1,\cdots,a_n,\cdots$ 称为幂级数的系数.

特别地,若 $x_0=0$,则称

$$\sum_{n=0}^{\infty}a_nx^n=a_0+a_1x+\cdots+a_nx^n+\cdots$$

为 $x=0$ 处的幂级数或 x 的幂级数. 令 $t=x-x_0$,则

$$\sum_{n=0}^{\infty}a_n(x-x_0)^n=\sum_{n=0}^{\infty}a_nt^n.$$

有鉴于此,本节主要讨论在 $x=0$ 处的幂级数. 为了求幂级数的收敛域,给出如下定理.

定理 1 (阿贝尔(Abel)定理)　(1) 若幂级数 $\sum_{n=0}^{\infty}a_nx^n$ 在点 $x=x_0(x_0\neq 0)$ 处

收敛,则对于满足 $|x|<|x_0|$ 的一切 x,$\sum\limits_{n=0}^{\infty}a_nx^n$ 均绝对收敛.

(2) 若幂级数 $\sum\limits_{n=0}^{\infty}a_nx^n$ 在点 $x=x_0$ 处发散,则对于满足 $|x|>|x_0|$ 的一切 x,$\sum\limits_{n=0}^{\infty}a_nx^n$ 均发散.

证明　(1) 设 $\sum\limits_{n=0}^{\infty}a_nx_0^n$ 收敛,由级数收敛的必要条件知,$\lim\limits_{n\to\infty}a_nx_0^n=0$,故存在常数 $M>0$,使得

$$|a_nx_0^n|\leqslant M\ (n=1,2,\cdots),$$

于是

$$|a_nx^n|=\left|a_nx_0^n\cdot\frac{x^n}{x_0^n}\right|=|a_nx_0^n|\cdot\left|\frac{x}{x_0}\right|^n\leqslant M\left|\frac{x}{x_0}\right|^n,$$

当 $|x|<|x_0|$ 时,$\left|\frac{x}{x_0}\right|<1$,故级数 $\sum\limits_{n=1}^{\infty}M\left|\frac{x}{x_0}\right|^n$ 收敛. 由正项级数的比较判别法知,幂级数 $\sum\limits_{n=0}^{\infty}a_nx^n$ 绝对收敛.

(2) 假若对某个 $|x_1|>|x_0|$,有 $\sum\limits_{n=0}^{\infty}a_nx_1^n$ 收敛,则由(1) 的证明可知 $\sum\limits_{n=0}^{\infty}a_nx_0^n$ 绝对收敛,这与已知矛盾. 于是定理得证.

阿贝尔定理说明:若 x_0 是 $\sum\limits_{n=0}^{\infty}a_nx^n$ 的收敛点,则该幂级数在 $(-|x_0|,|x_0|)$ 内收敛;若 x_0 是 $\sum\limits_{n=0}^{\infty}a_nx^n$ 的发散点,则该幂级数在 $(-\infty,-|x_0|)\cup(|x_0|,+\infty)$ 内发散.

推论　若 $\sum\limits_{n=0}^{\infty}a_nx^n$ 在 $(-\infty,+\infty)$ 内有非零的收敛点和发散点,则必存在 $R>0$,使得

(1) 当 $|x|<R$ 时,幂级数 $\sum\limits_{n=0}^{\infty}a_nx^n$ 收敛且绝对收敛;

(2) 当 $|x|>R$ 时, 幂级数 $\sum\limits_{n=0}^{\infty}a_nx^n$ 发散.

注 1　当 $|x|=R$ 时, 幂级数 $\sum\limits_{n=0}^{\infty}a_nx^n$ 可能收敛也可能发散;

注 2　若 a,b 分别为幂级数的收敛点和发散点,则 $|a|\leqslant R\leqslant|b|$.

注 3　称上述推论中的正数 R 为幂级数 $\sum\limits_{n=0}^{\infty}a_nx^n$ 的**收敛半径**(convergence radius). 由幂级数在 $x=\pm R$ 处的收敛性就可以确定它在区间 $(-R,R)$, $(-R,R]$, $[-R,R)$, $[-R,R]$ 之一上收敛, 该区间称为幂级数 $\sum_{n=0}^{\infty}a_nx^n$ 的**收敛区间**(convergence interval). 特别地, 当幂级数 $\sum_{n=0}^{\infty}a_nx^n$ 仅在 $x=0$ 处收敛时, 规定其收敛半径为 $R=0$; 当 $\sum_{n=0}^{\infty}a_nx^n$ 在整个数轴上都收敛时, 规定其收敛半径为 $R=+\infty$, 此时的收敛区间为 $(-\infty,+\infty)$.

定理 2 设 R 是幂级数 $\sum_{n=0}^{\infty}a_nx^n$ 的收敛半径, 并且级数 $\sum_{n=0}^{\infty}a_nx^n$ 的系数满足

$$\lim_{n\to\infty}\left|\frac{a_{n+1}}{a_n}\right|=\rho,$$

则

(1) 当 $0<\rho<+\infty$ 时, $R=\frac{1}{\rho}$;

(2) 当 $\rho=0$ 时, $R=+\infty$;

(3) 当 $\rho=+\infty$ 时, $R=0$.

证明 因为对于正项级数

$$\sum_{n=0}^{\infty}|a_nx^n|=|a_0|+|a_1x|+\cdots+|a_nx^n|+\cdots,$$

有

$$\lim_{n\to\infty}\left|\frac{a_{n+1}x^{n+1}}{a_nx^n}\right|=\lim_{n\to\infty}\left|\frac{a_{n+1}}{a_n}\right|\cdot|x|=\rho|x|,$$

所以, (1) 若 $0<\rho<+\infty$, 由比值判别法知, 当 $\rho|x|<1$, 即 $|x|<\frac{1}{\rho}$ 时, $\sum_{n=0}^{\infty}|a_nx^n|$ 收敛, 即 $\sum_{n=0}^{\infty}a_nx^n$ 绝对收敛, 当 $|x|>\frac{1}{\rho}$ 时, $\sum_{n=0}^{\infty}a_nx^n$ 发散, 故幂级数 $\sum_{n=0}^{\infty}a_nx^n$ 的收敛半径为 $R=\frac{1}{\rho}$.

(2) 若 $\rho=0$, 则 $\rho|x|=0<1$, 则对任意 $x\in(-\infty,+\infty)$, $\sum_{n=0}^{\infty}a_nx^n$ 收敛, 从而绝对收敛, 即 $\sum_{n=0}^{\infty}|a_nx^n|$ 收敛, 亦即幂级数 $\sum_{n=0}^{\infty}a_nx^n$ 的收敛半径 $R=+\infty$.

(3) 若 $\rho=+\infty$, 则对任意 $x\neq0$, 当 n 充分大时, 必有 $\left|\frac{a_{n+1}x^{n+1}}{a_nx^n}\right|>1$, 从而由达朗贝尔判别法知, $\sum_{n=0}^{\infty}a_nx^n$ 发散, 故幂级数仅在 $x=0$ 处收敛, 其收敛半径为 $R=0$.

例2 求幂级数$\sum\limits_{n=0}^{\infty}(-1)^{n-1}\dfrac{x^n}{n}$的收敛半径与收敛区间.

解 (1) $R=\lim\limits_{n\to\infty}\left|\dfrac{a_n}{a_{n+1}}\right|=\lim\limits_{n\to\infty}\dfrac{n+1}{n}=1$. 故收敛半径为1.

(2) 当$x=1$时，级数为收敛的交错级数；当$x=-1$时，级数为调和级数，故发散. 所以收敛区间是$(-1,1]$.

例3 求幂级数$\sum\limits_{n=0}^{\infty}\dfrac{x^n}{n!}$的收敛区间.

解 $R=\lim\limits_{n\to\infty}\left|\dfrac{a_n}{a_{n+1}}\right|=\lim\limits_{n\to\infty}\dfrac{(n+1)!}{n!}=\lim\limits_{n\to\infty}(n+1)=+\infty$，故收敛区间是$(-\infty,+\infty)$.

例4 求幂级数$\sum\limits_{n=0}^{\infty}n!x^n$的收敛半径.

解 $R=\lim\limits_{n\to\infty}\left|\dfrac{a_n}{a_{n+1}}\right|=\lim\limits_{n\to\infty}\dfrac{n!}{(n+1)!}=\lim\limits_{n\to\infty}\dfrac{1}{n+1}=0$.

定理3 设R是幂级数$\sum\limits_{n=0}^{\infty}a_nx^n$的收敛半径，若$\sum\limits_{n=0}^{\infty}a_nx^n$的系数满足

$$\lim_{n\to\infty}\sqrt[n]{|a_n|}=\rho,$$

则

(1) 当$0<\rho<+\infty$时，$R=\dfrac{1}{\rho}$；

(2) 当$\rho=0$时，$R=+\infty$；

(3) 当$\rho=+\infty$时，$R=0$.

例5 求幂级数$\sum\limits_{n=0}^{\infty}\dfrac{x^n}{1+b^n}\ (b>1)$的收敛半径和收敛区间.

解 因为

$$\lim_{n\to\infty}\sqrt[n]{|a_n|}=\lim_{n\to\infty}\sqrt[n]{\frac{1}{1+b^n}}=\lim_{n\to\infty}\frac{1}{b}\sqrt[n]{\frac{1}{1+\frac{1}{b^n}}}=\frac{1}{b},$$

故原级数的收敛半径为$R=b$.

当$x=b$时，$\lim\limits_{n\to\infty}\dfrac{b^n}{1+b^n}=1\neq0$，由级数收敛的必要条件知，此时原级数发散.

当$x=-b$时，$\lim\limits_{n\to\infty}\dfrac{b^n\cdot(-1)^n}{1+b^n}$不存在，此时，原级数也发散.

综上所述，原级数的收敛半径为$R=b$，收敛区间为$(-b,b)$.

9.4.3 幂级数的运算

设幂级数$\sum_{n=0}^{\infty}a_nx^n$与$\sum_{n=0}^{\infty}b_nx^n$的收敛半径分别为$r_1$与$r_2$,它们的和函数分别为$s_1(x)$与$s_2(x)$,在两个幂级数收敛的公共区间内可进行如下运算.

(1) 加法运算

$$\sum_{n=0}^{\infty}a_nx^n \pm \sum_{n=0}^{\infty}b_nx^n = \sum_{n=0}^{\infty}(a_n \pm b_n)x^n = s_1(x) \pm s_2(x),$$

$x \in (-r,r)$,其中$r = \min\{r_1,r_2\}$.

(2) 乘法运算

$$\sum_{n=0}^{\infty}a_nx^n \cdot \sum_{n=0}^{\infty}b_nx^n = \sum_{n=0}^{\infty}c_nx^n = s_1(x) \cdot s_2(x),$$

$x \in (-r,r)$,其中$r = \min\{r_1,r_2\}$,

$$c_n = \sum_{k=0}^{\infty}a_kb_{n-k} = a_0b_n + a_1b_{n-1} + \cdots + a_kb_{n-u} + \cdots + a_nb_0.$$

(3) 逐项求导数　若幂级数$\sum_{n=0}^{\infty}a_nx^n$的收敛半径为$r$,则在$(-r,r)$内和函数$s(x)$可导,且有

$$s'(x) = \left(\sum_{n=0}^{\infty}a_nx^n\right)' = \sum_{n=0}^{\infty}(a_nx^n)' = \sum_{n=0}^{\infty}a_nnx^{n-1}.$$

所得幂级数的收敛半径仍为R,但在收敛区间端点处的收敛性可能改变.

(4) 逐项积分　设幂级数$\sum_{n=0}^{\infty}a_nx^n$的和函数为$s(x)$,收敛半径为$r$,则和函数在$(-r,r)$上可积,且有

$$\int_0^x s(x)\mathrm{d}x = \int_0^x \sum_{n=0}^{\infty}a_nx^n\mathrm{d}x = \sum_{n=0}^{\infty}\int_0^x a_nx^n\mathrm{d}x = \sum_{n=0}^{\infty}\frac{a_n}{n+1}x^{n+1}.$$

所得幂级数的收敛半径仍为r,但在收敛区间端点处的收敛性可能改变.

以上结论的证明略去.

例 6　求幂级数$\sum_{n=0}^{\infty}\frac{x^n}{n+1}$的和函数$s(x)$,并求$\sum_{n=0}^{\infty}\frac{(-1)^n}{n+1}$的和.

解　(1) $R = \lim\limits_{n\to\infty}\left|\frac{a_n}{a_{n+1}}\right| = \lim\limits_{n\to\infty}\frac{n+2}{n+1} = 1.$

(2) 当$x=-1$时,级数为$\sum_{n=1}^{\infty}\frac{(-1)^n}{n+1}$,收敛;当$x=1$时,级数为$\sum_{n=1}^{\infty}\frac{1}{n+1}$,发散. 故收敛区间是$[-1,1)$.

(3) 当 $0<|x|<1$ 时，有 $[xs(x)]'=\left(\sum\limits_{n=0}^{\infty}\dfrac{x^{n+1}}{n+1}\right)'=\sum\limits_{n=0}^{\infty}x^n=\dfrac{1}{1-x}$. 于是

$$xs(x)=\int_0^x[ts(t)]'\mathrm{d}t=\int_0^x\frac{1}{1-t}\mathrm{d}t=-\ln(1-x).$$

(4) 由于 $s(0)=1$，又幂级数在其收敛区间上是连续的，故

$$s(x)=\begin{cases}-\dfrac{1}{x}\ln(1-x), & -1\leqslant x<0 \text{ 或 } 0<x<1,\\ 1, & x=0.\end{cases}$$

由此可得 $\sum\limits_{n=0}^{\infty}\dfrac{(-1)^n}{n+1}=s(-1)=\ln 2$.

例 7　求幂级数 $\sum\limits_{n=0}^{\infty}(n+1)x^n$ 的和函数.

解　所给幂级数的收敛半径 $R=1$，收敛区间为 $(-1,1)$. 注意到

$$(n+1)x^n=(x^{n+1})',$$

而

$$\sum_{n=0}^{\infty}(n+1)x^n=\sum_{n=1}^{\infty}nx^{n-1}=\sum_{n=1}^{\infty}(x^n)'=\left(\sum_{n=1}^{\infty}x^n\right)'=\left(\sum_{n=0}^{\infty}x^n\right)',$$

在收敛区间 $(-1,1)$ 内，$\sum\limits_{n=0}^{\infty}x^n=\dfrac{1}{1-x}$，所以

$$\sum_{n=0}^{\infty}(n+1)x^n=\left(\sum_{n=0}^{\infty}x^n\right)'=\left(\frac{1}{1-x}\right)'=\frac{1}{(1-x)^2}.$$

人物介绍

◎ **阿贝尔**(Abel，1802～1829)挪威天才数学家。他很早便显示了数学方面的才华. 16 岁那年，他遇到了一个能赏识其才能的老师霍姆伯(Holmboe)，霍姆伯介绍他阅读牛顿、欧拉、拉格朗日、高斯的著作. 大师们不同凡响的创造性方法和成果，一下子开阔了阿贝尔的视野，把他的精神提升到一个崭新的境界，他很快被推进到当时数学研究的前沿阵地. 后来他感慨地在笔记中写下这样的话:"要想在数学上取得进展，就应该阅读大师的而不是他们的门徒的著作".

翻开近代数学的教科书和专门著作，阿贝尔这个名字随处可见：阿贝尔积分、阿贝尔函数、阿贝尔积分方程、阿贝尔群、阿贝尔级数、阿贝尔部分和公式、阿贝尔基本定理、阿贝尔极限定理、阿贝尔可和性，等等. 只有很少几位数学家能使自己的名字同近代数学中这么多的概念和定理联系在一起.

自 16 世纪以来，随着三次、四次方程陆续解出，人们把目光落在五次方程的求根公式上，然而近 300 年的探索一无所获，阿贝尔证明了一般五次方程不存在求根

公式,解决了这个世纪难题,在挪威皇宫有一尊阿贝尔的雕像,这是一个大无畏的青年的形象,他的脚下踩着两个怪物——分别代表五次方程和椭圆函数.

然而这位卓越的数学家却是一个命途多舛的早夭者,只活了短短的 27 年.尤其可悲的是,在他生前,社会并没有给他的才能和成果予以公正的认可.现在公认,在被称为“函数论世纪”的 19 世纪的前半叶,阿贝尔的工作是函数论的两个最高成果之一.

为了纪念挪威天才数学家阿贝尔,挪威政府于 2003 年设立了一项数学奖——阿贝尔奖,是世界上奖金最高的数学奖,奖金的数额大致同诺贝尔奖相近.设立此奖的一个原因也是因为诺贝尔奖没有数学奖项.扩大数学的影响,吸引年轻人从事数学研究是设立阿贝尔奖的主要目的.

习题 9.4

1. 求下列幂级数的收敛区间:

(1) $\sum\limits_{n=1}^{\infty} nx^n$; (2) $\sum\limits_{n=1}^{\infty} n!x^n$; (3) $\sum\limits_{n=1}^{\infty} \dfrac{\ln(1+n)}{n+1}x^{n+1}$;

(4) $\sum\limits_{n=1}^{\infty} \dfrac{(2x)^n}{n!}$; (5) $\sum\limits_{n=1}^{\infty} (x-3)^n$; (6) $\sum\limits_{n=1}^{\infty} (-1)^n \dfrac{x^{2n+1}}{2n+1}$;

(7) $\sum\limits_{n=1}^{\infty} \dfrac{x^{3n}}{2^n}$; (8) $\sum\limits_{n=1}^{\infty} (-1)^n \dfrac{x^n}{n^2}$; (9) $\sum\limits_{n=1}^{\infty} \dfrac{(x-3)^n}{n\cdot 3^n}$;

(10) $\sum\limits_{n=1}^{\infty} (-1)^n \dfrac{2^n}{\sqrt{n}}\left(x-\dfrac{1}{2}\right)^n$; (11) $\sum\limits_{n=1}^{\infty} \dfrac{x^{2n-1}}{2^n}$;

(12) $\sum\limits_{n=1}^{\infty} \dfrac{1}{n}\left(\dfrac{x-2}{x}\right)^n$.

2. 已知幂级数 $\sum\limits_{n=1}^{\infty} a_n(x-3)^n$ 在 $x=0$ 处发散,在 $x=5$ 处收敛,问该幂级数在 $x=2$ 处是否收敛?在 $x=7$ 处是否收敛?

3. 已知幂级数 $\sum\limits_{n=1}^{\infty} a_nx^n$ 的收敛半径是 R,问幂级数 $\sum\limits_{n=1}^{\infty} a_nx^{2n}$ 的收敛半径是多少?

4. 求下列级数在收敛区间上的和函数:

(1) $\sum\limits_{n=1}^{\infty} nx^{n-1}$; (2) $\sum\limits_{n=1}^{\infty} \dfrac{x^{2n-1}}{2n-1}$; (3) $\sum\limits_{n=1}^{\infty} n^2x^{n-1}$; (4) $\sum\limits_{n=1}^{\infty} \dfrac{(-1)^{n-1}}{(2n-1)}x^{2n}$.

5. 求下列级数的和:

(1) $\sum\limits_{n=1}^{\infty} \dfrac{2n-1}{2^n}$; (2) $\sum\limits_{n=0}^{\infty} \dfrac{n+1}{2^n}$;

(3) $\frac{1}{1.3}+\frac{1}{2.3^2}+\frac{1}{3.3^3}+\frac{1}{4.3^4}+\cdots+\frac{1}{n.3^n}+\cdots$.

9.5 函数的幂级数展开

9.4节讨论了幂级数的收敛性，在其收敛域内，幂级数总是收敛于一个和函数. 本节将要讨论另外一个问题：对于任意一个函数 $f(x)$，能否将其展开成一个幂级数，以及展开成的幂级数是否以 $f(x)$为和函数？下面的讨论将解决这一问题.

9.5.1 展开定理

定理1 设 $f(x)$ 在 $U(x_0,\delta)$ 内具有任意阶导数，则在 $U(x_0,\delta)$ 内 $f(x)=\sum_{n=0}^{\infty}\frac{f^{(n)}(x_0)}{n!}(x-x_0)^n$的充分必要条件是$\lim_{n\to\infty}R_n(x)=0$. 其中 $R_n(x)$ 为拉格朗日型余项 $R_n(x)=\frac{f^{(n+1)}(\xi)}{(n+1)!}(x-x_0)^{n+1}$. 若 $f(x)$ 在 $U(x_0,\delta)$ 可以展开成幂级数 $f(x)=\sum_{n=0}^{\infty}a_n(x-x_0)^n$，则 $a_n=\frac{f^{(n)}(x_0)}{n!}$，$n=1,2,\cdots$.

幂级数

$$f(x_0)+\frac{f'(x_0)}{1!}(x-x_0)+\frac{f''(x_0)}{2!}(x-x_0)^2+\cdots+\frac{f^{(n)}(x_0)}{n!}(x-x_0)^n+\cdots$$

称为 $f(x)$在 x_0 点的**泰勒级数**（Taylor's Series）.

下面研究初等函数的幂级数展开式.

利用麦克劳林公式将函数 $f(x)$展成幂级数的方法，称为**直接展开法**.

例1 试将函数 $f(x)=e^x$展开成 x 的幂级数.

解 因为

$$f^{(n)}(x)=e^x\ (n=1,2,\ \cdots),$$

所以

$$f(0)=f'(0)=f''(0)=\cdots=f^{(n)}(0)=1,$$

于是得到幂级数

$$1+x+\frac{1}{2!}x^2+\cdots+\frac{1}{n!}x^n+\cdots, \tag{9-5-1}$$

显然，式(9-5-1)的收敛区间为$(-\infty,+\infty)$，至于式(9-5-1)是否以 $f(x)=e^x$为和函数，即它是否收敛于 $f(x)=e^x$，还要考察余项 $R_n(x)$. 因为

$$R_n(x)=\frac{e^{\theta x}}{(n+1)!}x^{n+1}\ (0<\theta<1),\quad 且\ \theta x\leqslant|\theta x|<|x|,$$

所以

$$|R_n(x)|=\frac{e^{\theta x}}{(n+1)!}|x|^{n+1}<\frac{e^{|x|}}{(n+1)!}|x|^{n+1}.$$

注意到对任一确定的 x 值,$e^{|x|}$ 是一个确定的常数,而级数(9-5-1)是绝对收敛的,因此其一般项当 $n\to\infty$ 时,$\frac{|x|^{n+1}}{(n+1)!}\to 0$,所以当 $n\to\infty$ 时,有

$$e^{|x|}\cdot\frac{|x|^{n+1}}{(n+1)!}\to 0,$$

由此可知

$$\lim_{n\to\infty}R_n(x)=0.$$

这表明级数(9-5-1)确实收敛于 $f(x)=e^x$,因此有

$$e^x=1+x+\frac{1}{2!}x^2+\cdots+\frac{1}{n!}x^n+\cdots\ (-\infty<x<+\infty).$$

例 2 试将函数 $f(x)=\sin x$ 展开成 x 的幂级数.

解 因为

$$f^{(n)}(x)=\sin\left(x+\frac{n\pi}{2}\right),\quad n=1,2,\cdots,$$

所以

$$f(0)=0,\quad f'(0)=1,f''(0)=0,\quad f'''(0)=-1,\ \cdots,\ f^{(2n)}(0)=0,\quad f^{(2n+1)}(0)=(-1)^n.$$

于是,得到幂级数

$$x-\frac{1}{3!}x^3+\frac{1}{5!}x^5-\cdots+(-1)^n\frac{x^{2n+1}}{(2n+1)!}+\cdots,$$

且它的收敛区间为$(-\infty,+\infty)$.

又因为

$$R_n(x)=\frac{\sin\left[\theta x+\frac{(n+1)\pi}{2}\right]}{(n+1)!}x^{n+1},$$

故可以推知

$$|R_n(x)|=\frac{\left|\sin\left[\theta x+\frac{(n+1)\pi}{2}\right]\right|}{(n+1)!}|x|^{n+1}\leqslant\frac{|x|^{n+1}}{(n+1)!}\to 0\ (\text{当 } n\to\infty \text{ 时}),$$

因此有

$$\sin x=x-\frac{1}{3!}x^3+\frac{1}{5!}x^5-\cdots+(-1)^n\frac{x^{2n+1}}{(2n+1)!}+\cdots\ (-\infty<x<+\infty).$$

在此之前,已经得到了函数$\frac{1}{1-x}$,e^x 及 $\sin x$ 的幂级数展开式,运用这几个已知

的展开式，通过幂级数的运算，可以求得许多函数的幂级数展开式. 这种求函数的幂级数展开式的方法称为间接展开法.

例 3 将 $f(x)=\dfrac{1}{1+x^2}$展开成 x 的幂级数.

解 已知$\dfrac{1}{1-x}=\sum\limits_{n=0}^{\infty}x^n$, $-1<x<1$. 那么

$$\frac{1}{1+x^2}=\frac{1}{1-(-x^2)}=\sum_{n=0}^{\infty}(-x^2)^n=\sum_{n=0}^{\infty}(-1)^n x^{2n},\quad -1<x<1.$$

例 4 将函数 $f(x)=\ln(1+x)$展开成 x 的幂级数.

解 注意到

$$\ln(1+x)=\int_0^x\frac{1}{1+x}\mathrm{d}x,$$

而

$$\frac{1}{1+x}=\frac{1}{1-(-x)}=1-x+x^2-\cdots+(-1)^n x^n+\cdots,\quad |x|<1,$$

将上式两边同时积分，得

$$\begin{aligned}\ln(1+x)&=x-\frac{1}{2}x^2+\frac{1}{3}x^3-\cdots+(-1)^n\frac{1}{n+1}x^{n+1}+\cdots\\&=\sum_{n=0}^{\infty}(-1)^n\frac{1}{n+1}x^{n+1}=\sum_{n=1}^{\infty}(-1)^{n-1}\frac{1}{n}x^n.\end{aligned}$$

因为幂级数逐项积分后收敛半径 r 不变，所以上式右边级数的收敛半径仍为 $r=1$；而当 $x=-1$ 时，该级数发散；当 $x=1$ 时，该级数收敛. 故收敛域为$(-1,1]$.

例 5 将 $\ln x$ 展开为 $x-1$ 的幂级数.

解 由于

$$\ln(1+x)=x-\frac{x^2}{2}+\frac{x^3}{3}-\frac{x^4}{4}+\cdots+(-1)^{n-1}\frac{x^n}{n}+\cdots,\quad \forall x\in(-1,1],$$

而 $\ln x=\ln[1+(x-1)]$，故在上式中，将 x 换成 $x-1$，得

$$\begin{aligned}\ln x=&(x-1)-\frac{(x-1)^2}{2}+\frac{(x-1)^3}{3}-\frac{(x-1)^4}{4}+\cdots\\&+(-1)^{n-1}\frac{(x-1)^n}{n}+\cdots,\quad \forall x\in(0,2].\end{aligned}$$

例 6 将$\dfrac{1}{x}$展成 $x-2$ 的幂级数.

解 $\dfrac{1}{x}=\dfrac{1}{2+(x-2)}=\dfrac{1}{2}\dfrac{1}{1+\dfrac{x-2}{2}}\ \left(-1<\dfrac{x-2}{2}<1\right)$

$$=\frac{1}{2}\left[1-\frac{x-2}{2}+\frac{(x-2)^2}{4}+\cdots+(-1)^n\frac{(x-2)^n}{2^n}+\cdots\right],\quad 0<x<4.$$

最后,将几个常用的函数的幂级数展开式列在下面,以便于读者查用.

$$e^x=1+x+\frac{1}{2!}x^2+\cdots+\frac{1}{n!}x^n+\cdots,\quad x\in(-\infty,+\infty);$$

$$\ln(1+x)=x-\frac{1}{2}x^2+\frac{1}{3}x^3-\cdots+(-1)^n\frac{1}{n+1}x^{n+1}+\cdots,\quad x\in(-1,1];$$

$$\sin x=x-\frac{1}{3!}x^3+\frac{1}{5!}x^5-\cdots+(-1)^n\frac{1}{(2n+1)!}x^{2+1}+\cdots,\quad x\in(-\infty,+\infty);$$

$$\cos x=1-\frac{1}{2!}x^2+\frac{1}{4!}x^4-\cdots+(-1)^n\frac{1}{(2n)!}x^{2n}+\cdots,\quad x\in(-\infty,+\infty);$$

$$\arctan x=x-\frac{1}{3}x^3+\frac{1}{5}x^5-\cdots+(-1)^n\frac{1}{2n+1}x^{2n+1}+\cdots,\quad x\in[-1,1];$$

$$(1+x)^\alpha=1+\alpha x+\frac{\alpha(\alpha-1)}{2!}x^2+\cdots+\frac{\alpha(\alpha-1)\cdots(\alpha-n+1)}{n!}x^n+\cdots,\quad x\in(-1,1).$$

最后一个公式称为二项展开式,其端点的收敛性与 α 有关,如当 $\alpha>0$ 时,收敛区间 $[-1,1]$;当 $-1<\alpha<0$ 时,收敛区间为 $(-1,1]$.

9.5.2　函数幂级数展开的应用举例

幂级数展开式的应用很广泛,如可利用它来对某些数值或定积分值等进行近似计算.

例 7　计算 ln2 的近似值,使误差不超过 10^{-4}.

解　由于 $\ln(1+x)$ 的幂级数展开式对 $x=1$ 也成立,故有

$$\ln 2=1-\frac{1}{2}+\frac{1}{3}-\frac{1}{4}+\cdots+(-1)^{n-1}\frac{1}{n}+\cdots.$$

根据交错级数理论,为使绝对误差小于 10^{-4},即

$$|r_n|<\frac{1}{n+1}<10^{-4},$$

要取级数的前 10000 项进行计算,这样做计算量太大了.为了减少计算量,考虑利用 $\ln\frac{1+x}{1-x}$ 的展开式进行计算.由于

$$\ln\frac{1+x}{1-x}=\ln(1+x)-\ln(1-x)=\sum_{n=1}^{\infty}(-1)^{n-1}\frac{x^n}{n}-\sum_{n=1}^{\infty}(-1)^{n-1}\frac{(-x)^n}{n}$$

$$=\sum_{n=1}^{\infty}(-1)^{n-1}\frac{x^n}{n}+\sum_{n=1}^{\infty}\frac{x^n}{n}=2\sum_{n=1}^{\infty}\frac{x^{2n-1}}{2n-1},-1<x<1,$$

令 $\frac{1+x}{1-x}=2$,得 $x=\frac{1}{3}\in(-1,1)$,以 $x=\frac{1}{3}$ 代入上面展开式得

$$\ln 2=2\left(\frac{1}{3}+\frac{1}{3}\cdot\frac{1}{3^2}+\frac{1}{5}\cdot\frac{1}{3^5}+\frac{1}{7}\cdot\frac{1}{3^7}+\cdots\right).$$

由于

$$|r_n|=\sum_{k=n+1}^{\infty}\frac{2}{2k-1}\cdot\frac{1}{3^{2k-1}}<\frac{1}{3n}\sum_{k=n+1}^{\infty}\left(\frac{1}{9}\right)^{k-1}<\frac{1}{n\cdot 9^n},$$

只要取 $n=4$，就有 $|r_n|<10^{-4}$，从而

$$\ln 2\approx 2\left(\frac{1}{3}+\frac{1}{3}\cdot\frac{1}{3^3}+\frac{1}{5}\cdot\frac{1}{3^5}+\frac{1}{7}\cdot\frac{1}{3^7}\right)\approx 0.6931.$$

例 8 计算 $I=\int_0^1 e^{-x^2}dx$，精确到 10^{-4}.

解 因为

$$e^{-x^2}=1-\frac{1}{1!}x^2+\frac{1}{2!}x^4-\frac{1}{3!}x^6+\cdots,\quad -\infty<x<+\infty,$$

在区间[0,1]上逐项积分得

$$I=\int_0^1 e^{-x^2}dx=1-\frac{1}{3}+\frac{1}{10}-\frac{1}{42}+\frac{1}{216}-\frac{1}{1320}+\frac{1}{9360}-\frac{1}{75600}+\cdots.$$

这是交错级数，它的余项的绝对值小于余项和第一项的绝对值，现由于 $\frac{1}{75600}<1.5\times 10^{-5}$，故取前 7 项即可，经计算可得

$$I\approx 0.7486.$$

习题 9.5

1. 将下列函数展开成 x 的幂级数，并确定其收敛区间：

(1) $\ln(2+x)$；　(2) $a^x(a>0,a\neq 1)$；　(3) $\cos^2 x$；

(4) $\frac{x}{\sqrt{1-2x}}$；　(5) $\frac{3x}{x^2+5x+6}$；　(6) $\ln(1+x^2)$；

(7) $f(x)=\frac{2}{\sqrt{\pi}}\int_0^x e^{-x^2}dx$；　(8) $\sin^2 x$；　(9) $\arcsin x$；

(10) $\ln(4-3x-x^2)$.

2. 将 $f(x)=\frac{1}{1-x}$ 在 $x=3$ 处展开成幂级数，并求收敛区间.

3. 将函数 $f(x)=\frac{1}{x^2}$ 展开成 $(x-2)$ 的幂级数.

4. 将下列函数展成 $x-1$ 的幂级数：

(1) $\lg x$; (2) $\dfrac{1}{x^2+3x+2}$; (3) $\dfrac{1}{x^2+4x+3}$.

5. 将 $f(x)=\dfrac{x-1}{4-x}$展开成 $x-1$ 的幂级数，并求 $f^{(n)}(1)$.

6. 用 $\ln(1-x)$ 的展开式，求(1) $\sum\limits_{n=1}^{\infty}\dfrac{x^n}{n\cdot 4^n}$ 的和函数；

(2) $\sum\limits_{n=1}^{\infty}(-1)^{n+1}\dfrac{1}{n}$ 的和.

7. 利用函数的幂级数展开式，求下列函数的近似值：

(1) $\sqrt{e}$(精确到 0.001); (2) $\sqrt[5]{30}$(精确到 0.0001).

8. 利用近似公式 $\sin x\approx x-\dfrac{1}{3!}x^3$，求 $\sin 9^\circ$的近似值，并估计误差.

9. 计算$\int_0^{0.8}x^{10}\sin x\mathrm{d}x$(精确到 0.0001).

复习题 9

1. 填空题.

(1) 设 a 为常数，若级数$\sum\limits_{n=1}^{\infty}(u_n-a)$收敛，则$\lim\limits_{n\to\infty}u_n=$__________;

(2) 级数$\sum\limits_{n=0}^{\infty}\dfrac{(\ln 3)^n}{2^n}$ 的和为__________;

(3) 幂级数$\dfrac{1}{a}+\dfrac{2x}{a^2}+\cdots+\dfrac{n\cdot x^{n-1}}{a^n}+\cdots$在收敛区间$(-a,a)$内的和函数 $s(x)$为__________;

(4) 函数 $f(x)=\ln(3+x)$展开 x 的幂级数为__________;

(5) 幂级数$\sum\limits_{n=1}^{\infty}\dfrac{n}{2^n+(-3)^n}x^{2n-1}$ 的收敛半径为__________;

(6) 设幂级数$\sum\limits_{n=1}^{\infty}a_n(1+x)^n$ 在 $x=3$ 条件收敛，则该级数的收敛半径为__________;

(7) 已知级数$\sum\limits_{n=1}^{\infty}(-1)^{n-1}u_n=2$，$\sum\limits_{n=1}^{\infty}u_{2n-1}=5$，则级数$\sum\limits_{n=1}^{\infty}u_n=$__________;

(8) 幂级数$\sum\limits_{n=1}^{\infty}\dfrac{1}{\sqrt{n}}(x-2)^n$ 的收敛域为__________;

(9) 设$\sum\limits_{n=1}^{\infty}u_n$ 收敛，且 $v_n=\dfrac{1}{u_n}$，$\sum\limits_{n=1}^{\infty}v_n$ 的敛散性为__________;

(10) 级数 $1+\dfrac{1}{3}+\dfrac{1}{5}+\dfrac{1}{7}+\cdots$ 的一般项是__________.

2. 选择题.

(1) 设 α 为常数，则级数 $\sum_{n=1}^{\infty}\left[\frac{\sin n\alpha}{n^2}-\frac{1}{\sqrt{n}}\right]$(　　).

(A)绝对收敛　(B) 发散　(C) 条件收敛　(D) 敛散性与 α 取值有关

(2) 设 $u_n=(-1)^n\ln\left(1+\frac{1}{\sqrt{n}}\right)$，则(　　).

(A) $\sum_{n=1}^{\infty}u_n$ 与 $\sum_{n=1}^{\infty}u_n^2$ 都收敛　(B) $\sum_{n=1}^{\infty}u_n$ 与 $\sum_{n=1}^{\infty}u_n^2$ 都发散

(C) $\sum_{n=1}^{\infty}u_n$ 收敛，而 $\sum_{n=1}^{\infty}u_n^2$ 发散　(D) $\sum_{n=1}^{\infty}u_n$ 发散，$\sum_{n=1}^{\infty}u_n^2$ 收敛

(3) 设 $\sum_{n=1}^{\infty}(-1)^n a_n$ 条件收敛，则(　　).

(A) $\sum_{n=1}^{\infty}a_n$ 收敛　(B) $\sum_{n=1}^{\infty}a_n$ 发散

(C) $\sum_{n=1}^{\infty}(a_n-a_{n+1})$ 收敛　(D) $\sum_{n=1}^{\infty}a_{2n}$ 和 $\sum_{n=1}^{\infty}a_{2n+1}$ 都收敛

(4) 设级数 $\sum_{n=1}^{\infty}u_n$ 收敛，则必定收敛的级数为(　　).

(A) $\sum_{n=1}^{\infty}(-1)^n\frac{u_n}{n}$　(B) $\sum_{n=1}^{\infty}u_n^2$

(C) $\sum_{n=1}^{\infty}(u_{2n-1}-u_{2n})$　(D) $\sum_{n=1}^{\infty}(u_n+u_{n-1})$

(5) 若 $\sum_{n=1}^{\infty}a_n(x-1)^n$ 在 $x=-2$ 处收敛，则此级数在 $x=-1$ 处(　　).

(A) 条件收敛　(B) 绝对收敛　(C) 发散　(D) 收敛性不确定

(6) 设幂级数 $\sum_{n=1}^{\infty}a_nx^n$ 的收敛半径为 3，则幂级数 $\sum_{n=1}^{\infty}na_n(x-1)^{n+1}$ 必定收敛的区间为(　　).

(A) $(-2,4)$　(B) $[-2,4]$　(C) $(-3,3)$　(D) $(-4,2)$

(7) 级数 $\sum_{n=1}^{\infty}u_n$ 收敛的(　　)是 $\lim_{n\to\infty}u_n=0$.

(A) 充分条件　(B) 必要条件

(C) 充分必要条件　(D) 无法确定

(8) 设 $0\leqslant u_n\leqslant\frac{1}{n}$，则下列级数中一定收敛的是(　　).

(A) $\sum_{n=1}^{\infty}u_n$　(B) $\sum_{n=1}^{\infty}(-1)^n u_n$　(C) $\sum_{n=1}^{\infty}\sqrt{u_n}$　(D) $\sum_{n=1}^{\infty}(-1)^n u_n^2$

(9) 函数项级数 $\sum_{n=1}^{\infty}\frac{(2x+1)^n}{n}$ 的收敛域为(　　).

(A) $(-1,1)$　　(B) $(-1,0)$　　(C) $[-1,0]$　　(D) $[-,0)$

(10) 函数 $f(x)=\frac{1}{\sqrt{3+2x-x^2}}$ 展开幂级数,则其收敛半径 R 等于(　　).

(A) $\sqrt{2}$　　(B) 2　　(C) 4　　(D) 1

3. 利用级数收敛与发散的定义,判定下列级数的收敛性:

(1) $\sum_{n=1}^{\infty}\frac{1}{2n(2n+2)}$;　　(2) $\sum_{n=1}^{\infty}\left(\frac{1}{3^n}+\frac{1}{5^n}\right)$.

4. 判断下列正项级数的敛散性:

(1) $\sum_{n=1}^{\infty}\frac{n!}{100^n}$;　　(2) $\sum_{n=1}^{\infty}\frac{n^{\mathrm{e}}}{\mathrm{e}^n}$;　　(3) $\sum_{n=1}^{\infty}\sqrt{\frac{n+1}{2n}}$;

(4) $\sum_{n=1}^{\infty}\frac{2n+3}{n(n+3)}$;　　(5) $\sum_{n=1}^{\infty}\frac{n^4}{n!}$;　　(6) $\sum_{n=1}^{\infty}\left(\frac{n}{3n+1}\right)^n$;

(7) $\sum_{n=1}^{\infty}\frac{n+(-1)^n}{2^n}$　　(8) $\sum_{n1}^{\infty}\left(\frac{2n}{3n-1}\right)^{2n+3}$;　(9) $\sum_{n=1}^{\infty}\frac{n^n+a^n}{(2n+1)^n},a>0$;

(10) $\sum_{n=1}^{\infty}\int_0^{\frac{1}{n}}\frac{\sqrt{x}}{1+x^4}2x$;(11) $\sum_{n=1}^{\infty}\left(\frac{b}{a_n}\right)^n$,其中 $a_n\to a(n\to\infty)$,a_n,b,a 均为正数.

5. 讨论下列级数的绝对收敛性与条件收敛性:

(1) $\sum_{n=1}^{\infty}(-1)^n\frac{1}{n^p}$;　　(2) $\sum_{n=1}^{\infty}(-1)^n\frac{\cos\frac{\mathrm{e}}{n+1}}{\mathrm{e}^{n+1}}$;

(3) $\sum_{n=1}^{\infty}(-1)^n\frac{(n+1)!}{n^{n+1}}$;　　(4) $\sum_{n=1}^{\infty}(-1)^{n+1}\frac{2^{n^2}}{n!}$;

(5) $\sum_{n=1}^{\infty}(-1)^{n-1}\frac{n+1}{n^2+n+1}$;　　(6) $\sum_{n=1}^{\infty}(-1)^{n+1}\frac{\ln\left(2+\frac{1}{n}\right)}{\sqrt{(3n-2)(3n+2)}}$.

6. 求下列幂级数的收敛区间:

(1) $\sum_{n=1}^{\infty}\frac{2^n}{n^2+1}x^n$;　　(2) $\sum_{n=1}^{\infty}(-1)^n\frac{x^{2n}}{(2n)!}$;

(3) $\sum_{n=1}^{\infty}\frac{x^n}{a^n+b^n},(a>0,b>0)$;　　(4) $\sum_{n=1}^{\infty}(-1)^n\frac{1}{2^n4^n}(x+5)^{2n+1}$;

(5) $\sum_{n=1}^{\infty}\frac{3^n+(-2)^n}{n}(x+1)^n$.

7. 求下列级数的和函数：

(1) $\sum_{n=1}^{\infty} nx^{2n}$；　　(2) $\sum_{n=1}^{\infty} \frac{2n+1}{n!}x^{2n}$；　　(3) $\sum_{n=1}^{\infty} n^2 x^n$.

8. 求证：$\ln 2 = \sum_{n=1}^{\infty} \frac{1}{n \cdot 2^n}$.

9. 将下列函数展开成 $x-x_0$ 的幂的级数：

(1) $f(x)=\frac{1}{2x^2-3x+1}, x_0=0$；　　(2) $f(x)=\frac{1}{x^2}, x_0=1$；

(3) $f(x)=\frac{x}{\sqrt{1+x^2}}, x_0=0$.

10. 求级数$\sum_{n=1}^{\infty} \frac{n}{3}\left(\frac{x}{3}\right)^{n-1}$ 在收敛区间内的和函数，并求$\sum_{n=1}^{\infty} \frac{n}{3^n}$ 的和.

11. 将 $\varphi(x) = \int_0^x \sin t^2 \mathrm{d}t$ 展开成为 x 的幂级数.

12. 设正项级数 $\sum_{n=1}^{\infty} u_n$ 和正项级数 $\sum_{n=1}^{\infty} v_n$ 都收敛，证明级数 $\sum_{n=1}^{\infty} (u_n + v_n)^2$ 收敛.

第 10 章

微分方程

Differential Equations

17 世纪后期,牛顿(Newton, 1642～1727)和莱布尼茨(Leibniz, 1646～1716)创立了在人类科学史上具有划时代意义的微积分学,并揭示了微分和积分之间的深刻联系,即互逆性.这事实上解决了最简单的微分方程 $y'(x)=f(x)$ 的求解问题.微积分学的产生和发展,与人们求解微分方程的需要密切相关.这里所说的微分方程,就是指人们运用微积分的思想解决实际问题时常常出现的一类联系着自变量、未知函数以及未知函数导数的方程.实际问题一旦转化为微分方程,就转化为对微分方程的研究. 微分方程理论在几何学、流体力学、天文学、物理学、生物数学等自然科学领域具有广泛的应用.当前计算机的发展更是为微分方程的应用及理论研究提供了非常有力的工具.

本章的主要内容包括微分方程的定义,一阶微分方程的解法以及二阶常系数微分方程解的结构等.

10.1 微分方程的基本概念

本节主要概念:常微分方程、通解与特解、初始条件与初值问题.

先通过具体的例子来说明微分方程的有关概念.

例 1 设曲线 $y=f(x)$ 在其上任一点 (x,y) 的切线斜率为 $3x^2$,且曲线过点 $(0,-1)$,求曲线的方程.

解 由导数的几何意义知在点 (x,y) 处,有

$$\frac{\mathrm{d}y}{\mathrm{d}x}=3x^2. \tag{10-1-1}$$

此外,曲线满足条件

$$y|_{x=0}=-1. \tag{10-1-2}$$

式(10-1-1)两边积分,得

$$y=\int 3x^2\mathrm{d}x=x^3+c. \quad (10\text{-}1\text{-}3)$$

其中 c 为任意常数. 式(10-1-3)表示了无穷多个函数(图 10-1),为得到满足条件(10-1-2)的具体曲线,以条件(10-1-2)代入式(10-1-3),得 $c=-1$. 故所求曲线的方程为

$$y=x^3-1. \quad (10\text{-}1\text{-}4)$$

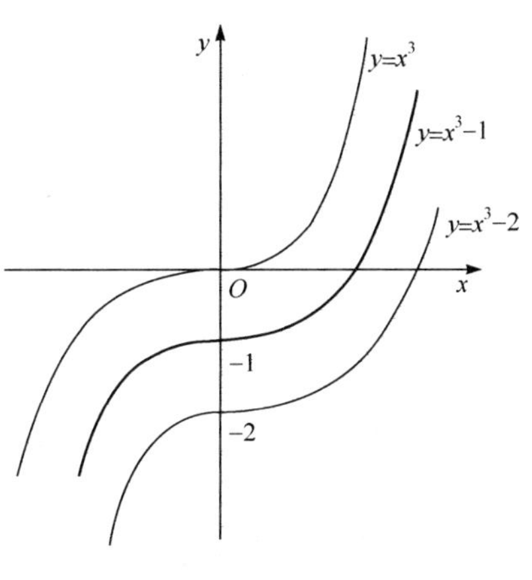

图 10-1

例 2　质量为 m 的物体在离地面高为 s_0 米处,以初速 v_0 垂直上抛,设此物体的运动只受重力的影响,试确定该物体运动的路程 s 与时间 t 的函数关系.

解　因为物体运动的加速度是路程 s 对时间 t 的二阶导数,由于物体运动只受重力的影响,所以,由牛顿第二定律知所求函数 $s=s(t)$ 应满足

$$\frac{\mathrm{d}^2s}{\mathrm{d}t^2}=-g. \quad (10\text{-}1\text{-}5)$$

这里 g 为重力加速度,取垂直向上的方向为正方向. 此外,$s(t)$ 还应满足条件

$$\begin{cases} s(0)=s_0, \\ s'(0)=v_0. \end{cases} \quad (10\text{-}1\text{-}6)$$

式(10-1-5)两端对 t 积分,得

$$\frac{\mathrm{d}s}{\mathrm{d}t}=-gt+C_1. \quad (10\text{-}1\text{-}7)$$

再对 t 积分,得

$$s=-\frac{1}{2}gt^2+C_1t+C_2. \quad (10\text{-}1\text{-}8)$$

把条件(10-1-6)代入式(10-1-7)和(10-1-8),得 $C_1=v_0$, $C_2=s_0$,于是有

$$s=-\frac{1}{2}gt^2+v_0t+s_0. \quad (10\text{-}1\text{-}9)$$

关系式(10-1-1)与(10-1-5)都含有未知函数的导数,它们都称为微分方程. 一般地有以下定义.

定义 1　含有未知函数的导数或微分的方程称为**微分方程**(differential equation). 未知函数为一元函数的微分方程称为**常微分方程**(ordinary differential equation). 微分方程中出现的未知函数的导数的最高阶数称为这个方程的**阶**(order). 阶数不小于二的微分方程称为**高阶微分方程**.

在不致混淆的情况下,也称常微分方程为微分方程或简称为方程.

可以看出,方程(10-1-1)是一阶微分方程,方程(10-1-5)是二阶微分方程. 而

$$y'''+y''-10y'-10=0, \qquad (10\text{-}1\text{-}10)$$

$$y'''+(y')^4-7y=\sin x \qquad (10\text{-}1\text{-}11)$$

都是三阶微分方程.

n 阶常微分方程的一般形式为

$$F(x;y,y',\cdots,y^{(n)})=0, \qquad (10\text{-}1\text{-}12)$$

其中 x 为自变量,y 为未知函数; $F(x;y,y',\cdots,y^{(n)})$ 是 $x,y,y',\cdots,y^{(n)}$ 的已知函数,且 $y^{(n)}$ 的系数不为 0.

如果方程(10-1-12)的左端函数 F 为 $y,y',y'',\cdots,y^{(n)}$ 的线性函数,则称方程(10-1-12)为 n 阶线性微分方程,否则称方程(10-1-12)为非线性微分方程 . n 阶线性微分方程的一般形式为

$$a_0(x)y^{(n)}+a_1(x)y^{(n-1)}+\cdots+a_n(x)y=f(x), \qquad (10\text{-}1\text{-}13)$$

其中 $a_0(x),a_1(x),\cdots,a_n(x),f(x)$ 均为 x 的已知函数,且 $a_0(x)\neq0$.

例如,方程(10-1-1)为一阶线性方程,方程(10-1-5)是二阶线性方程,而方程(10-1-11)是三阶非线性方程 .

定义 2 如果将已知函数 $y=\varphi(x)$ 代入方程(10-1-12)后,能使其成为恒等式,则称函数 $y=\varphi(x)$ 是方程(10-1-12)的**解**(solution). 如果由关系式 $\Phi(x,y)=0$ 确定的隐函数是方程(10-1-12)的解,则称 $\Phi(x,y)=0$ 为方程(10-1-12)的隐式解.

为今后叙述简便起见,将对微分方程的解和隐式解都不再加以区别,统称为方程的解 .

定义 3 如果存在常数 k 使得函数 y_1,y_2 满足 $y_1=ky_2$,则称 y_1 和 y_2 线性相关,否则称 y_1 和 y_2 线性无关. 如 $y_1=\sin x,y_2=2\sin x$,显然 y_1 和 y_2 线性相关;如 $y_1=\sin x,y_2=\cos x$,显然 y_1 和 y_2 线性无关.

定义 4 若微分方程的解中所含(独立的)任意常数的个数与微分方程的阶数相等且和任意常数相乘的函数之间是线性无关的,则称这个解为方程的**通解**(general solution). 在通解中给任意常数以确定的值得到的解,称为微分方程的特解.

例如,函数(10-1-3)和(10-1-8)分别是方程(10-1-1)和(10-1-5)的通解,函数(10-1-4)和(10-1-9)分别是方程(10-1-1)和(10-1-5)的特解,它们都由通解得到.

注 1 一阶方程的一般形式:$F(x,y,y')=0$,从这个方程有可能解出 y',也有可能解不出来.

注 2 在一阶方程中,x 和 y 的关系是等价的. 因此,有时可将 x 看成函数,y 看成变量.

通常,为确定 n 阶方程(10-1-12)的某个特解,需要给出该特解应满足的附加条件,称为定解条件. 一般地,n 阶微分方程应有 n 个定解条件,才能从通解中确定

某个具体的特解. n 阶微分方程(10-1-12)常见的定解条件是如下形式的条件:

$$y(x_0)=y_0, y'(x_0)=y_1, \cdots, y^{(n-1)}(x_0)=y_{n-1},$$

其中 $x_0, y_0, y_1, \cdots, y_{n-1}$ 为 $n+1$ 个给定的常数,通常称这样的定解条件为**初始条件**(initial condition).

例如,方程(10-1-1)满足初始条件(10-1-2)的特解是函数(10-1-4),而方程(10-1-5)满足初始条件(10-1-6)的特解是函数(10-1-9).

求微分方程满足某定解条件的解的问题,称为微分方程的定解问题;求微分方程满足某初始条件的解的问题,称为微分方程的**初值问题**(initial value problem).

例 3 验证:函数 $x=C_1\cos at+C_2\sin at$ 是微分方程

$$\frac{d^2x}{dt^2}+a^2x=0 \tag{10-1-14}$$

的通解.

解 求出函数 $x=C_1\cos at+C_2\sin at$ 的导数:

$$\frac{dx}{dt}=-C_1a\sin at+C_2a\cos at,$$

$$\frac{d^2x}{dt^2}=-C_1a^2\cos at-C_2a^2\sin at.$$

将以上两式代入方程(10-1-14)的左端,满足(10-1-14). 因此,函数 $x=C_1\cos at+C_2\sin at$ 是方程(10-1-14)的解,又此函数中含有两个相互独立的任意常数且和任意常数相乘的函数 $\cos at$ 和 $\sin at$ 之间是线性无关的,而方程(10-1-14)为二阶微分方程,因此,函数 $x=C_1\cos at+C_2\sin at$ 是方程(10-1-14)的通解.

习题 10.1

1. 指出下列各题中的函数(显函数或隐函数)是否为所给微分方程的解:

(1) $y=e^{-x^2}, \frac{dy}{dx}=-2xy$; (2) $y=\arctan(x+y)+c, y'=\frac{1}{(x+y)^2}$;

(3) $y=xe^x, y''-2y'+y=0$; (4) $\int_1^y e^{-\frac{t^2}{2}}dt+x+1=0, y'+e^{\frac{1}{2}y^2}=0$.

2. 试指出下列各微分方程的阶数:

(1) $y=x(y')^2-2yy'+x=0$; (2) $(y'')^3+5(y')^4-y^5+x^7=0$;

(3) $xy'''+2y''+x^2y=0$; (4) $(x^2-y^2)dx+(x^2+y^2)dy=0$;

(5) $(7x-6y)dx+(x+y)dy=0$; (6) $(y''')^2-y^4=e^x$.

3. 由下列积分曲线族中找出满足已给初始条件的曲线:

(1) $y-x^3=C, y(0)=1$; (2) $y=C_1e^x+C_2e^{-x}, y(0)=1, y'(0)=0$.

4. 求下列微分方程满足所给初始条件的特解：

(1) $\frac{dy}{dx}=\sin x, y|_{x=0}=1$；　　(2) $\frac{d^2y}{dx^2}=6x, y|_{x=0}=0, y'|_{x=0}=2$.

5. 写出由下列条件确定的曲线所满足的微分方程与初始条件：

(1) 曲线在其上任一点的切线的斜率等于该点横坐标的两倍，且通过点(1,4)；

(2) 已知曲线过点(−1,1)且曲线上任一点的切线与 Ox 轴交点的横坐标等于切点的横坐标的平方．

6. 判断下列各题中的函数是否为所给微分方程的解．若是，试指出是通解还是特解(其中 C 为常数).

(1) $(x-2y)y'=2x-y, x^2-xy+y^2=0$；

(2) $y''-2y'+y=0, y=x^2e^x$；

(3) $y=xy'+f(y'), y=Cx+f(C)$；

(4) $y''+3y'+y=0, y=e^x+e^{-x}$.

7. 验证 $y=Cx^3$ 是方程 $3y-xy'=0$ 的通解(C 为任意常数)，并求满足初始条件 $y|_{x=1}=\frac{1}{3}$ 的特解.

10.2　一阶微分方程

一阶微分方程的一般形式为

$$F(x,y,y')=0$$

或

$$y'=f(x,y).$$

本节将介绍某些特殊类型的一阶微分方程的解法，包括可分离变量的微分方程、齐次方程和一阶线性微分方程.

10.2.1　可分离变量的微分方程

如果一阶微分方程能化为

$$a(y)dy=b(x)dx \tag{10-2-1}$$

的形式，那么原方程称为可分离变量的微分方程．要解这类方程，先把原方程化为式(10-2-1)的形式，称为分离变量，再对式(10-2-1)两边积分，得

$$\int a(y)dy=\int b(x)dx,$$

便可得到所求的通解.

注　可分离变量方程的解法：先分离变量，再两边积分，最后求不定积分，即得

通解.

例1 求 $y'=yx^2$ 的通解.

解 原方程可化为$\frac{\mathrm{d}y}{y}=x^2\mathrm{d}x(y\neq 0)$，两边积分得

$$\int\frac{\mathrm{d}y}{y}=\int x^2\mathrm{d}x,$$

解得

$$\ln|y|=\frac{x^3}{3}+C_1,$$

所以

$$|y|=\mathrm{e}^{\frac{x^3}{3}+C_1}=C_2\mathrm{e}^{\frac{x^3}{3}}(C_2>0),$$

故

$$y=C_3\mathrm{e}^{\frac{x^3}{3}}(C_3\neq 0),$$

又 $y=0$ 也为方程的解，故通解为 $y=C\mathrm{e}^{\frac{x^3}{3}}$，这里 C 为任意常数.

例2 求如下微分方程的通解：

$$(\mathrm{e}^{x+y}-\mathrm{e}^x)\mathrm{d}x+(\mathrm{e}^{x+y}-\mathrm{e}^y)\mathrm{d}y=0.$$

解 分离变量得

$$\frac{\mathrm{e}^y}{\mathrm{e}^y-1}\mathrm{d}y=-\frac{\mathrm{e}^x}{\mathrm{e}^x+1}\mathrm{d}x,$$

两边积分得

$$\int\frac{\mathrm{e}^y}{\mathrm{e}^y-1}\mathrm{d}y=-\int\frac{\mathrm{e}^x}{\mathrm{e}^x+1}\mathrm{d}x,$$

即

$$\ln(\mathrm{e}^y-1)=-\ln(\mathrm{e}^x+1)+\ln C,$$

得

$$(\mathrm{e}^y-1)(\mathrm{e}^x+1)=C.$$

例3 求微分方程 $\sin x\cos y\mathrm{d}x-\cos x\sin y\mathrm{d}y=0$ 的通解，并求满足初始条件 $y(0)=\frac{\pi}{4}$的特解.

解 方程可变为

$$\frac{\sin x}{\cos x}\mathrm{d}x=\frac{\sin y}{\cos y}\mathrm{d}y,$$

两边积分，得

$$\ln|\cos x|=\ln|\cos y|+C_1,$$

所以，$\cos y=C\cos x$ 为方程的通解，这里 C 为任意常数.

又 $y(0)=\frac{\pi}{4}$,得

$$\cos\frac{\pi}{4}=C\cos 0,$$

解得

$$C=\frac{\sqrt{2}}{2},$$

即满足初始条件的特解为

$$\cos y=\frac{\sqrt{2}}{2}\cos x.$$

例 4　实验得出,在给定时刻 t,镭的衰变速率(质量减少的即时速度)与镭的现存量 $M=M(t)$ 成正比. 又当 $t=0$ 时,$M=M_0$,求镭的存量与时间 t 的函数关系.

解　依题意,有

$$\frac{\mathrm{d}M(t)}{\mathrm{d}t}=-kM(t),\quad k>0, \tag{10-2-2}$$

并满足初始条件 $M|_{t=0}=M_0$.

方程(10-2-2)是可分离变量的,分离变量后得

$$\frac{\mathrm{d}M}{M}=-k\mathrm{d}t.$$

两边积分,得

$$\ln M=-kt+\ln C,$$

即

$$M=C\mathrm{e}^{-kt}.$$

将初始条件 $M|_{t=0}=M_0$ 代入上式,得 $C=M_0$,故镭的衰变规律可表示为

$$M=M_0\mathrm{e}^{-kt}.$$

一般地,利用微分方程解决实际问题的步骤为:

(1) 利用问题的性质建立微分方程,并写出初始条件;

(2) 利用数学方法求出方程的通解;

(3) 利用初始条件确定任意常数的值,求出特解.

10.2.2　齐次方程

形如

$$\frac{\mathrm{d}y}{\mathrm{d}x}=f\left(\frac{y}{x}\right) \tag{10-2-3}$$

的微分方程,称为一阶齐次微分方程,简称为齐次方程.例如,方程

$$(xy-y^2)\mathrm{d}x-(x^2-2xy)\mathrm{d}y=0$$

可化为

$$\frac{\mathrm{d}y}{\mathrm{d}x}=\frac{xy-y^2}{x^2-2xy}=\frac{\frac{y}{x}-\left(\frac{y}{x}\right)^2}{1-2\left(\frac{y}{x}\right)}.$$

它是一阶齐次微分方程.

作变量替换

$$y=ux, \tag{10-2-4}$$

其中 u 是 x 的函数,则有

$$\frac{\mathrm{d}y}{\mathrm{d}x}=u+x\frac{\mathrm{d}u}{\mathrm{d}x}.$$

将其代入方程(10-2-3),得

$$u+x\frac{\mathrm{d}u}{\mathrm{d}x}=f(u).$$

分离变量,并两边积分,得

$$\int\frac{1}{f(u)-u}\mathrm{d}u=\int\frac{1}{x}\mathrm{d}x. \tag{10-2-5}$$

求出积分后,将 u 还原成 $\frac{y}{x}$,便得所给齐次方程的通解.

例 5 解微分方程

$$y'-\frac{y}{x}=3\tan\frac{y}{x}.$$

解 原方程可写成

$$y'=3\tan\frac{y}{x}+\frac{y}{x}.$$

令 $y=ux$,得

$$u+xu'=3\tan u+u.$$

即

$$xu'=3\tan u,$$

$$\int\frac{\mathrm{d}u}{3\tan u}=\int\frac{\mathrm{d}x}{x},$$

积分得

$$\ln|\sin u|=3\ln|x|+C_1.$$

则

$$\sin u = Cx^3,$$

将 $u=\frac{y}{x}$ 代入上式,便得原方程的通解为

$$\sin\frac{y}{x}=Cx^3.$$

例 6 求如下微分方程的通解:

$$(x^2+y^2)\mathrm{d}x-xy\mathrm{d}y=0.$$

解 变形得

$$\frac{\mathrm{d}y}{\mathrm{d}x}=\frac{x^2+y^2}{xy}=\frac{1+\left(\frac{y}{x}\right)^2}{\frac{y}{x}}.$$

令 $y=ux$,

$$\frac{\mathrm{d}y}{\mathrm{d}x}=u+x\frac{\mathrm{d}u}{\mathrm{d}x}.$$

原方程变为

$$u+x\frac{\mathrm{d}u}{\mathrm{d}x}=\frac{1+u^2}{u}=\frac{1}{u}+u,$$

即

$$x\frac{\mathrm{d}u}{\mathrm{d}x}=\frac{1}{u},$$

分离变量得

$$u\mathrm{d}u=\frac{1}{x}\mathrm{d}x,$$

两边积分得

$$\frac{u^2}{2}=\ln x+\ln C_1,$$

将 u 还原得

$$y^2=x^2\ln(C_1^2x^2)=x^2\ln(Cx^2),$$

其中 $C=C_1^2$.

用变量代换解齐次方程的方法也可以用来解其他方程,如

$$\frac{\mathrm{d}y}{\mathrm{d}x}=\frac{1}{y-x},$$

作变量代换 $u=y-x$,得

$$\frac{\mathrm{d}u}{\mathrm{d}x}+1=\frac{1}{u},$$

这是可分离变量的微分方程,因而可以求得通解.

10.2.3　一阶线性微分方程

形如

$$\frac{dy}{dx}+P(x)y=Q(x) \tag{10-2-6}$$

的微分方程,称为**一阶线性微分方程**,其中 $P(x)$,$Q(x)$均为 x 的已知函数. 当 $Q(x)\equiv 0$时,方程(10-2-6)变为

$$\frac{dy}{dx}+P(x)y=0, \tag{10-2-7}$$

称方程(10-2-7)为**一阶齐次线性微分方程**;当 $Q(x)$不恒为零时,称方程(10-2-6)是**一阶非齐次线性微分方程**.

先解方程(10-2-7). 分离变量,得

$$\frac{dy}{y}=-P(x)dx.$$

两边积分,得

$$\ln y=-\int P(x)dx+\ln C.$$

于是,方程(10-2-7)的通解为

$$y=Ce^{-\int P(x)dx}. \tag{10-2-8}$$

下面求方程(10-2-6)的通解. 由于方程(10-2-7)是方程(10-2-6)的特殊情况,那么方程(10-2-6)的通解中必包含着方程(10-2-7)的通解. 据此,猜测

$$y=C(x)e^{-\int P(x)dx}, \tag{10-2-9}$$

是(10-2-6)的通解,其关键是能否解出 $C(x)$.

接下来,试着求未知函数 $C(x)$. 假设式(10-2-9)是方程(10-2-6)的解,将 y 及它的导数

$$y'=C'(x)e^{-\int P(x)dx}-C(x)P(x)e^{-\int P(x)dx},$$

代入方程(10-2-6),得

$$C'(x)e^{-\int P(x)dx}-C(x)P(x)e^{-\int P(x)dx}+P(x)C(x)e^{-\int P(x)dx}=Q(x),$$

即

$$C'(x)e^{-\int P(x)dx}=Q(x).$$

因此

$$C'(x)=Q(x)e^{\int P(x)dx}.$$

两边积分,得

$$C(x)=\int Q(x)e^{\int P(x)dx}dx+C.$$

把上式代入式(10-2-9),便得方程(10-2-6)的通解为

$$y=e^{-\int P(x)dx}\left(\int Q(x)e^{\int P(x)dx}dx+C\right).\qquad(10\text{-}2\text{-}10)$$

上述解非齐次方程(10-2-6)通解的方法,称为**常数变易法**.

例 7　求解微分方程

$$y'-y\cot x=2x\sin x.$$

解法 1　常数变易法.

对应的齐次线性方程为

$$y'-y\cot x=0.$$

分离变量,得

$$\frac{1}{y}dy=\cot x dx.$$

两边积分,得

$$|y|=C_1e^{\int\cot x dx}=C_1e^{\ln|\sin x|}=C_1|\sin x|\ (C_1>0).$$

所以,齐次线性方程的通解为

$$y=C\sin x.$$

用常数变易法求非齐次线性方程的通解,令

$$y=C(x)\sin x,$$

则

$$y'=C'(x)\sin x+C(x)\cos x,$$

代入原非齐次线性方程,得

$$C'(x)=2x.$$

两边积分,得

$$C(x)=x^2+C.$$

故所求通解为

$$y=(x^2+C)\sin x.$$

解法 2　公式法.

$$P(x)=-\cot x,\quad Q(x)=2x\sin x,$$

故

$$\begin{aligned}y&=e^{\int\cot x dx}\left(\int 2x\sin x e^{-\int\cot x dx}dx+C\right)\\&=e^{\ln\sin x}\left(\int 2x\sin x\cdot e^{-\ln\sin x}dx+C\right)\\&=\sin x\left(\int 2x\sin x\cdot\frac{1}{\sin x}dx+C\right)\end{aligned}$$

$$= \sin x\left(\int 2x\mathrm{d}x + C\right)$$
$$= \sin x(x^2 + C).$$

例 8 求方程$\frac{\mathrm{d}y}{\mathrm{d}x}=\frac{2y}{x+1}+(x+1)^{\frac{5}{2}}$的通解.

解 本方程是一阶线性非齐次微分方程,可用公式法求解,但应注意 $p(x)\neq \frac{2}{x+1}$. 把方程变形得

$$\frac{\mathrm{d}y}{\mathrm{d}x}-\frac{2}{x+1}y=(x+1)^{\frac{5}{2}},$$

则

$$p(x)=-\frac{2}{x+1},\quad Q(x)=(x+1)^{\frac{5}{2}},$$

得

$$y = \mathrm{e}^{-\int p(x)\mathrm{d}x}\left(\int Q(x)\mathrm{e}^{\int p(x)\mathrm{d}x}\mathrm{d}x + C\right)$$
$$= \mathrm{e}^{-\int -\frac{2}{x+1}\mathrm{d}x}\left(\int (x+1)^{\frac{5}{2}}\mathrm{e}^{\int -\frac{2}{x+1}\mathrm{d}x}\mathrm{d}x + C\right)$$
$$= \mathrm{e}^{\ln(x+1)^2}\left(\int (x+1)^{\frac{5}{2}}\mathrm{e}^{-\ln(x+1)^2}\mathrm{d}x + C\right)$$
$$= (x+1)^2\left[\frac{2}{3}(x+1)^{\frac{3}{2}} + C\right].$$

此外,还有一些一阶方程可以通过某种代换转化为一阶线性微分方程. 例如,

$$\frac{\mathrm{d}y}{\mathrm{d}x}+P(x)y=Q(x)y^n \quad (n\neq 0,1). \tag{10-2-11}$$

方程(10-2-11)称为伯努利(Bernoulli J,瑞士,1654～1705)方程 . 很多实际问题(如人口增长,细菌繁殖)的数学模型都可归为这类方程. 这类方程可经过变换化为线性方程. 方程(10-2-11)两边同除以 y^n 得

$$y^{-n}\frac{\mathrm{d}y}{\mathrm{d}x}+P(x)y^{1-n}=Q(x).$$

再令 $z=y^{1-n}$,则上式化为

$$\frac{1}{1-n}\frac{\mathrm{d}z}{\mathrm{d}x}+P(x)z=Q(x),$$

即

$$\frac{\mathrm{d}z}{\mathrm{d}x}+(1-n)P(x)z=(1-n)Q(x).$$

这是函数 z 关于 x 的一阶线性非齐次微分方程,从而可用常数变易法或公式法得

出 z，再用 y^{1-n} 代换 z，即得伯努利方程(10-2-11)的解

$$z=y^{1-n}=\mathrm{e}^{-\int(1-n)P(x)\mathrm{d}x}\left(\int(1-n)Q(x)\mathrm{e}^{\int(1-n)P(x)\mathrm{d}x}\mathrm{d}x+C\right).$$

例 9　求解微分方程

$$\frac{\mathrm{d}y}{\mathrm{d}x}+\frac{y}{x}=(\ln x)y^2.$$

解　原方程不是线性方程，但通过适当的变换，可将它化为线性方程．将原方程改写为

$$y^{-2}\frac{\mathrm{d}y}{\mathrm{d}x}+\frac{1}{x}y^{-1}=\ln x,$$

即

$$-\frac{\mathrm{d}y^{-1}}{\mathrm{d}x}+\frac{1}{x}y^{-1}=\ln x,$$

令 $z=y^{-1}$，则上式变为

$$\frac{\mathrm{d}z}{\mathrm{d}x}-\frac{1}{x}z=-\ln x.$$

这是 z 关于 x 的一阶线性方程．由通解公式(10-2-10)，得通解

$$z=x\left[C-\frac{1}{2}(\ln x)^2\right].$$

所以，原方程通解为

$$xy\left[C-\frac{1}{2}(\ln x)^2\right]=1.$$

习题 10.2

1. 判别下列一阶微分方程的类型，指出解的方法(不必具体求解)：

(1) $\frac{\mathrm{d}y}{\mathrm{d}x}=-3x^2y$；　(2) $x^2y\mathrm{d}x-(x^3+y^3)\mathrm{d}y=0$；

(3) $(x+1)\frac{\mathrm{d}y}{\mathrm{d}x}-xy=\mathrm{e}^x(x+1)$；　(4) $\frac{\mathrm{d}y}{\mathrm{d}x}-3xy-xy^2=0$；

(5) $(x^2-y^2)y'=2xy$；　(6) $\mathrm{d}y=(y^3x^2+xy)\mathrm{d}x$.

2. 求下列微分方程满足初始条件的特解：

(1) $(x^2+1)y'=\arctan x, y(0)=0$；　(2) $y'\sin x=y\ln y, y\left(\frac{\pi}{2}\right)=\mathrm{e}$；

(3) $\frac{\mathrm{d}x}{y}+\frac{\mathrm{d}y}{x}=0, y(3)=4$；　(4) $y'=\frac{y^2-2xy-x^2}{y^2+2xy-x^2}, y|_{x=1}=1$；

(5) $\frac{dy}{dx}=\frac{y}{x}+\tan\frac{y}{x}$, $y|_{x=1}=\frac{\pi}{6}$;

(6) $(1-x^2)y'+xy=1, y|_{x=0}=1$;

(7) $y'\tan x+y=-3, y\left(\frac{\pi}{2}\right)=0$;

(8) $y'+\frac{y}{x+1}+y^2=0, y|_{x=0}=1$.

3. 求下列一阶微分方程的通解：

(1) $x^2dy+y^2dx=0$;

(2) $(x^2-y^2)dy-2xydx=0$;

(3) $y'+\frac{1}{x}y=\frac{\sin x}{x}$;

(4) $\frac{dy}{dx}=\frac{y}{2x}+\frac{x^2}{2y}$.

4. 将温度为 T_0 的物体放在温度为 T_1 的空气中逐渐冷却($T_0>T_1$)，由实验测定，物体在空气中冷却的速度与这一物体的温度和其周围空气的温度之差成正比，求任意时刻 t 物体的温度 $T(t)$.

5. 一曲线通过点 $A(0,1)$，且曲线上任意一点 $M(x,y)$ 处的切线在 y 轴上的截距等于原点至 M 点的距离，求这曲线方程.

10.3 可降阶的高阶微分方程

有些高阶微分方程可以通过代换化成较低阶的方程求解. 以二阶微分方程而论，如果能设法作代换把它从二阶降至一阶，那么就有可能用 10.2 节所讲的方法求解. 本节将介绍几种容易降阶的高阶微分方程的求解方法.

10.3.1 $y^{(n)}=f(x)$型的微分方程

微分方程

$$y^{(n)}=f(x) \tag{10-3-1}$$

的右端仅含有自变量 x，对于这种方程，两端积分便使它降为一个 $n-1$ 阶的微分方程

$$y^{(n-1)}=\int f(x)dx+C_1.$$

再积分可得

$$y^{(n-2)}=\int\left(\int f(x)dx+C_1\right)dx+C_2.$$

依此继续下去，连续积分 n 次，便得方程(10-3-1)的通解.

例 1 解方程 $y''=0$.

解 对原方程积分一次，得

$$y'=C_1,$$

对其两边再积分，得

$$y=C_1x+C_2.$$

例 2　解方程 $y''=\dfrac{1}{1+x^2}$.

解　对原方程连续积分两次，得

$$y'=\int\frac{1}{1+x^2}\mathrm{d}x=\arctan x+C_1,$$

$$\begin{aligned}y&=\int(\arctan x+C_1)\mathrm{d}x=x\arctan x-\int\frac{x}{1+x^2}\mathrm{d}x+C_1x\\&=x\arctan x-\frac{1}{2}\ln(1+x^2)+C_1x+C_2.\end{aligned}$$

10.3.2　不显含未知函数 y 的微分方程 $y''=f(x,y')$

微分方程

$$y''=f(x,y')\tag{10-3-2}$$

中不显含未知函数 y. 如果设 $y'=u$,则 $y''=\dfrac{\mathrm{d}u}{\mathrm{d}x}$,方程(10-3-2)变成

$$u'=f(x,u).$$

这是关于 x 和 u 的一阶微分方程，可能用到前述方法求解.

例 3　求 $y''+y'=x^2$ 的通解.

解　令 $u=y'$,则 $u'=y''$,则 $u'+u=x^2$. 利用一阶线性非齐次微分方程的通解公式,得

$$u=x^2-2x+2+C_1\mathrm{e}^{-x}$$

又 $u=y'$,所以通解 $y=\dfrac{1}{3}x^3-x^2+2x-C_1\mathrm{e}^{-x}+C_2$.

例 4　求 $1+xy''+y'=0$ 的通解.

解　令 $u=y'$,则

$$xu'+u+1=0,$$

即

$$(xu)'=-1,$$

解得

$$u=-1+\frac{C_1}{x}.$$

又 $u=y'$,所以通解 $y=-x+C_1\ln|x|+C_2$.

10.3.3 不显含自变量 x 的微分方程 $y''=f(y,y')$

微分方程

$$y''=f(y,y') \tag{10-3-3}$$

中不显含自变量 x，对于这类方程，令 $y'=p$，两边对 x 求导得

$$y''=\frac{\mathrm{d}p}{\mathrm{d}x}=\frac{\mathrm{d}p}{\mathrm{d}y}\cdot\frac{\mathrm{d}y}{\mathrm{d}x}=p\frac{\mathrm{d}p}{\mathrm{d}y}.$$

则方程(10-3-3)变成

$$p\frac{\mathrm{d}p}{\mathrm{d}y}=f(y,p).$$

这是一个关于变量 p 和 y 的一阶微分方程，可能用到前述方法求解.

例 5 求微分方程 $yy''-(y')^2=0$ 的通解.

解 设 $y'=p$，则 $y''=p\frac{\mathrm{d}p}{\mathrm{d}y}$，代入原方程得

$$yp\frac{\mathrm{d}p}{\mathrm{d}y}-p^2=0,$$

得

$$\frac{\mathrm{d}p}{p}=\frac{\mathrm{d}y}{y}.$$

两端积分并化简，得 $p=C_1y$，即

$$y'=C_1y.$$

再分离变量并积分，得

$$y=C_2\mathrm{e}^{C_1x}.$$

此处，C_1，C_2 为任意常数.

例 6 解方程 $y''+(y')^2=\mathrm{e}^{-y}$，$y(0)=0$，$y'(0)=1$.

解 观察到

$$(\mathrm{e}^y)''=(y'\mathrm{e}^y)'=y''\mathrm{e}^y+\mathrm{e}^y(y')^2=\mathrm{e}^y[y''+(y')^2]=1.$$

所以

$$\mathrm{e}^y=\frac{x^2}{2}+xC_1+C_2,$$

代 $y(0)=0$，$y'(0)=1$，得 $C_1=C_2=1$，于是

$$\mathrm{e}^y=\frac{x^2}{2}+x+1,$$

得

$$y=\ln\left(\frac{x^2}{2}+x+1\right).$$

习题 10.3

1. 求下列微分方程的通解:

(1) $y''=e^{2x}-\sin 2x$;　(2) $y''=\frac{y'}{x}+x$;　(3) $xy''=y'\ln\frac{y'}{x}$;

(4) $yy''-2(y')^2=0$;　(5) $y''=y'+x$;　(6) $y''=2y'$;

(7) $1+(y')^2=2yy''$;　(8) $y'''=e^{2x}-\cos x$.

2. 求下列微分方程满足初始条件的特解:

(1) $(1+x^2)y''=2xy'$, $y|_{x=0}=1$, $y'|_{x=0}=3$;

(2) $yy''+(y')^2=0$, $y|_{x=0}=2$, $y'|_{x=0}=\frac{1}{2}$;

(3) $xy''+x(y')^2-y'=0$, $y|_{x=2}=2$, $y'|_{x=2}=1$;

(4) $y^3y''+1=0$, $y|_{x=1}=1$, $y'|_{x=1}=0$;

(5) $y''-e^{2y}=0$, $y|_{x=0}=0$, $y'|_{x=0}=1$;

(6) $y''=e^{2x}-\cos x$, $y(0)=0$, $y'(0)=1$.

3. 试求 $y''=x$ 的经过点 $M(0,1)$ 且在此点与直线 $y=\frac{x}{2}+1$ 相切的积分曲线.

10.4　二阶常系数线性微分方程

二阶常系数线性微分方程的一般形式为

$$y''+py'+qy=f(x), \tag{10-4-1}$$

这里 p,q 是常数,$f(x)$是已知函数. 当 $f(x)$恒等于零时,方程(10-4-1)化为

$$y''+py'+qy=0, \tag{10-4-2}$$

称方程(10-4-2)为**二阶常系数齐次线性微分方程**. 当 $f(x)$不恒等于零时,称方程(10-4-1)为**二阶常系数非齐次线性微分方程**.

10.4.1　二阶常系数线性微分方程解的结构

定理 1 (叠加原理)　若 y_1, y_2 为方程(10-4-2)的两个解,则 $y=C_1y_1+C_2y_2$ 也是方程(10-4-2)的解.

证明　因为 y_1 与 y_2 是方程(10-4-2)的解,所以有

$$y_1''+py_1'+qy_1=0,$$
$$y_2''+py_2'+qy_2=0,$$

将 $y=C_1y_1+C_2y_2$ 代入方程(10-4-2)的左边,得

$$(C_1y_1''+C_2y_2'')+p(C_1y_1'+C_2y_2')+q(C_1y_1+C_2y_2)$$

$$=C_1(y_1''+py_1'+qy_1)+C_2(y_2''+py_2'+qy_2)$$
$$=0.$$

所以 $y=C_1y_1+C_2y_2$ 是方程(10-4-2)的解.

注 $y=C_1y_1+C_2y_2$ 不一定是方程(10-4-2)的通解.

定理 2 若 y_1,y_2 是方程(10-4-2)的两个线性无关的特解,则 $y=C_1y_1+C_2y_2$ 是该方程的通解.

例如,二阶齐次线性方程 $y''+y=0$ 的两个解为 $y_1=\sin x,y_2=\cos x$,且 $\frac{y_1}{y_2}=\tan x\neq$常数,即 y_1,y_2 线性无关,所以 $y=C_1y_1+C_2y_2=C_1\sin x+C_2\cos x$($C_1,C_2$ 是任意常数)是方程 $y''+y=0$ 的通解 .

定理 3 若 y_1,y_2 分别为方程

$$y''+py'+qy=f_1(x),$$
$$y''+py'+qy=f_2(x)$$

的解,则 $y=y_1\pm y_2$ 是方程 $y''+py'+qy=f_1(x)\pm f_2(x)$的解.

证明从略.

定理 4 若 y^* 为方程(10-4-1)的一个特解,y_1,y_2 为方程(10-4-2)的两个线性无关的解,则方程(10-4-1)的通解为 $y=C_1y_1+C_2y_2+y^*$,其中 C_1,C_2 为任意常数.

例 1 设 $y_1=xe^x+e^{2x},y_2=xe^x+e^{-x},y_3=xe^x+e^{2x}-e^{-x}$是某二阶非齐次线性方程的解,求该方程的通解.

解 令 $Y_1=y_1-y_2,Y_2=y_1-y_3$,则依据定理 3 知,Y_1,Y_2 为相应齐次方程的两个解,又$\frac{Y_1}{Y_2}=\frac{e^{2x}-e^{-x}}{e^{-x}}$不恒为常数,所以,$Y_1,Y_2$ 线性无关,故通解为

$$y=c_1e^{-x}+c_2(e^{2x}-e^{-x})+xe^x+e^{2x}.$$

10.4.2 二阶常系数齐次线性微分方程的解法

由定理 2 可知,求方程(10-4-2)的通解问题,归结为求方程(10-4-2)的两个线性无关的特解的问题. 指数函数 $y=e^{rx}$(r 为常数)和它的各阶导数都只差一个常数因子,根据指数函数的这个特点,用 $y=e^{rx}$讨论能否选取适当的常数 r,使 $y=e^{rx}$满足方程(10-4-2).

设 $y=e^{rx}$为方程(10-4-2)的解,则

$$y'=re^{rx},y''=r^2e^{rx},$$

把 y,y',y''代入方程(10-4-2),得

$$(r^2+pr+q)e^{rx}=0.$$

因为 $e^{rx}\neq0$,所以

$$r^2+pr+q=0 \tag{10-4-3}$$

可见,只要 r 满足方程式(10-4-3),$y=e^{rx}$ 就是方程式(10-4-2)的解. 把方程式(10-4-3)称为方程式(10-4-2)的特征方程,特征方程是一个代数方程,其中 r^2,r 的系数及常数项恰好依次是方程(10-4-2)中 y'',y',y 的系数.

特征方程(10-4-3)的两个根为 $r_1,r_2=\dfrac{-p\pm\sqrt{p^2-4q}}{2}$,因此方程(10-4-2)的通解有下列三种不同的情形.

(1) 当 $p^2-4q>0$ 时,r_1,r_2 是两个不相等的实根.

$$r_1=\frac{-p+\sqrt{p^2-4q}}{2},\quad r_2=\frac{-p-\sqrt{p^2-4q}}{2}.$$

显然,$y_1=e^{r_1x}$,$y_2=e^{r_2x}$是方程(10-4-2)的两个特解,并且$\dfrac{y_1}{y_2}=e^{(r_1-r_2)x}\neq$常数,即 y_1 与 y_2 线性无关的. 根据定理 2,得方程(10-4-2)的通解为 $y=C_1e^{r_1x}+C_2e^{r_2x}$.

(2) 当 $p^2-4q=0$ 时,r_1,r_2 是两个相等的实根. 此时,$r_1=r_2=-\dfrac{p}{2}$,只能得到方程(10-4-2)的一个特解 $y_1=e^{r_1x}$,还需求出另一个解 y_2,且$\dfrac{y_2}{y_1}\neq$常数,设$\dfrac{y_2}{y_1}=u(x)$,即

$$y_2=e^{r_1x}u(x),$$
$$y_2'=e^{r_1x}(u'+r_1u),$$
$$y_2''=e^{r_1x}(u''+2r_1u'+r_1^2u).$$

将 y_2,y_2',y_2''代入方程(10-4-2),得

$$e^{r_1x}[(u''+2r_1u'+r_1^2u)+p(u'+r_1u)+qu]=0,$$

整理得

$$e^{r_1x}[u''+(2r_1+p)u'+(r_1^2+pr_1+q)u]=0.$$

由于 $e^{r_1x}\neq0$,所以 $u''+(2r_1+p)u'+(r_1^2+pr_1+q)u=0$. 因为 r_1 是特征方程(10-4-3)的二重根,所以

$$r_1^2+pr_1+q=0,\quad 2r_1+p=0,$$

从而有

$$u''=0.$$

因为只需一个不为常数的解,不妨取 $u=x$,可得到方程(10-4-2)的另一个解.

$$y_2=xe^{r_1x}.$$

那么,方程(10-4-2)的通解为

$$y=C_1e^{r_1x}+C_2xe^{r_1x},$$

即 $y=(C_1+C_2x)e^{r_1x}$.

(3) 当 $p^2-4q<0$ 时，特征方程(10-4-3)有一对共轭复根

$$r_1=\alpha+\mathrm{i}\beta, r_2=\alpha-\mathrm{i}\beta\ (\beta\neq0).$$

其中 $\alpha=-\frac{p}{2}$, $\beta=\frac{\sqrt{4q-p^2}}{2}$不难验证 $y_1=\mathrm{e}^{\alpha x}\cos\beta x$ 和 $y_2=\mathrm{e}^{\alpha x}\sin\beta x$ 为方程(10-4-2)的两个线性无关的特解. 因此，方程(10-4-2)的通解为

$$y=\mathrm{e}^{\alpha x}(C_1\cos\beta x+C_2\sin\beta x).$$

注 此处用到了欧拉公式 $\mathrm{e}^{\mathrm{i}x}=\cos x+\mathrm{i}\sin x$.

综上所述，求二阶常系数齐次线性方程通解的步骤如下：

(1) 写出方程(10-4-2)的特征方程

$$r^2+pr+q=0;$$

(2) 求特征方程的两个根 r_1, r_2；

(3) 根据 r_1, r_2 的不同情形，按表 10-1 写出方程(10-4-2)的通解.

表 10-1 对应情形的通解

特征方程 $r^2+pr+q=0$ 的两个根 r_1, r_2	方程 $y''+py'+qy=0$ 的通解
两个不相等的实根 $r_1\neq r_2$	$y=C_1\mathrm{e}^{r_1x}+C_2\mathrm{e}^{r_2x}$
两个相等的实根 $r_1=r_2$	$y=(C_1+C_2x)\mathrm{e}^{r_1x}$
一对共轭复根 $r_{1,2}=\alpha\pm\mathrm{i}\beta$	$y=\mathrm{e}^{\alpha x}(C_1\cos\beta x+C_2\sin\beta x)$

例 2 求方程 $y''+3y'-4y=0$ 的通解.

解 所给方程的特征方程为 $r^2+3r-4=0$，其根为

$$r_1=-4,\quad r_2=1.$$

所以原方程的通解为 $y=C_1\mathrm{e}^{-4x}+C_2\mathrm{e}^{x}$.

例 3 求方程$\frac{\mathrm{d}^2S}{\mathrm{d}t^2}+2\frac{\mathrm{d}S}{\mathrm{d}t}+S=0$ 满足初始条件 $S|_{t=0}=4, S'|_{t=0}=-2$ 的特解.

解 所给方程的特征方程为

$$r^2+2r+1=0,$$

$$r_1=r_2=-1,$$

通解为

$$S=(C_1+C_2t)\mathrm{e}^{-t}.$$

将初始条件 $S|_{t=0}=4$ 代入，得 $C_1=4$，于是

$$S=(4+C_2t)\mathrm{e}^{-t},$$

对其求导得

$$S'=(C_2-4-C_2t)\mathrm{e}^{-t}.$$

将初始条件 $S'|_{t=0}=-2$ 代入上式，得

$$C_2=2,$$

所求特解为

$$S=(4+2t)e^{-t}.$$

例 4　求方程 $y''+6y'+10y=0$ 的通解.

解　所给方程的特征方程为

$$r^2+6r+10=0,$$

$$r_1=-3+i,\quad r_2=-3-i,$$

所求通解为

$$y=e^{-3x}(C_1\cos x+C_2\sin x).$$

10.4.3　二阶常系数非齐次线性微分方程

由 10.2 节的讨论知,一阶非齐次线性微分方程的通解等于对应的齐次线性方程的通解与非齐次线性方程的一个特解之和．而二阶常系数非齐次线性微分方程具有相类似的性质．

由定理 4 可知,二阶常系数非齐次线性微分方程的通解,可按下面三个步骤求解:

(1) 求其对应的齐次线性微分方程的通解 Y;

(2) 求非齐次线性微分方程的一个特解 y^*;

(3) 原方程的通解为 $y=Y+y^*$.

求齐次线性微分方程的通解 Y 的方法前面已讨论过,所以只要研究一下如何求非齐次线性方程(10-4-1)的一个特解就行．限于篇幅，这里只讨论 $f(x)$为以下两种形式的情形.

第一种情形　$f(x)=P_m(x)e^{\lambda x}$,其中 λ 是常数,$P_m(x)$是 x 的 m 次多项式:

$$P_m(x)=a_mx^m+a_{m-1}x^{m-1}+\cdots+a_1x+a_0;$$

第二种情形　$f(x)=A\cos\omega x+B\sin\omega x$,其中 ω 是常数,A、B 为常数.

对于以上两种情形,下面用待定系数法来求方程(10-4-1)的一个特解,其基本思想是:先根据 $f(x)$的特点,确定特解 y^* 的类型,然后把 y^* 代入到原方程中,确定 y^* 中的待定系数.

接下来,分别求这两种类型方程的特解.

第一种情形　$f(x)=P_m(x)e^{\lambda x}$ 型的解法.

因为方程(10-4-1)右端 $f(x)$是多项式 $P_m(x)$与指数函数 $e^{\lambda x}$ 的乘积,而多项式与指数函数乘积的导数仍然是同一类型的函数,因此,推测 $y^*=Q(x)e^{\lambda x}$(其中 $Q(x)$是某个多项式)可能是方程(10-4-1)的一个解,把 y^*,$(y^*)'$及$(y^*)''$代入方程(10-4-1),求出 $Q(x)$的系数,使 $y^*=Q(x)e^{\lambda x}$满足方程(10-4-1)即可．为此将

$$y^*=Q(x)e^{\lambda x},\quad (y^*)'=e^{\lambda x}[\lambda Q(x)+Q'(x)],$$

$$(y^*)''=e^{\lambda x}[\lambda^2Q(x)+2\lambda Q'(x)+Q''(x)]$$

代入方程(10-4-1)并消去 $e^{\lambda x}$,得

$$Q''(x)+(2\lambda+p)Q'(x)+(\lambda^2+p\lambda+q)Q(x)=P_m(x). \qquad (10\text{-}4\text{-}4)$$

(1) 如果 λ 不是方程(10-4-2)的特征方程 $r^2+pr+q=0$ 的根，由于 $P_m(x)$ 是一个 m 次多项式，要使方程(10-4-4)的两端恒等，可令 $Q(x)$ 为另一个 m 次多项式 $Q_m(x)$，即设 $Q_m(x)$ 为

$$Q_m(x)=b_0x^m+b_1x^{m-1}+\cdots+b_{m-1}x+b_m,$$

其中 $b_0,b_1,\cdots,b_m$ 为待定系数，将 $Q_m(x)$ 代入方程(10-4-4)，比较等式两端 x 同次幂的系数，可得含有 $b_0,b_1,\cdots,b_m$ 的 $m+1$ 个方程的联立方程组，解出 $b_i(i=0,1,\cdots,m)$ 得到所求特解

$$y^*=Q_m(x)e^{\lambda x}.$$

(2) 如果 λ 是特征方程 $r^2+pr+q=0$ 的单根，即 $\lambda^2+p\lambda+q=0$，但 $2\lambda+p\neq0$，要使式(10-4-4)的两端恒等，$Q'(x)$ 必须是 m 次多项式，此时可令

$$Q(x)=xQ_m(x),$$

并且可用同样的方法确定 $Q_m(x)$ 的系数 $b_i(i=0,1,\cdots,m)$.

(3) 如果 λ 是特征方程 $r^2+pr+q=0$ 的重根，即 $\lambda^2+p\lambda+q=0$ 且 $2\lambda+p=0$，要使式(10-4-4)的两端恒等，$Q''(x)$ 必须是 m 次多项式，此时可令

$$Q(x)=x^2Q_m(x),$$

并且可用同样的方法可以确定 $Q_m(x)$ 的系数 $b_i(i=0,1,\cdots,m)$.

综上所述，有以下结论.

如果 $f(x)=P_m(x)e^{\lambda x}$，则二阶常系数非齐次线性微分方程(10-4-1)具有形如

$$y^*=x^kQ_m(x)e^{\lambda x}$$

的特解；其中 $Q_m(x)$ 是与 $P_m(x)$ 同次(m 次)的多项式，而 k 按 λ 不是特征方程的根、是特征方程的单根或是特征方程的重根依次取为 0,1 或 2.

例 5 求方程 $y''-2y'=(x-1)e^x$ 的通解.

解 先求对应齐次方程 $y''-2y'=0$ 的通解，

特征方程为

$$r^2-2r=0,\quad r_1=0,\ r_2=2,$$

齐次方程的通解为

$$Y=C_1e^{0x}+C_2e^{2x}=C_1+C_2e^{2x}.$$

再求所给方程的特解，由于 $\lambda=1$，$P_m(x)=x-1$，且 $\lambda=1$ 不是特征方程的根，所以设非齐次方程的特解为

$$y^*=(ax+b)e^x,$$

将其代入所给方程，并约去 e^x 得

$$-(ax+b)=x-1,$$

比较系数，得

$$a=-1,\ b=1$$

于是 $$y^*=(-x+1)e^x,$$

所给方程的通解为 $$y=Y+y^*=C_1+C_2e^{2x}+(-x+1)e^x.$$

例 6 求方程 $y''+2y'=3e^{-2x}$的一个特解.

解 $f(x)$是 $p_m(x)e^{\lambda x}$型，且 $P_m(x)=3,\lambda=-2$,对应齐次方程的特征方程为 $r^2+2r=0$,特征根为 $r_1=0,r_2=-2$. $\lambda=-2$ 是特征方程的单根,令

$$y^*=xb_0e^{-2x},$$

代入原方程解得

$$b_0=-\frac{3}{2},$$

故所求特解为 $$y^*=-\frac{3}{2}xe^{-2x}.$$

例 7 求方程 $y''-4y'+4y=2xe^{2x}$的通解.

解 所求方程是二阶常系数非齐次线性微分方程,且右端函数形如 $P_m(x)e^{\lambda x}$,其中

$$\lambda=2,\quad P_m(x)=2x.$$

所求解的方程对应的齐次方程 $y''-4y'+4y=0$ 的通解为

$$Y=e^{2x}(C_1+C_2x).$$

由于 $\lambda=2$ 是二重特征根,所以设所求方程有形如

$$y^*=x^2(Ax+B)e^{2x}$$

的特解. 将它代入所求方程可得

$$6Ax+2B=2x.$$

比较等式两端 x 的同次幂的系数,得 $A=\frac{1}{3},B=0$. 于是得所求方程的一个特解为

$$y^*=\frac{1}{3}x^3e^{2x}.$$

最后得所求方程的通解为

$$y=e^{2x}\left(C_1+C_2x+\frac{1}{3}x^3\right).$$

第二种情形 $f(x)=A\cos\omega x+B\sin\omega x$ 型的解法.

$f(x)=A\cos\omega x+B\sin\omega x$,其中 A,B,ω 均为常数.

此时,方程式(10-4-1)成为

$$y''+py'+q=A\cos\omega x+B\sin\omega x. \tag{10-4-5}$$

这种类型的三角函数的导数,仍属同一类型,因此方程式(10-4-5)的特解 y^* 也应属同一类型,可以证明式(10-4-5)的特解形式为

$$y^*=x^k(a\cos\omega x+b\sin\omega x),$$

其中 a,b 为待定常数. k 为一个整数.

当 $\pm\omega i$ 不是特征方程 $r^2+pr+q=0$ 的根, k 取 0;

当 $\pm\omega i$ 是特征方程 $r^2+pr+q=0$ 的根, k 取 1.

例 8 求方程 $y''+2y'-3y=4\sin x$ 的一个特解.

解 $\omega=1, \pm\omega i=\pm i$ 不是特征方程为 $r^2+2r-3=0$ 的根, $k=0$. 因此原方程的特解形式为

$$y^*=a\cos x+b\sin x,$$

于是

$$(y^*)'=-a\sin x+b\cos x,$$
$$(y^*)''=-a\cos x-b\sin x,$$

将 $y^*,(y^*)',(y^*)''$ 代入原方程,得

$$\begin{cases}-4a+2b=0,\\-2a-4b=4.\end{cases}$$

解得

$$a=-\frac{2}{5},\quad b=-\frac{4}{5}.$$

原方程的特解为

$$y^*=-\frac{2}{5}\cos x-\frac{4}{5}\sin x.$$

例 9 求方程 $y''-2y'-3y=e^x+\sin x$ 的通解.

解 先求对应的齐次方程的通解 Y. 对应的齐次方程的特征方程为

$$r^2-2r-3=0,$$
$$r_1=-1,\quad r_2=3,$$
$$Y=C_1e^{-x}+C_2e^{3x}.$$

再求非齐次方程的一个特解 y^*,

由于 $f(x)=e^x+\sin x$, 根据定理 4, 分别求出方程对应的右端项为 $f_1(x)=e^x$, $f_2(x)=\sin x$ 的特解 y_1^*, y_2^*, 则 $y^*=y_1^*+y_2^*$ 是原方程的一个特解. 由于 $\lambda=1$, $\pm\omega i=\pm i$ 均不是特征方程的根, 故特解为

$$y^*=y_1^*+y_2^*=ae^x+(b\cos x+c\sin x),$$

代入原方程,得

$$-4ae^x-(4b+2c)\cos x+(2b-4c)\sin x=e^x+\sin x.$$

比较系数,得

$$-4a=1,\quad 4b+2c=0,\quad 2b-4c=1.$$

解之得

$$a=-\frac{1}{4},\quad b=\frac{1}{10},\quad c=-\frac{1}{5}.$$

于是所给方程的一个特解为

$$y^{*}=-\frac{1}{4}e^{x}+\frac{1}{10}\cos x-\frac{1}{5}\sin x,$$

所以所求方程的通解为

$$y=Y+y^{*}=C_1e^{-x}+C_2e^{3x}-\frac{1}{4}e^{x}+\frac{1}{10}\cos x-\frac{1}{5}\sin x.$$

例 10 设 p,q 为实数,且方程 $\lambda^2+p\lambda+q=0$ 有两个相异实根 λ_1 和 λ_2. 求证:方程 $y''+py'+qy=f(x)$ 的通解为

$$y=e^{\lambda_1 x}\left[\int e^{(\lambda_2-\lambda_1)x}\left(\int e^{-\lambda_2 x}f(x)dx+C_1\right)dx\right]+C_2$$

证明 由于 $\lambda_1+\lambda_2=-p,\lambda_1\lambda_2=q$,得

$$y''-(\lambda_1+\lambda_2)y'+\lambda_1\lambda_2 y=f(x),$$

于是

$$(y'-\lambda_1 y)'-\lambda_2(y'-\lambda_1 y)=f(x).$$

两边乘以 $e^{-\lambda_2 x}$,得

$$[e^{-\lambda_2 x}(y'-\lambda_1 y)]'=e^{-\lambda_2 x}f(x),$$

积分得

$$y'-\lambda_1 y=e^{\lambda_2 x}\left(\int e^{-\lambda_2 x}f(x)dx+C_1\right).$$

上式两边乘以 $e^{-\lambda_1 x}$,得

$$(e^{-\lambda_1 x}y)'=e^{(\lambda_2-\lambda_1)x}\left(\int e^{-\lambda_2 x}f(x)dx+C_1\right),$$

积分得

$$y=e^{\lambda_1 x}\left[\int e^{(\lambda_2-\lambda_1)x}\left(\int e^{-\lambda_2 x}f(x)dx+C_1\right)dx+C_2\right].$$

习题 10.4

1. 求下列常系数齐次线性微分方程的通解:

(1) $y''+y'-2y=0$; (2) $y''-4y'=0$;

(3) $y''-4y'+4y=0$; (4) $y''-y'+2y=0$.

2. 求下列常系数齐次线性方程满足初始条件的特解:

(1) $y''-4y'+3y=0,y|_{x=0}=6,y'|_{x=0}=10$;

(2) $y''-2y'+y=0,y|_{x=0}=0,y'|_{x=0}=15$;

(3) $y''+4y'+6y=0,y|_{x=0}=2,y'|_{x=0}=0$.

3. 求下列微分方程的通解：

(1) $y''+y'=x$；　(2) $y''+4y'+4y=e^{3x}$；

(3) $y''-4y'+4y=2\sin 2x$；　(4) $y''+y=x+e^{x}$.

4. 求下列微分方程满足初始条件的特解：

(1) $y''-y'=3, y|_{x=0}=0, y'|_{x=0}=1$；

(2) $y''-2y'=e^{x}(x^2+x-3), y|_{x=0}=2, y'|_{x=0}=2$；

(3) $y''+4y'=\sin 2x, y|_{x=0}=\dfrac{1}{4}, y'|_{x=0}=0$.

5. 确定下列微分方程的特解 y^* 形式(不必定出常数)：

(1) $y''+y=4x\sin x$；　(2) $y''-6y'=3x^2+1$；

(3) $y''-2y'+2y=xe^{x}\sin x$；　(4) $y''+y=e^{x}(\sin x+x\cos x)$；

6. 设 $\varphi(x)=e^{x}-\int_0^x (x-u)\varphi(u)\mathrm{d}u$，其中 $\varphi(x)$ 为二阶可微分函数，求 $\varphi(x)$.

7. 试求通过点 $M(\pi,1)$，且在该点与直线 $y+1=x-\pi$ 相切，且满足微分方程 $y''+9y=0$ 的积分曲线.

8. 已给某常系数二阶齐次方程的一个特解 $y=e^{mx}$，对应的特征方程的判别式等于零. 求这微分方程满足初始条件 $y|_{x=0}=y'|_{x=0}=1$ 的特解.

复习题 10

1. 是非题.

(1) 任意微分方程都有通解.　(　　)

(2) 微分方程的通解中包含了它所有的解.　(　　)

(3) 函数 $y=3\sin x-4\cos x$ 是微分方程 $y''+y=0$ 的解.　(　　)

(4) 函数 $y=x^2\cdot e^{x}$ 是微分方程 $y''-2y'+y=0$ 的解.　(　　)

(5) 微分方程 $xy'-\ln x=0$ 的通解是 $y=\dfrac{1}{2}(\ln x)^2+C$ (C 为任意常数).

(　　)

(6) $y'=\sin y$ 是一阶线性微分方程.　(　　)

(7) $y'=x^3y^3+xy$ 不是一阶线性微分方程.　(　　)

(8) $\dfrac{\mathrm{d}y}{\mathrm{d}x}=1+x+y^2+xy^2$ 是可分离变量的微分方程.　(　　)

(9) 若 y_i^* 是非齐次方程 $y''+p(x)y'+Q(x)y=f_i(x)(i=1,2,\cdots,N)$ 的特解，则 $y^*=\sum\limits_{i=1}^{N}y_i^*$ 是方程 $y''+p(x)y'+Q(x)y=\sum\limits_{i=1}^{N}f_i(x)$ 的特解.　(　　)

(10) 已知 $y_1=x, y_2=\sin x$ 是微分方程 $(y')^2-yy''=1$ 的两个线性无关的解,则该方程的通解为 $y=c_1x+c_2\sin x$. ( )

2. 填空题.

(1) 在横线上填上微分方程的名称:

① $(y-3)\cdot\ln x\mathrm{d}x-x\mathrm{d}y=0$ 是________.

② $(xy^2+x)\mathrm{d}x+(y-x^2y)\mathrm{d}y=0$ 是________.

③ $x\dfrac{\mathrm{d}y}{\mathrm{d}x}=y\cdot\ln\dfrac{y}{x}$ 是________.

④ $xy'=y+x^2\sin x$ 是________.

⑤ $y''+y'-2y=0$ 是________.

(2) $y'''+\sin xy'-x=\cos x$ 的通解中应含________个独立常数.

(3) $y''=\mathrm{e}^{-2x}$ 的通解是________.

(4) 微分方程 $y\cdot y''-(y')^6=0$ 是________阶微分方程.

(5) $y=\dfrac{1}{x}$ 所满足的微分方程是________.

(6) 微分方程 $y'=\dfrac{2y}{x}$ 的通解为________.

(7) $\dfrac{\mathrm{d}y}{\mathrm{d}x}-\dfrac{2y}{x+1}=(x+1)^{\frac{5}{2}}$,其对应的齐次方程的通解为________.

(8) 微分方程 $xy'-(1+x^2)y=0$ 的通解为________.

(9) 微分方程 $y''-6y'+9y=x\mathrm{e}^{3x}$ 的特解形式为 $y^*=$________.

(10) 已知 $y_1=3, y_2=3+x^2, y_3=3+x^2+\mathrm{e}^x$ 都是微分方程 $(x^2-2x)y''-(x^2-2)y'+(2x-2)y=6x-6$ 的解,则通解 $y(x)=$________.

3. 选择题.

(1) 下列函数中,哪个是微分方程 $\mathrm{d}y-2x\mathrm{d}x=0$ 的解( ).

(A) $y=2x$ (B) $y=x^2$

(C) $y=-2x$ (D) $y=-x$

(2) 函数 $y=\cos x$ 是下列哪个微分方程的解( ).

(A) $y'+y=0$ (B) $y'+2y=0$

(C) $y^n+y=0$ (D) $y''+y=\cos x$

(3) $y=C_1\mathrm{e}^x+C_2\mathrm{e}^{-x}$ 是方程 $y''-y=0$ 的( ),其中 C_1, C_2 为任意常数.

(A) 通解 (B) 特解

(C) 所有的解 (D) 上述都不对

(4) $y'=y$ 满足 $y|_{x=0}=2$ 的特解是(　　).

(A) $y=e^x+1$　　(B) $y=2e^x$

(C) $y=2\cdot e^{\frac{x}{2}}$　　(D) $y=3\cdot e^x$

(5) 微分方程 $y''+y=\sin x$ 的一个特解具有形式(　　).

(A) $y^*=a\sin x$　　(B) $y^*=a\cdot\cos x$

(C) $y^*=x(a\sin x+b\cos x)$　　(D) $y^*=a\cos x+b\sin x$

(6) 过点(1,3)且切线斜率为 $2x$ 的曲线方程 $y=y(x)$ 应满足的关系是(　　).

(A) $y'=2x$　　(B) $y''=2x$

(C) $y'=2x, y(1)=3$　　(D) $y''=2x, y(1)=3$

(7) 下列微分方程中,可分离变量的是(　　).

(A) $\frac{dy}{dx}+\frac{y}{x}=e$　　(B) $\frac{dy}{dx}=k(x-a)(b-y)$($k,a,b$ 是常数)

(C) $\frac{dy}{dx}-\sin y=x$　　(D) $y'+xy=y^2\cdot e^x$

(8) 微分方程 $\frac{dx}{y}+\frac{dy}{x}=0$ 满足 $y|_{x=3}=4$ 的特解是(　　).

(A) $x^2+y^2=25$　　(B) $3x+4y=C$

(C) $x^2+y^2=C$　　(D) $x^2-y^2=7$

(9) 下列函数中,为微分方程 $x\mathrm{d}x+y\mathrm{d}y=0$ 的通解是(　　).

(A) $x+y=C$　　(B) $x^2+y^2=C$

(C) $Cx+y=0$　　(D) $Cx^2+y=0$

(10) $y''=e^{-x}$ 的通解为 $y=$(　　).

(A) $-e^{-x}$　　(B) e^{-x}

(C) $e^{-x}+C_1x+C_2$　　(D) $-e^{-x}+C_1x+C_2$

4. 求下列微分方程的通解:

(1) $xy'\ln x+y=ax(\ln x+1)$;　　(2) $x\frac{dy}{dx}-y-\sqrt{x^2-y^2}=0$;

(3) $\cos x\sin y\mathrm{d}x+\sin x\cos y\mathrm{d}y=0$;　　(4) $x\frac{dy}{dx}=y\ln\frac{y}{x}$.

5. 求下列微分方程满足初始条件的特解:

(1) $y'+\frac{2-3x^2}{x^3}y=1, y|_{x=1}=0$;　　(2) $(1+x^2)\mathrm{d}y=(1+xy)\mathrm{d}x, y|_{x=1}=0$;

(3) $\cos y\mathrm{d}x+(1+e^{-x})\mathrm{d}y=0, y|_{x=0}=\frac{\pi}{4}$;　　(4) $y'=\frac{x}{y}+\frac{y}{x}, y|_{x=1}=2$.

6. 用适当的变换将下列方程化成可分离变量的方程，然后求出通解：

(1) $y'=(x+y)^2$；　(2) $y'=\sin(x-y)$；　(3) $y'=\dfrac{1}{x-y}+1$.

7. 求下列微分方程的通解：

(1) $y''+y=0$；　(2) $y''-4y'+5y=0$.

8. 求下列微分方程满足所给初始条件的特解：

(1) $y''-3y'-4y=0, y|_{x=0}=0, y'|_{x=0}=-5$；

(2) $y''+25y=0, y|_{x=0}=2, y'|_{x=0}=5$.

9. 已知 $y_1=e^{2x}$ 和 $y_2=e^{-x}$ 是二阶常系数齐次微分方程的两个特解，写出该方程的通解，并求满足初始条件 $y|_{x=0}=1, y'|_{x=0}=\dfrac{1}{2}$ 的特解.

10. 求下列微分方程的通解：

(1) $2y''+y'-y=2e^x$；　(2) $y''-2y'+5y=e^x\sin 2x$.

11. 求微分方程 $y''-3y'+2y=5$，满足所给初始条件 $y|_{x=0}=1, y'|_{x=0}=2$ 的特解.

12. 求一曲线 $y=y(x)$ 过原点，且它在点 (x,y) 处的切线斜率等于 $2x+y$.

13. 设函数 $y(x)$ 满足 $y'(x)=1+\int_0^x[6\sin^2 t-y(t)]dt, y(0)=1$，求 $y(x)$.

参 考 文 献

曹定华，方涛，李建平. 2006. 微积分. 上海：复旦大学出版社.

大连理工大学应用数学系. 2007. 工科微积分. 2 版. 大连：大连理工大学出版社.

李忠，周建莹. 2009. 高等数学. 2 版. 北京：北京大学出版社.

同济大学数学系. 2007. 高等数学. 6 版. 北京：高等教育出版社.

Friedman A. 2007. Advanced Calculus. New York：Dover Publications Inc.

课后习题答案

习题 6.1

1. (1) Ⅳ； (2) Ⅴ； (3) Ⅷ； (4) Ⅲ.
2. (1)(6,2,7);(6,2,−5)； (2) (2,−2,4).
3. $5\sqrt{2},\sqrt{34},\sqrt{41}$, 5.
4. $\left(0,0,\dfrac{14}{9}\right)$.
5. $(a,b,0)$, $(0,b,c)$, $(a,0,c)$, $(a,0,0)$, $(0,b,0)$, $(0,0,c)$.
6. 点 $M(a,b,c)$关于 xOy 面的对称点是$(a,b,-c)$；
   点 $M(a,b,c)$关于 yOz 面的对称点是$(-a,b,c)$；
   点 $M(a,b,c)$关于 zOx 面的对称点是$(a,-b,c)$.
   点 $M(a,b,c)$关于 x 轴的对称点是$(a,-b,-c)$；
   点 $M(a,b,c)$关于 y 轴的对称点是$(-a,b,-c)$；
   点 $M(a,b,c)$关于 z 轴的对称点是$(-a,-b,c)$.
7. (0, 1 ,−2)

习题 6.2

1. (1) 错误； (2) 错误； (3) 错误.
2. (1) (5,11,−4)； (2) (−1,1,6)； (3) (1,−9,14)； (4) (−3,7,8).
3. (1) $2\sqrt{6},\dfrac{2}{\sqrt{6}},\dfrac{1}{\sqrt{6}},\dfrac{1}{\sqrt{6}},\arccos\dfrac{2}{\sqrt{6}},\arccos\dfrac{1}{\sqrt{6}},\arccos\dfrac{1}{\sqrt{6}}$；

   (2) $\sqrt{329},\dfrac{1}{\sqrt{329}},\dfrac{18}{\sqrt{329}},\dfrac{2}{\sqrt{329}},\arccos\dfrac{1}{\sqrt{329}},\arccos\dfrac{18}{\sqrt{329}},\arccos\dfrac{2}{\sqrt{329}}$.
4. $\alpha=15,\gamma=-\dfrac{1}{5}$.
5. $\cos\gamma=-\dfrac{6}{7}$.
6. $|\overrightarrow{M_1M_2}|=2,\alpha=\dfrac{2}{3}\pi,\beta=\dfrac{3}{4}\pi,\gamma=\dfrac{\pi}{3}$.

7. (1) 向量与 x 轴垂直、平行于 yOz 面;

   (2) 向量与 y 轴正向同向、垂直 zOx 面;

   (3) 向量与 z 轴负向同向、垂直 xOy 面;

   (4) 向量既垂直 x 轴,又垂直于 y 轴,即向量垂直于 xOy 面.

8. 设四边形为 $ABCD$,它们的对角线交点为 M,则由条件 $|MA|=|MC|$, $|MB|=|MD|$,由此有 $\overrightarrow{AB}=\overrightarrow{MB}-\overrightarrow{MA}=-(\overrightarrow{MD}-\overrightarrow{MC})=-\overrightarrow{CD}$,因此 $|\overrightarrow{AB}|=|\overrightarrow{CD}|$,同理 $|\overrightarrow{BC}|=|\overrightarrow{AD}|$,即四边形 $ABCD$ 是平形四边形.

习题 6.3

1. (1) 等式不成立;

   (2) 等式一般不成立,除非 $\boldsymbol{a},\boldsymbol{b}$ 共线.

2. (1) 不能推出 $\boldsymbol{b}=\boldsymbol{c}$;

   (2) 不能推出 $\boldsymbol{b}=\boldsymbol{c}$.

3. (1) $\boldsymbol{a}\cdot\boldsymbol{b}=-4$; (2) $\theta=\arccos\left(-\frac{2\sqrt{2}}{9}\right)$; (3) $\mathrm{Prj}_{\boldsymbol{a}}\boldsymbol{b}=-\frac{2\sqrt{2}}{3}$.

4. $\boldsymbol{x}=\{-4,2,-4\}$.

5. (1) $35\sqrt{3}$; (2) 76.

6. (1) $-8\boldsymbol{j}-24\boldsymbol{k}$; (2) $-\boldsymbol{j}-\boldsymbol{k}$; (3) 2; (4) $2\boldsymbol{i}+\boldsymbol{j}+21\boldsymbol{k}$.

7. $\boldsymbol{n}^0=\pm\frac{1}{\sqrt{35}}(-\boldsymbol{i}+3\boldsymbol{j}+5\boldsymbol{k})$.

习题 6.4

1. $\frac{x-2}{2}=\frac{y+3}{0}=\frac{z-4}{4}$.

2. $\frac{x-2}{2}=\frac{y-1}{-1}=\frac{z-3}{4}$.

3. $d=\sqrt{10}$.

4. $(2,9,6)$.

5. $\arccos\frac{1}{3}$.

6. $\frac{x-2}{3}=\frac{y-1}{-1}=\frac{z-3}{3}$.

7. $\frac{x-1}{2}=\frac{y-1}{0}=\frac{z}{-4}$.

习题 6.5

1. (1) 直线与平面平行; (2) 直线与平面垂直; (3) 直线在平面上.
2. $\frac{x-1}{3}=\frac{y}{-4}=\frac{z+3}{1}$.
3. $\frac{x-1}{-5}=\frac{y-2}{1}=\frac{z-1}{5}$.
4. $x+3y=0$.
5. $5x-4z-12=0$.
6. $3x-y+5z-14=0$.
7. $x-3y-2z=0$.
8. $6x+3y+2z-20=0$.
9. $8x+y+2z\pm 2\sqrt[3]{12}=0$.

习题 6.6

1. $z=-(x^2+y^2)+1$.
2. $4(x^2+z^2)-9y^2=36$.
3. $3y^2-z^2=16$,为母线平行于 x 轴的柱面;
   $3x^2+2z^2=16$,为母线平行于 y 轴的柱面.
4. $\frac{x^2}{4}+\frac{y^2}{3}+\frac{z^2}{3}=1$.
5. $(x-3)^2+(y-3)^2+(z-3)^2=9$ 或 $(x-5)^2+(y-5)^2+(z-5)^2=25$.
6. 略.
7. $\frac{x^2}{9}+\frac{y^2}{16}+\frac{z^2}{36}=1$.
8. (1) 平行于 y 轴的一直线;与 yOz 平面平行且过(2,0,0)的平面;
   (2) 斜率为 1,在 y 轴截距为 1 的直线;平行于 z 轴,过(0,1,0),(−1,0,1)的平面;
   (3) 圆心在原点,半径为 2 的圆;以过 z 轴的直线为轴,半径为 2 的圆柱面;
   (4) 双曲线;母线平行于 z 轴的双曲柱面.

9-10. 略.

习题 6.7

1. (1) 表示两条直线的交点,表示两平面的交线;

(2) 表示椭圆与其一切线的交点,表示椭圆柱面$\frac{x^2}{4}+\frac{y^2}{9}=1$与其切平面 $y=3$ 的交线.

2. $\begin{cases} x=\frac{3}{\sqrt{2}}\cos t, \\ y=\frac{3}{\sqrt{2}}\cos t, \quad (0\leqslant t\leqslant 2\pi). \\ z=3\sin t, \end{cases}$

3. 投影柱面为 $x^2+y^2=\frac{1}{5}$,投影曲线为$\begin{cases} x^2+y^2=\frac{1}{5}, \\ z=0. \end{cases}$

4. 在 xOy 平面上的投影曲线为$\begin{cases} y^2=2x-9, \\ z=0, \end{cases}$原曲线是位于平面 $z=3$ 上的抛物线.

5. 在 xOy 平面上的投影$\begin{cases} x^2+2y^2=4, \\ z=0. \end{cases}$

在 xOz 平面上的投影 $\begin{cases} x^2+2z^2=4, \\ y=0. \end{cases}$

在 yOz 平面上的投影$\begin{cases} y=z, \\ x=0. \end{cases}$当 $x=0,y=z$ 时,$2y^2\leqslant 4,|y|\leqslant\sqrt{2}$.

复习题 6

1. (1) $5\boldsymbol{a}-11\boldsymbol{b}+7\boldsymbol{c}$; (2) $\left(\frac{6}{11},\frac{7}{11},-\frac{6}{11}\right)$或$\left(-\frac{6}{11},-\frac{7}{11},\frac{6}{11}\right)$; (3) $\sqrt{34},\sqrt{41}$,5; (4) 2 ; (5) $(18,22,-17)$; (6) 3; (7) 3; (8) $4(z-1)=(x-1)^2+(y+1)^2$; (9) y; (10) $\frac{\sqrt{6}}{2}$.

2. (1) A; (2) D; (3) C; (4) C; (5) A; (6) A; (7) C; (8) A; (9) D; (10) B.

3. $\frac{x-4}{2}=y+1=\frac{z-3}{5}$.

4. $\frac{x-3}{-4}=\frac{y+2}{z}=\frac{z-1}{1}$.

5. $16x-14y-11z-65=0$.

6. $\cos\theta=0$.

7. 夹角为0.

8. $\frac{x}{-2}=\frac{y-2}{3}=\frac{z-4}{1}$.

9. $8x-9y-22z-59=0$.

10. (1) 垂直;

(2) 直线与平面垂直;

(3) 平行.

11. $(1,2,2)$.

12. $-(x-1)+(y-2)-(z-1)=0$,即 $x-y+z=0$.

13. $\left(-\frac{5}{3},\frac{2}{3},\frac{2}{3}\right)$.

14. $\frac{3\sqrt{2}}{2}$.

15. 1.

16. $x+2y+1=0$.

习题 7.1

1. $f(x,y)=\frac{2xy}{(x^2+y^2)}$.

2. (1) $D=\{(x,y)\,|\,y^2-2x+1>0\}$;

(2) $D=\{(x,y)\,|\,x+y>0,x-y>0\}$;

(3) $D=\{(x,y,z)\,|\,r^2<x^2+y^2+z^2<R^2\}$;

(4) $D=\{(x,y,z)\,|\,x^2+y^2-z^2\geqslant 0,x^2+y^2\neq 0\}$.

3. (1) $-\frac{1}{9}$;　(2) 2;　(3) $\frac{1}{2}$;　(4) 0;　(5) 0.

4-6. 略.

习题 7.2

1. (1) $2f_x(x_0,y_0)$;　　(2) $f_x(x_0,y_0)+f_y(x_0,y_0)$.

2. (1) $\frac{\partial z}{\partial x}=3x^2y-y^3$,　$\frac{\partial z}{\partial y}=x^3-3xy^2$;

(2) $\frac{\partial z}{\partial x}=\frac{1}{2x\sqrt{\ln(xy)}}$,　$\frac{\partial z}{\partial y}=\frac{1}{2y\sqrt{\ln(xy)}}$;

(3) $\frac{\partial z}{\partial x}=y[\cos(xy)-\sin(2xy)]$,　$\frac{\partial z}{\partial y}=x[\cos(xy)-\sin(2xy)]$;

(4) $\frac{\partial z}{\partial x}=y^2(1+xy)^{y-1}$,　$\frac{\partial z}{\partial y}=(1+xy)^y\left[\ln(1+xy)+\frac{xy}{1+xy}\right]$;

(5) $\frac{\partial u}{\partial x}=\frac{y}{z}x^{\frac{y}{z}-1}$,　$\frac{\partial u}{\partial y}=\frac{1}{z}x^{\frac{y}{z}}\ln x$,　$\frac{\partial u}{\partial z}=-\frac{y}{z^2}x^{\frac{y}{z}}\ln x$;

(6) $\frac{\partial u}{\partial x}=\frac{z(x-y)^{z-1}}{1+(x-y)^{2z}}$,　$\frac{\partial u}{\partial y}=-\frac{z(x-y)^{z-1}}{1+(x-y)^{2z}}$,　$\frac{\partial u}{\partial z}=\frac{(x-y)^z\ln(x-y)}{1+(x-y)^{2z}}$;

(7) $\frac{\partial z}{\partial x}=e^x[\cos y+(x+1)\sin y]$,　$\frac{\partial z}{\partial y}=e^x[x\cos y-\sin y]$;

(8) $\frac{\partial z}{\partial x}=e^{(x+y^2)^2}-e^{x^2}$,　$\frac{\partial z}{\partial y}=2ye^{(x+y^2)^2}$.

3. 略.

4. $f_x(x,1)=1$.

5. $\frac{\pi}{4}$.

6. (1) 连续;　(2) $f_x(0,0)=0, f_y(0,0)=0$;　(3) 不连续.

7. (1) $\frac{\partial^2 z}{\partial x^2}=12x^2+24xy^2$,　$\frac{\partial^2 z}{\partial y^2}=12y^2+8x^3$,　$\frac{\partial^2 z}{\partial x\partial y}=24x^2y$;

(2) $\frac{\partial z}{\partial x}=\frac{-y}{x^2+y^2}$,　$\frac{\partial z}{\partial y}=\frac{x}{x^2+y^2}$,　$\frac{\partial^2 z}{\partial x^2}=\frac{2xy}{(x^2+y^2)^2}$,　$\frac{\partial^2 z}{\partial x\partial y}=\frac{y^2-x^2}{(x^2+y^2)^2}$,

$\frac{\partial^2 z}{\partial y^2}=\frac{-2xy}{(x^2+y^2)^2}$;

(3) $\frac{\partial z}{\partial x}=y^x\ln y$,　$\frac{\partial z}{\partial y}=xy^{x-1}$,　$\frac{\partial^2 z}{\partial x^2}=y^x(\ln y)^2$,　$\frac{\partial^2 z}{\partial y^2}=x(x-1)y^{x-2}$,

$\frac{\partial^2 z}{\partial x\partial y}=xy^{x-1}\ln y$.

8. $f_{xx}(0,0,1)=2$， $f_{xz}(1,0,2)=2$， $f_{yz}(0,-1,0)=0$， $f_{zzx}(2,0,1)=0$.

9. $\frac{\partial^3 z}{\partial x^2\partial y}=0,\frac{\partial^3 z}{\partial x\partial y^2}=-\frac{1}{y^2}$.

10. 略.

习题 7.3

1. (1) $\left(y+\frac{1}{y}\right)dx+x\left(1-\frac{1}{y^2}\right)dy$;

(2) $-\frac{1}{x}e^{\frac{y}{x}}\left(\frac{y}{x}dx+dy\right)$;

(3) $-\frac{x}{(x^2+y^2)^{\frac{3}{2}}}(ydx-xdy)$;

(4) $yzx^{yz-1}dx+zx^{yz}\cdot\ln x dy+yx^{yz}\cdot\ln x dz$.

2. (1) $\frac{2}{5}dx-\frac{2}{5}dy$； (2) $-\frac{1}{2}dx+\frac{1}{2}dy+\frac{\pi}{2}dz$； (3) $\frac{1}{25}(-3dx-4dy+5dz)$.

3. $\Delta z=0.9925, dz=0.9$.

4. 0.25e.

5. (1) 0.5023； (2) 108.972.

6. $0.17m^2$.

7. 略.

8. 若 $\varphi(0,0)\neq 0$,则 $\psi(x,y)$在点$(0,0)$不可微;若 $\varphi(0,0)=0$,则 $\psi(x,y)$在点$(0,0)$可微.

9. 略.

10. $df(1,1,1)=dx-dy$.

习题 7.4

1. (1) $f'_x+2tf'_y+3t^2f'_z$； (2) $e^{x-2y}\cos t-6t^2e^{x-2y}$;

(3) $[e^{-(v^2+u)^2}-2e^{-4u^2}]\cos x+2ve^{-(v^2+u)^2}\cdot e^x$.

2. (1) $z_x=\frac{2x}{y^2}\ln(3x-2y)+\frac{3x^2}{y^2(3x-2y)}$， $z_y=-\frac{2x^2}{y^3}\ln(3x-2y)-\frac{2x^2}{y^2(3x-2y)}$;

(2) $\frac{\partial u}{\partial x}=f'(\sqrt{x^2+y^2})\cdot\frac{x}{\sqrt{x^2+y^2}}$， $\frac{\partial u}{\partial x}=f'(\sqrt{x^2+y^2})\cdot\frac{y}{\sqrt{x^2+y^2}}$;

(3) $\frac{\partial z}{\partial r}=3r^2\cos\theta\sin\theta(\cos\theta-\sin\theta)$， $\frac{\partial z}{\partial\theta}=r^3(\sin\theta+\cos\theta)(1-3\sin\theta\cos\theta)$.

3. (1) $\frac{2}{5},-\frac{2}{5}$； (2) 1,1,0.

4. (1) $\frac{\partial z}{\partial x}=2xf'(x^2+y)+g'(x-y^2)$， $\frac{\partial z}{\partial y}=f'(x^2+y)-2yg'(x-y^2)$；

(2) $\frac{\partial z}{\partial x}=f_1'\cdot\cos x+f_3'\cdot e^{x+y}$， $\frac{\partial z}{\partial y}=-f_2'\cdot\sin y+f_3'\cdot e^{x+y}$.

5. 略.

6. (1) $\frac{\partial^2 u}{\partial x\partial y}=\varphi_{11}-\varphi_{22}$；

(2) $\frac{\partial^2 u}{\partial x\partial y}=-\frac{1}{y^2}\varphi_1-\frac{1}{x^2}\varphi_2-\frac{1}{y^3}\varphi_{11}+\left(\frac{1}{xy}+\frac{y}{x}\right)\varphi_{12}-\frac{y}{x^3}\varphi_{22}$；

(3) $\frac{\partial^2 u}{\partial x\partial y}=z\varphi_2+4xy\varphi_{11}+2z(x^2+y^2)\varphi_{21}+xyz^2\varphi_{22}$.

7. 略.

思考题．略.

习题 7.5

1. (1) $\frac{\partial z}{\partial x}=\frac{2}{z+1}$， $\frac{\partial z}{\partial y}=\frac{2y}{z+1}$， $\frac{\partial^2 z}{\partial x^2}=-\frac{(z+1)^2+(2-x)^2}{(z+1)^3}$，

$\frac{\partial^2 z}{\partial y^2}=-\frac{2(z+1)^2+4y^2}{(z+1)^3}$；

(2) $\frac{\partial z}{\partial x}=\frac{z-y}{y-x}$， $\frac{\partial z}{\partial y}=\frac{x+z}{x-y}$， $\frac{\partial^2 z}{\partial x^2}=\frac{2(z-y)}{(y-x)^2}$， $\frac{\partial^2 z}{\partial y^2}=\frac{(x+y)(x+z)}{(y-x)^3}$；

(3) $\frac{\partial z}{\partial x}=\frac{e^y+ze^x}{y+e^x}$， $\frac{\partial z}{\partial y}=\frac{z}{y+e^x}$， $\frac{\partial^2 z}{\partial y^2}=\frac{2z-xe^{x+y}+2xe^y-xye^y}{(y+e^x)^2}$，

$\frac{\partial^2 z}{\partial x^2}=\frac{2e^{x+y}+ze^{2x}+zye^x}{(y+e^x)^2}$；

(4) $\frac{\partial^2 z}{\partial x^2}=-\frac{2xy^3z}{(z^2-xy)^3}$， $\frac{\partial^2 z}{\partial y^2}=-\frac{2x^3yz}{(z^2-xy)^3}$.

2. $\frac{\partial z}{\partial x}=\frac{F_1'-F_3'}{F_2'-F_3'}$， $\frac{\partial z}{\partial y}=\frac{F_2'-F_1'}{F_2'-F_3'}$.

3. $\frac{\partial z}{\partial x}=-\frac{F_1'+2xF_2'}{F_1'+2zF_2'}$， $\frac{\partial^2 z}{\partial x\partial y}=-\frac{2(F_{11}''+2yF_{12}'')(z-x)F_2'+2(F_{21}''+2yF_{22}'')(x-z)F_1'}{(F_1'+2zF_2')^2}$.

4. $\frac{dx}{dz}=-\frac{y-z}{y-x}$， $\frac{dy}{dz}=-\frac{z-x}{y-x}$.

习题 7.6

1. (1) $f_{\max}(2,-2)=8$； (2) $f_{\min}\left(\frac{1}{2},-1\right)=-\frac{e}{2}$； (3) $f_{\max}\left(\frac{2}{3},-\frac{2}{3}\right)=\frac{8}{27}$, $f_{\min}(0,0)=0$； (4) 极小值 $f(\pm1,0)=-1$.
2. (1) $f_{\min}=-2, f_{\max}=8$； (2) 无极值.
3. 略.
4. $f(4,0)=-16$.
5. 120,80.

复习题 7

1. (1) 充分,必要； (2) 必要,充分； (3) 充分； (4) 充分.
2. (1) $\frac{\partial z}{\partial x}=\frac{1}{x+y^2}$, $\frac{\partial z}{\partial y}=\frac{2y}{x+y^2}$, $\frac{\partial^2 z}{\partial x^2}=-\frac{1}{(x+y^2)^2}$, $\frac{\partial^2 z}{\partial x\partial y}=-\frac{2y}{(x+y^2)^2}$, $\frac{\partial^2 z}{\partial y^2}=\frac{2(x-y^2)}{(x+y^2)^2}$;

   (2) $\frac{\partial z}{\partial x}=yx^{y-1}$, $\frac{\partial z}{\partial y}=x^y\ln x$, $\frac{\partial^2 z}{\partial x^2}=y(y-1)x^{y-2}$, $\frac{\partial^2 z}{\partial x\partial y}=x^{y-1}(1+y\ln x)$, $\frac{\partial^2 z}{\partial y^2}=x^y(\ln x)^2$.
3. $\frac{du}{dt}=yx^{y-1}\varphi'(t)+x^y\ln x\psi'(t)$.
4. $\frac{\partial^2 z}{\partial x\partial y}=xe^{2y}f''_{uu}+e^y f''_{uy}+xe^y f''_{xu}+e^y f'_u$.
5. $\frac{\partial z}{\partial u}=\frac{\partial F}{\partial u}+\frac{\partial F}{\partial v}\frac{\partial f}{\partial u}+\frac{\partial F}{\partial v}\frac{\partial f}{\partial x}\frac{\partial g}{\partial u}$.
6. $\frac{\partial u}{\partial x}=\frac{1-2y^2z}{2u}$, $\frac{\partial^2 u}{\partial x^2}=-\frac{y^4}{u}-\frac{(1-2y^2z)^2}{4u^3}$.
7. $\frac{\partial^2 z}{\partial u\partial v}=0$.
8. $-2e^{-x^2y^2}$.
9. 略.
10. 价格 $p_1=\frac{63}{2}$, $p_2=14$ 时利润可达最大,此时产量 $q_1=9$, $q_2=6$.

11. $x=250, y=50, f(250,50)=16719$.

12. $\dfrac{c_0-k\ln M+\dfrac{1}{a}-k}{1-ak}$.

习题 8.1

1. (1) $V=\iint\limits_D \dfrac{12-6x-4y}{3}\mathrm{d}x\mathrm{d}y$, D 为 $0\leqslant x\leqslant 2$,　$0\leqslant y\leqslant 3\left(1-\dfrac{x}{2}\right)$;

(2) $V=\iint\limits_D (2-4x^2-y^2)\mathrm{d}x\mathrm{d}y$, D 为 $4x^2+y^2\leqslant 2$.

2. 略.

3. (1) $\dfrac{2}{3}\pi R^3$;　(2) 9π.

4. (1) $\iint\limits_D \ln(x+y)\mathrm{d}\sigma > \iint\limits_D [\ln(x+y)]^2\mathrm{d}\sigma$;　(2) $\iint\limits_D \mathrm{e}^{xy}\mathrm{d}\sigma < \iint\limits_D \mathrm{e}^{2xy}\mathrm{d}\sigma$;

(3) $\iint\limits_D (x+y)^2\mathrm{d}\sigma < \iint\limits_D (x+y)^3\mathrm{d}\sigma$.

5. (1) $0.4\leqslant I\leqslant 0.5$;　(2) $36\pi\leqslant I\leqslant 100\pi$;　(3) $\dfrac{100}{51}\leqslant I\leqslant 2$.

6. $\mathrm{d}F(x,y)=\mathrm{d}x+\mathrm{d}y$.

习题 8.2

1. (1) $\int_{-1}^{1}\mathrm{d}x\int_{x^2}^{1}f(x,y)\mathrm{d}y$,　$\int_0^1\mathrm{d}y\int_{-\sqrt{y}}^{\sqrt{y}}f(x,y)\mathrm{d}x$;

(2) $\int_0^{\pi}\mathrm{d}x\int_0^{\sin x}f(x,y)\mathrm{d}y$,　$\int_0^1\mathrm{d}y\int_{\arcsin y}^{\pi-\arcsin y}f(x,y)\mathrm{d}x$;

(3) $\int_0^4\mathrm{d}x\int_{-\sqrt{4x-x^2}}^{\sqrt{4x-x^2}}f(x,y)\mathrm{d}y$,　$\int_{-2}^{2}\mathrm{d}y\int_{2-\sqrt{4-y^2}}^{2+\sqrt{4-y^2}}f(x,y)\mathrm{d}x$;

(4) $\int_0^1\mathrm{d}x\int_{x-1}^{1-x}f(x,y)\mathrm{d}y$,　$\int_{-1}^{0}\mathrm{d}y\int_0^{1+y}f(x,y)\mathrm{d}x+\int_0^1\mathrm{d}y\int_0^{1-y}f(x,y)\mathrm{d}x$.

2. (1) $\mathrm{e}^3-\mathrm{e}^2-\mathrm{e}+1$;　(2) $1\dfrac{1}{8}$;　(3) $-\dfrac{1}{3}$;　(4) $5\dfrac{5}{8}$;　(5) $\dfrac{1}{3}(1-\cos 1)$;

(6) 1;　(7) $\dfrac{1}{2}$;　(8) $\dfrac{11}{15}$.

3. (1) $\int_0^1 dx\int_{\sqrt{x}}^1 f(x,y)dy$; (2) $\int_0^1 dx\int_x^{2x} f(x,y)dy+\int_1^2 dx\int_x^2 f(x,y)dy$;

(3) $\int_0^1 dy\int_{e^y}^{e} f(x,y)dx$; (4) $\int_0^1 dy\int_{1-\sqrt{1-y^2}}^{2-y} f(x,y)dx$.

4. $\frac{3}{8}e-\frac{1}{2}\sqrt{e}$.

5. (1) $\frac{1}{45}$; (2) 2π; (3) $\frac{4}{5}$.

6. 略.

7. $\frac{4}{3}$.

习题 8.3

1. (1) $\int_0^{\frac{\pi}{2}} d\theta\int_0^a r^2 dr, \frac{\pi a^3}{6}$; (2) $\int_0^{\frac{\pi}{4}} d\theta\int_0^{\tan\theta\sec\theta} dr, \sqrt{2}-1$.

2. (1) $\frac{2\pi}{3}(b^3-a^3)$; (2) -4; (3) $\frac{\pi}{4}(2\ln 2-1)$; (4) $\frac{3\pi^2}{64}$.

3. (1) $\frac{8}{15}$; (2) $-\frac{3\pi}{2}$; (3) π; (4) $\frac{45\pi}{2}$.

4. (1) $\frac{2}{3}(2\sqrt{2}-1)\ln 2$; (2) $e-e^{-1}$; (3) $\frac{\pi}{24}(1-\cos 1)$.

复习题 8

1. (1) 2; (2) $\frac{2}{3}$; (3) 0; (4) $f(2)$; (5) 1.

2. (1) B; (2) A; (3) C; (4) B; (5) B.

3. (1) $\int_0^1 dx\int_0^{1-x} f(x,y)dy=\int_0^1 dy\int_0^{1-y} f(x,y)dx$;

(2) $\int_0^1 dx\int_{x^2}^{x} f(x,y)dy=\int_0^1 dy\int_y^{\sqrt{y}} f(x,y)dx$;

(3) $\int_0^a dy\int_{\frac{y^2}{2a}}^{a-\sqrt{a^2-y^2}} f(x,y)dx+\int_0^a dy\int_{a+\sqrt{a^2-y^2}}^{2a} f(x,y)dx+\int_a^{2a} dy\int_{\frac{y^2}{2a}}^{2a} f(x,y)dx$.

4. (1) 9; (2) $\frac{9}{8}\ln 3-\ln 2-\frac{1}{2}$; (3) $-6\pi^2$; (4) $\frac{41}{2}\pi$.

5. $\frac{\pi}{8}(1-e^{-R^2})$.

6. $\frac{1}{2}(e-1)$.

7. $e-1$.

8. 略.

9. $\frac{A^2}{2}$.

10. $xy+\frac{1}{8}$.

11. $\frac{16}{9}(3\pi-2)$.

12. $\frac{\pi}{2}\ln 2-\frac{\pi}{4}$.

13. 略.

习题 9.1

1. (1) $\frac{1}{1\cdot 2}+\frac{1}{2\cdot 3}+\frac{1}{3\cdot 4}+\frac{1}{4\cdot 5}+\frac{1}{5\cdot 6}+\cdots$;

(2) $1-\frac{1}{2}+\frac{1}{3}-\frac{1}{4}+\frac{1}{5}-\cdots$;

(3) $\frac{1!}{1}+\frac{2!}{2^2}+\frac{3!}{3^3}+\frac{4!}{4^4}+\frac{5!}{5^5}+\cdots$;

(4) $\frac{1}{2}+\frac{1\cdot 3}{2\cdot 4}+\frac{1\cdot 3\cdot 5}{2\cdot 4\cdot 6}+\frac{1\cdot 3\cdot 5\cdot 7}{2\cdot 4\cdot 6\cdot 8}+\frac{1\cdot 3\cdot 5\cdot 7\cdot 9}{2\cdot 4\cdot 6\cdot 8\cdot 10}+\cdots$.

2. (1) $u_n=\frac{1}{2n-1}$； (2) $u_n=\frac{n-2}{n+1}$；

(3) $u_n=\frac{x^{\frac{n}{2}}}{2\cdot 4\cdot 6\cdots(2n)}$； (4) $u_n=(-1)^{n+1}\frac{a^{n+1}}{2n+1}$.

3. $1+\frac{1}{8}+\left(\frac{1}{8}\right)^2+\cdots+\left(\frac{1}{8}\right)^{n-1}+\cdots$.

4. 级数的部分和为 $s_n=1+2+3+\cdots+n=\frac{n(n+1)}{2}$，显然，$\lim\limits_{n\to\infty}s_n=\infty$，故题设级数发散.

5. (1) 收敛； (2) 收敛； (3) 发散； (4) 收敛.

6. (1) 发散； (2) 发散； (3) 发散； (4) 发散； (5) 收敛； (6) 收敛.
7. (1) 收敛； (2) 发散； (3) 发散； (4) 发散； (5) 收敛； (6) 发散.
8. 用反证法,已知$\sum_{n=1}^{\infty}u_n$收敛,假定$\sum_{n=1}^{\infty}(u_n+v_n)$收敛,由$v_n=(u_n+v_n)-u_n$与级数性质得知$\sum_{n=1}^{\infty}v_n$收敛,这与题设矛盾,所以级数$\sum_{n=1}^{\infty}(u_n+v_n)$发散.
9. $S=6+2\left(6\times\frac{1}{3}+6\times\frac{1}{3^2}+6\times\frac{1}{3^3}+\cdots\right)=6+2\left[6\times\left(\lim\limits_{n\to\infty}\frac{\frac{1}{3}\left(1-\frac{1}{3^n}\right)}{1-\frac{1}{3}}\right)\right]=12(\mathrm{m})$.

习题 9.2

1. (1) 发散； (2) 收敛； (3) 发散； (4) 收敛； (5) 收敛； (6) 发散；
   (7) 收敛； (8) 发散； (9) 当$\alpha>1$时,收敛,当$0<\alpha<1$时,发散,当$\alpha=1$时,发散； (10) 收敛.
2. (1) 收敛； (2) 收敛； (3) 收敛； (4) 收敛； (5) 发散；
   (6) 收敛； (7) 发散； (8) 收敛.
3. (1) 收敛； (2) 收敛； (3) 收敛.
4. (1) 收敛； (2) 发散； (3) 发散； (4) 收敛； (5) 收敛； (6) 发散；
   (7) 收敛； (8) 收敛.
5. 由$a_n\leqslant c_n\leqslant b_n$,得$0\leqslant c_n-a_n\leqslant b_n-a_n(n=1,2,\cdots)$由于$\sum_{n=1}^{\infty}a_n$与$\sum_{n=1}^{\infty}b_n$都收敛,故$\sum_{n=1}^{\infty}(b_n-a_n)$是收敛的,从而由比较判别法知,正项级数$\sum_{n=1}^{\infty}(c_n-a_n)$也收敛. 再由$\sum_{n=1}^{\infty}a_n$与$\sum_{n=1}^{\infty}(c_n-a_n)$的收敛性可知:$\sum_{n=1}^{\infty}c_n=\sum_{n=1}^{\infty}[a_n+(c_n-a_n)]$也收敛.

习题 9.3

1. (1) 条件收敛； (2) 绝对收敛； (3) 条件收敛； (4) 绝对收敛； (5) 绝对收敛； (6) 条件收敛； (7) 绝对收敛； (8) 绝对收敛； (9) 发散；
   (10) 发散； (11) 发散； (12) 条件收敛.
2. $|r_3|<\frac{1}{7\cdot 7!}=\frac{1}{35280}<0.0001$.

3. 设 $f(x)=\frac{\sqrt{x}}{x+1}(x\geqslant 1)$，则 $f'(x)=\frac{1-x}{2\sqrt{x}(x+1)^2}<0$（当 $x>1$ 时），于是 $f(x)$ 在 $x\geqslant 1$ 上单调减. 故 $f(n)\geqslant f(n+1)$，即 $u_n\geqslant u_{n+1}$，又 $\lim\limits_{n\to\infty}u_n=\lim\limits_{n\to\infty}\frac{\sqrt{n}}{n+1}=\lim\limits_{n\to\infty}\frac{\sqrt{\frac{1}{n}}}{1+\frac{1}{n}}=0$，据莱布尼茨定理，所给交错级数收敛.

4. 收敛.

习题 9.4

1. (1) $(-1,1)$； (2) $x=0$ 处收敛； (3) $[-1,1)$； (4) $(-\infty,+\infty)$；
(5) $(2,4)$； (6) $[-1,1]$； (7) $(-\sqrt[3]{2},\sqrt[3]{2})$； (8) $[-1,1]$； (9) $[0,6)$；
(10) $(0,1]$； (11) $(-\sqrt{2},\sqrt{2})$； (12) $[1,+\infty)$.

2. 在 $x=2$ 处收敛，在 $x=7$ 处发散.

3. $\sqrt{R}$.

4. (1) $S(x)=\sum\limits_{n=1}^{\infty}nx^{n-1}=\left(\frac{x}{1-x}\right)'=\frac{1}{(1-x)^2}(-1<x<1)$；

(2) $S(x)=\frac{1}{2}\ln\frac{1+x}{1-x}(-1<x<1)$；

(3) $S(x)=\frac{1+x}{(1-x)^3}(-1<x<1)$；

(4) $S(x)=\sum\limits_{n=1}^{\infty}\frac{(-1)^{n-1}}{n(2n-1)}x^{2n}=2x\arctan x-\ln(1+x^2)$.

5. (1) 3； (2) 4； (3) $\ln\frac{3}{2}$.

习题 9.5

1. (1) $\ln(2+x)=\ln 2+\ln\left(1+\frac{x}{2}\right)=\ln 2+\sum\limits_{n=1}^{\infty}(-1)^{n-1}\frac{1}{n}\left(\frac{x}{2}\right)^n$，$(-2,2]$；

(2) $a^x=e^{x\ln a}=\sum\limits_{n=0}^{\infty}\frac{(x\ln a)^n}{n!}$，$(-\infty,+\infty)$；

(3) $\cos^2x=\frac{1+\cos 2x}{2}=\frac{1}{2}+\frac{1}{2}\sum\limits_{n=0}^{\infty}(-1)^n\frac{(2x)^{2n}}{(2n)!}$，$(-\infty,+\infty)$；

(4) $\dfrac{x}{\sqrt{1-2x}}=x+2\sum\limits_{n=1}^{\infty}\dfrac{(2n)!}{(n!)^2}\left(\dfrac{x}{2}\right)^{n+1}$，　$\left[-\dfrac{1}{2},\dfrac{1}{2}\right)$；

(5) $\dfrac{3x}{x^2+5x+6}=3\sum\limits_{n=0}^{\infty}(-1)^n\left[\dfrac{1}{3^n}-\dfrac{1}{2^n}\right]x^n$，　$(-2,2)$；

(6) $\ln(1+x^2)=\sum\limits_{n=1}^{\infty}(-1)^{n-1}\dfrac{x^{2n}}{n}$，　$[-1,1]$；

(7) $e^{-x^2}=\dfrac{2}{\sqrt{\pi}}\sum\limits_{n=0}^{\infty}(-1)^n\dfrac{x^{2n+1}}{n!(2n+1)}$，　$(-\infty,+\infty)$；

(8) $\sin^2 x=\dfrac{1}{2}-\dfrac{1}{2}\sum\limits_{n=0}^{\infty}(-1)^n\dfrac{4^n}{(2n)!}x^{2n}$，　$(-\infty,+\infty)$；

(9) $\arcsin x=\int_0^x(\arcsin t)'\mathrm{d}t=x+\sum\limits_{n=1}^{\infty}\dfrac{(2n-1)!!}{(2n)!!}\dfrac{1}{2n+1}x^{2n+1}$，　$[-1,1]$；

(10) $\ln(4-3x-x^2)=\ln4-\dfrac{3}{4}x-\dfrac{17}{32}x^2-\dfrac{63}{192}x^3-\cdots$，　$[-1,1)$.

2. $f(x)=\dfrac{1}{1-x}=-\dfrac{1}{2}\sum\limits_{n=0}^{\infty}(-1)^n\left(\dfrac{x-3}{2}\right)^n$，　$(1,5)$.

3. $f(x)=\dfrac{1}{x^2}=\sum\limits_{n=1}^{\infty}(-1)^{n+1}\dfrac{n}{2^{n+1}}(x-2)^{n-1}$，$(0<x<4)$.

4. (1) $\lg x=\dfrac{\ln x}{\ln10}=\dfrac{1}{\ln10}\ln[1+(x-1)]$

$$=\frac{1}{\ln10}\sum_{n=0}^{\infty}(-1)^n\frac{1}{n+1}(x-1)^{n+1},\quad 0<x\leqslant2;$$

(2) $\dfrac{1}{x^2+3x+2}=\dfrac{1}{2}\sum\limits_{n=0}^{\infty}\left(-\dfrac{x-1}{2}\right)^n-\dfrac{1}{3}\sum\limits_{n=0}^{\infty}\left(-\dfrac{x-1}{3}\right)^n$

$$=\sum_{n=0}^{\infty}(-1)^n\left(\frac{1}{2^{n+1}}-\frac{1}{3^{n+1}}\right)(x-1)^n,\quad -1<x<3;$$

(3) $\dfrac{1}{x^2+4x+3}=\sum\limits_{n=0}^{\infty}(-1)^n\left(\dfrac{1}{2^{n+2}}-\dfrac{1}{2^{2n+3}}\right)(x-1)^n$，　$-1<x<3$.

5. $\dfrac{x-1}{4-x}=(x-1)\dfrac{1}{4-x}=\dfrac{1}{3}(x-1)+\dfrac{(x-1)^2}{3^2}+\dfrac{(x-1)^3}{3^3}+\cdots$

$$+\frac{(x-1)^n}{3^n}+\cdots,|x-1|<3.$$

于是$\dfrac{f^{(n)}(1)}{n!}=\dfrac{1}{3^n}$,故 $f^{(n)}(1)=\dfrac{n!}{3^n}$.

6. $\ln(1-x)=-\sum\limits_{n=1}^{\infty}\dfrac{x^n}{n}$　$(-1\leqslant x<1)$；$\sum\limits_{n=1}^{\infty}\dfrac{x^n}{n\cdot4^n}=-\ln\left(1-\dfrac{x}{4}\right)$　$(-4\leqslant x<4)$；

$\ln 2=-\sum_{n=1}^{\infty}\frac{(-1)^{n}}{n}$，即$\sum_{n=1}^{\infty}\frac{(-1)^{n+1}}{n}=\ln 2$.

7. (1) 1.649； (2) 1.9744.

8. 0.15643；误差：$|R_n|\leqslant\frac{1}{5!}\left(\frac{\pi}{20}\right)^{5}<\frac{1}{20}(0.2)^{5}<\frac{1}{300000}<10^{5}$.

9. 0.0052.

复习题 9

1. (1) a； (2) $\frac{2}{2-\ln 3}$； (3) $\frac{a}{(a-x)^{2}}$； (4) $f(x)=\ln 3+\sum_{n=0}^{\infty}\frac{(-1)^{n}}{n+1}\left(\frac{x}{3}\right)^{n+1}$ $(-3<x\leqslant 3)$； (5) $\sqrt{3}$ ； (6) 4 ； (7) 8 ； (8) $[1,3)$ ； (9) 发散；
   (10) $\frac{1}{2n-1}$.

2. (1) B； (2) C； (3) C； (4) D； (5) B； (6) A； (7) B； (8) B；
   (9) D； (10) B.

3. (1)$\frac{1}{4}$； (2)$\frac{3}{4}$.

4. (1) 发散； (2) 收敛； (3) 发散； (4) 发散； (5) 收敛； (6) 收敛；
   (7) 收敛； (8) 收敛； (9) 收敛； (10) 收敛； (11) $b<a$ 时，原级数收敛；
   $\frac{b}{a}>1$，即 $b>a$ ，原级数发散，当 $b=a$ 时不定.

5. (1) 当 $p>1$ 时级数$\sum_{n=1}^{\infty}(-1)^{n}\frac{1}{n^{p}}$绝对收敛，当 $0<p\leqslant 1$ 时条件收敛，当 $p\leqslant 0$ 发散； (2) 绝对收敛； (3) 绝对收敛； (4) 发散； (5) 条件收敛；
   (6) 条件收敛.

6. (1) $\left[-\frac{1}{2},\frac{1}{2}\right]$； (2) $(-\infty,+\infty)$； (3) $(-R,R)$，其中 $R=\max\{a,b\}$；
   (4) $[-7,-3]$； (5) $\left[-\frac{4}{3},-\frac{2}{3}\right]$.

7. (1) $\sum_{n=1}^{\infty}nx^{2n}=\frac{x}{2}\sum_{n=1}^{\infty}2nx^{2n-1}=\frac{x}{2}\frac{2x}{(1-x^{2})^{2}}=\frac{x^{2}}{(1-x^{2})^{2}}$， $|x|<1$.

   (2) $\sum_{n=1}^{\infty}\frac{2n+1}{n!}x^{2n}=(xe^{x^{2}})'-1=e^{x^{2}}+2x^{2}e^{x^{2}}-1$， $-\infty<x<+\infty$.

   (3) $\sum_{n=1}^{\infty}n^{2}x^{n}=x\frac{2}{(1-x)^{3}}-x\frac{1}{(1-x)^{2}}=\frac{2x}{(1-x)^{3}}-\frac{x}{(1-x)^{2}}$， $|x|<1$.

8. 考虑级数$\sum_{n=1}^{\infty}\frac{x^n}{n\cdot 2^n}=\sum_{n=1}^{\infty}\frac{1}{n}\left(\frac{x}{2}\right)^n=S(x)$，$|x|<2$，逐项微分得

$$S'(x)=\sum_{n=1}^{\infty}\frac{1}{2}\left(\frac{x}{2}\right)^{n-1}=\frac{1}{2}\cdot\frac{1}{1-\frac{x}{2}}=\frac{1}{2-x},\quad |x|<2.$$

$$f(x)=\int_0^x S'(x)\mathrm{d}x=\int_0^x\frac{1}{2-x}\mathrm{d}x=-\ln|2-x|\Big|_0^x=\ln2-\ln|2-x|,$$

取$x=1$，得$S(1)=\sum_{n=1}^{\infty}\frac{1}{n2^n}=\ln2$.

9. (1) $f(x)=\sum_{n=0}^{\infty}2^{n+1}x^n-\sum_{n=0}^{\infty}x^n=\sum_{n=0}^{\infty}(2^{n+1}-1)x^n$，$|x|<\frac{1}{2}$；

(2) $f(x)=\frac{1}{x^2}=\frac{1}{[1+(x-1)]^2}=-\left[\frac{1}{1+(x-1)}\right]'=-\left[\sum_{n=0}^{\infty}(-1)^n(x-1)^n\right]'$

$$=\sum_{n=1}^{\infty}n(-1)^{n+1}(x-1)^{n-1},\quad |x-1|<1;$$

(3) $f(x)=\frac{x}{\sqrt{1+x^2}}=x-\sum_{n=1}^{\infty}(-1)^n\frac{(2n-1)!!}{(2n)!!}x^{2n+1}$，　$|x|<1$.

10. $S(x)=\frac{3-x+x}{(3-x)^2}=\frac{3}{(3-x)^2}$；$\sum_{n=1}^{\infty}\frac{n}{3^n}=\frac{3}{(3-1)^2}=\frac{3}{4}$.

11. $\sum_{n=1}^{\infty}(-1)^n\frac{x^{4n+3}}{(4n+3)(2n+1)!}$，　$-\infty<x<+\infty$.

12. 因为正项级数$\sum_{n=1}^{\infty}u_n$收敛，所以$\lim_{n\to\infty}u_n=0$. 由于$\lim_{n\to\infty}\frac{u_n^2}{u_n}=\lim_{n\to\infty}u_n=0$收敛，依比较判别法的极限形式知$\sum_{n=1}^{\infty}u_n^2$收敛．同理可证正项级数$\sum_{n=1}^{\infty}v_n$也收敛．因而$\sum_{n=1}^{\infty}2(u_n^2+v_n^2)$收敛．又因而$(u_n+v_n)^2=u_n^2+v_n^2+2u_nv_n\leqslant 2u_n^2+2v_n^2$，所以由比较判别法知级数$\sum_{n=1}^{\infty}(u_n+v_n)^2$收敛.

习题 10.1

1. (1) 是； (2) 是； (3) 是； (4) 是.
2. (1) 一阶； (2) 二阶； (3) 三阶； (4) 一阶； (5) 一阶； (6) 三阶.
3. (1) $y-x^3=1$； (2) $y=\frac{1}{2}\mathrm{e}^x+\frac{1}{2}\mathrm{e}^{-x}$.

4. (1) $y=-\cos x+2$; (2) $y=x^3+2x$.

5. (1) $y'=2x$, $y|_{x=1}=4$; (2) $\dfrac{xy'-y}{y'}=x^2$, $y|_{x=-1}=1$.

6. (1) 特解; (2) 不是解; (3) 通解; (4) 不是解.

7. $y=\dfrac{1}{3}x^3$.

习题 10.2

1. (1) 可分离变量的方程;
   (2) 齐次方程;
   (3) 一阶线性非齐次方程;
   (4) 伯努利方程;
   (5) 齐次方程;
   (6) 伯努利方程.

2. (1) $y=\dfrac{1}{2}(\arctan x)^2$;
   (2) $\ln y=\csc x-\cot x$;
   (3) $x^2+y^2=25$;
   (4) $x^2+y^2=x+y$;
   (5) $\sin\dfrac{y}{x}=\dfrac{1}{2}x$;
   (6) $y=x+\sqrt{1-x^2}$;
   (7) $y=\dfrac{3}{\sin x}-3$;
   (8) $\dfrac{1}{y}=[\ln(x+1)+1](x+1)$.

3. (1) $xy=C$;
   (2) $x^2+y^2=Cy$;
   (3) $y=\left[\dfrac{2}{3}(x+1)^{\frac{3}{2}}+C\right](x+1)^2$;
   (4) $y^2=\left(\dfrac{x^2}{2}+C\right)x$.

4. $T(t)=(T_0-T_1)e^{-Kt}+T_1$

5. $y+\sqrt{x^2+y^2}=2$.

习题 10.3

1. (1) $y=\frac{1}{4}(e^{2x}+\sin 2x)+C_1x+C_2$;

 (2) $y=\int x(x+Cx)\mathrm{d}x=\frac{x^3}{3}+\frac{C_1}{2}x^2+C_2$;

 (3) $y=\frac{x}{C_1}e^{C_1x+1}-\frac{1}{C_1^2}e^{C_1x+1}+C_2$;

 (4) $-\frac{1}{y}=C_1x+C_2$;

 (5) $y=\int(C_1e^x-x-1)\mathrm{d}x=C_1e^x-\frac{1}{2}x^2-x+C_2$;

 (6) $y=\int C_1e^{2x}\mathrm{d}x+C_2=C_1e^{2x}+C_2$;

 (7) $4(C_1y-1)=C_1^2(x+C_2)^2$;

 (8) $y=\frac{1}{8}e^{2x}+\sin x+\frac{C_1}{2}x^2+C_2x^2+C_3$.

2. (1) $y=x^3+3x+1$;

 (2) $y^2=2x+4$;

 (3) $y=2\ln x+2-2\ln 2=2+\ln\left(\frac{x}{2}\right)^2$;

 (4) $y=\sqrt{2x-x^2}$(舍去 $y=-\sqrt{2x-x^2}$,因 $y|_{x=1}=1$);

 (5) $e^{-y}=\pm x+1$;

 (6) $y=\frac{1}{4}e^{2x}+\cos x+\frac{1}{2}x-\frac{5}{4}$.

3. $y=\frac{x^3}{6}+\frac{x}{2}+1$.

习题 10.4

1. (1) $y=C_1e^{-2x}+C_2e^x$;

 (2) $y=C_1+C_2e^{4x}$;

 (3) $y=(C_1+C_2x)e^{2x}$;

 (4) $y=(C_1\sin 2x+C_2\cos 2x)e^x$.

2. (1) $y=4e^x+2e^{3x}$;

(2) $y=xe^x$；

(3) $y=(2\sqrt{2}\sin\sqrt{2}x+2\cos\sqrt{2}x)e^{-2x}$.

3. (1) $y=C_1+C_2e^{-x}+\frac{x^2}{2}-x$；

(2) $(C_1+C_2x)\cdot e^{-2x}+\frac{e^{3x}}{25}$；

(3) $y=(C_1+C_2x)e^{2x}+\frac{1}{4}\cos 2x$；

(4) $y=C_1\cos x+C_2\sin x+x+\frac{1}{2}e^x$.

4. (1) $y=-4+4e^x-3x$；

(2) $y=e^{2x}-e^x(x^2+x-1)$；

(3) $y=\frac{1}{4}\cos 2x+\frac{1}{8}\sin 2x-\frac{x}{4}\cos 2x$.

5. (1) $y^*=x[(Ax+B)\sin x+(Cx+D)\cos x]$；

(2) $y^*=x(Ax^2+Bx+C)$；

(3) $y^*=xe^x[(Ax+B)\cos x+(Cx+D)\sin x]$；

(4) $y^*=e^x[(Ax+B)\cos x+(Cx+D)\sin x]$.

6. $\varphi(x)=\frac{1}{2}\cos x+\frac{1}{2}\sin x+\frac{1}{2}e^x$.

7. $y=\cos 3x+\frac{1}{3}\sin 3x$.

8. $y=[1+(1-m)x]e^{mx}$.

复习题 10

1. (1) ×； (2) ×； (3) √； (4) ×； (5) √； (6) ×； (7) ×； (8) √；
(9)√； (10) ×.

2. (1) ①可分离变量微分方程,②可分离变量微分方程,③齐次方程,④一阶线性微分方程,⑤二阶常系数齐次线性微分方程；

(2) 3； (3) $\frac{1}{4}e^{-2x}+C_1x+C_2$； (4) 2； (5) $y'+y^2=0$； (6) $y=Cx^2$；

(7) $y=C(x+1)^2$； (8) $y=Cxe^{\frac{x^2}{2}}$； (9) $x^2(Ax+B)e^{3x}$； (10) $y=3+C_1x^2+C_2e^x$.

3. (1) B； (2) C； (3) A； (4) B； (5) C； (6) C； (7) B； (8) A；
(9) B； (10) C.

4. (1) $y=ax+\frac{c}{\ln x}$; (2) $cx=e^{\arcsin\frac{y}{x}}$; (3) $\sin x\sin y=c$; (4) $y=xe^{cx+1}$.

5. (1) $y=\frac{1}{2}x^3e^{\frac{1}{x^2}}(e^{-\frac{1}{x^2}}-e^{-1})$; (2) $y=x-\sqrt{\frac{1+x^2}{2}}$; (3) $\cos y=\frac{\sqrt{2}}{4}(e^x+1)$;

(4) $y^2=2x^2(\ln x+2)$.

6. (1) $y+x=\tan(x+c)$; (2) $x=\frac{2}{1-\tan\frac{x-y}{2}}+c$; (3) $\frac{1}{2}(x-y)^2+x=C$.

7. (1) $y=C_1\cos x+C_2\sin x$; (2) $y=e^{2x}(C_1\cos x+C_2\sin x)$.

8. (1) $y=e^{-x}-e^{4x}$; (2) $y=2\cos 5x+\sin 5x$.

9. $y=\frac{1}{2}e^{2x}+\frac{1}{2}e^{-x}$.

10. (1) $y=C_1e^{\frac{x}{2}}+C_2e^{-x}+e^x$; (2) $y=e^x(C_1\cos 2x+C_2\sin 2x)-\frac{1}{4}xe^x\cos 2x$.

11. $y=-5e^x+\frac{7}{2}e^{2x}+\frac{5}{2}$.

12. $y=e^x(-2xe^{-x}-2e^{-x}+2)=2(e^x-x-1)$.

13. $y(x)=\sin x-3\cos x+\cos 2x+3$.